土楼温室的螺旋梯田

土楼温室的管道式雾培

螺旋梯田雾培垂直农场

螺旋梯田垂直农场

螺旋梯田式鱼菜共生系统

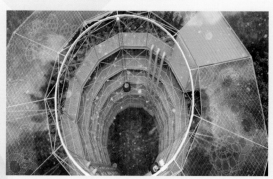

独立柱式螺旋梯田

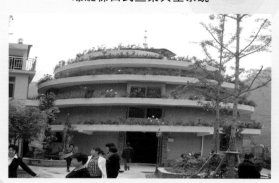

建筑肤表螺旋梯田

建筑肤表的垂面耕作

适合山地的立柱雾耕技术

叶菜的山地立柱雾培

黄瓜立柱雾耕

庭院式立柱型鱼菜共生系统

阿兹特克文明的水上农场

水上森林

钢构型水上花园

人工隧道型地下农场

果树管道化雾培

桃管道化高密度栽培

火龙果钢构树雾培

百香果钢构树雾培

柠檬桶式雾培

樱桃桶式雾培

番茄树桶式雾培

甘薯树桶式雾培

叶菜梯架式雾培

叶菜泡沫柱雾培

鸟巢温室内的垂直农业

垂面雾培

新加坡移动式垂直农业

陶粒培鱼菜共生垂直农业

都市护栏的管道化雾培

X架的空间利用模式

垂直农场与垂直农业
——泛耕作农业

◎ 徐伟忠　杨其长　徐建飞　等　著

中国农业科学技术出版社

图书在版编目（CIP）数据

垂直农场与垂直农业：泛耕作农业 / 徐伟忠等著. —北京：
中国农业科学技术出版社，2019.4
　ISBN 978-7-5116-4133-5

　Ⅰ.①垂… Ⅱ.①徐… Ⅲ.①农业生产—研究 Ⅳ.①F304

　中国版本图书馆 CIP 数据核字（2019）第 069110 号

责任编辑	崔改泵　李　华
责任校对	贾海霞
出 版 者	中国农业科学技术出版社
	北京市中关村南大街12号　邮编：100081
电　　话	（010）82109708（编辑室）　（010）82109702（发行部）
	（010）82109709（读者服务部）
传　　真	（010）82106650
网　　址	http://www.CASTP.cn
经 销 者	各地新华书店
印 刷 者	北京富泰印刷有限责任公司
开　　本	787mm×1 092mm　1/16
印　　张	13.75　彩插4面
字　　数	323千字
版　　次	2019年4月第1版　　2019年4月第1次印刷
定　　价	80.00元

《垂直农场与垂直农业——泛耕作农业》

著者名单

技术顾问：杨连成

撰写顾问：陆云亮

主　　著：徐伟忠　杨其长　徐建飞

副 主 著：程瑞峰　王　成　王路永　张　燕　陈银华

著　　者：梅建平　曹鹏飞　林伟洋　周斌雄　卢杨君

　　　　　周曰飞

前　言

　　在开始写这本书之前，笔者曾心中无谱不知从哪里着手，因为该方面的著作目前出版甚少，大多见于新闻报道之类，专业化的研究也是刚刚起步，可以说是设施园艺或者说是高科技领域的前沿与概念期阶段。所以笔者思绪万千，出版专著是否成熟，内容会不会太单薄，但当静下心来坐在案前，却是一个可以让人想象空间无限的课题，它能令人思绪澎湃，激发人们疯狂的想象，因为垂直农场与垂直农业从技术来说是一个全新的概念与实践，遐想空间甚至可达太空与宇宙，它是耕作领域的一次全新革命。

　　通过对碎片化科研成果的梳理，及农业科技发展进程的逻辑化整理，从中找到发展的脉络与体系，知识点的整理及成果的汇集，涌生出令人奋笔为快之感；笔者自19岁毕业于丽水地区农业学校，从事农业技术推广与研究数十载，忆及青年时代与父亲在旧宅进行护栏种番茄再到后来建设屋顶的农业试验基地以及承包荒山种植果树等，从中都可以看到垂直农场与垂直农业的斑影印迹，让人思绪豁然开朗，顿悟与灵感令人放飞想象。其实垂直农场与垂直农业可以追溯到巴比伦空中花园以及马丘比丘和我国的梯田文明，甚至是阿兹特克的水上农业，其实都是对资源及空间的垂直化利用之经典。自2003年开始，笔者调至丽水市农业科学研究院工作，开始进行设施农业无土栽培领域的专业化研究，更为垂直化农场及垂直农业的发展奠定了强大的理论与实践基础；其间开发及研究的很多技术都将成为未来垂直农场与垂直农业发展的重要技术支撑，为垂直农场及垂直农业的体系化、系统化研究提供滋养。

　　2002年笔者研究并通过验收的植物非试管快繁技术，是一项集约化高效化的无性克隆技术，可以为垂直农场及垂直农业的发展提供大量遗传性状稳定而商品性整齐的种苗，是垂直农场种苗需求的配套技术；2003—2005年期间研究的植物水生诱变技术，实现所有植物的静止水培，为室内花卉的清洁化养护利用开辟了全新的空间，为室内空间的垂直化水培利用奠定了基础；2005—2008年期间研究成功的气雾栽培技术，更为未来垂直农场及垂直农业的空间化利用构建起强大的技术支撑，将成为垂直农场与垂直农业的主导技术；特别是近年在果树气雾栽培上的研究，更拓宽了无土栽培在生产上应用的广度及深度，也就是几乎所有的经济植物都可以实现气雾栽培，都可以构建起立体化垂直化的耕作体系。

在设施农业领域，笔者带领团队十年如一日竭精殚力投身现代高科技农业，开发出大量新型实用化的装备，也为垂直农场及垂直农业的构建增砖添瓦，甚至起到四梁八柱之作用。笔者曾是最早涉及农业智能化领域研究的项目负责人，2002年主持开发我国第一台国产化农业控制计算机，用于温室的数字化智能化管理，其后又不断推陈出新及研究出相关的系列产品，如植物水生诱变计算机系统、种苗快繁环境管理系统、气雾栽培工厂化智能专家管理系统、芽苗菜工厂管理系统等；2009年又开发成功基于温室及栽培管理的远程监控系统，为管理的远程化、物联网化奠定基础；特别是在传感器的开发利用上，独具创新的智能化叶片，是当前环境控制与栽培控制上应用最为普及的集成传感器，已得以广泛推广普及；这些智能化、网络化、数字化、自动化技术的开发与利用，为垂直农场及垂直农业的管理添置了高科技装备的大脑，为农业的标准化及未来垂直农场管理的泛域化与普及化奠定基础，让农业高科技成为都市人都可以参与的泛耕作体验。

2003—2005年，研究的鱼菜共生技术及芽苗菜工厂化技术，为垂直农场或垂直农业的生态系统构建提供了理念与理论支撑；垂直农场与垂直农业对资源空间及气候的充分利用是区别于传统农业的魅力所在；鱼菜共生开启了种养有机循环的垂直农场构建路线，芽苗菜的层架式培育方式为补光型植物工厂开发启发思路。特别是2008年笔者发明的鸟巢温室，它突破了传统温室的空间限制，为空间化利用的耕作模式提供场所；高达十几米甚至数十米的无支柱构造，为科学利用空间提供保障，是当前垂直农业开发利用的新型温室，它的抗风性、抗压性及节能为垂直农业的集约化高效生产创造条件；与鸟巢温室相配套的肥皂泡保温技术、双膜覆盖保温技术、球体的影棚光效应，都为温室的节能化科学调控创造了硬件基础与保证；通过空间最大化利用实现垂直农场或垂直农业能源最省化，耕地高效化，是空间化发展战略的前提。

各种新型模式的创新，解决了垂直农场构建及立体利用的承重问题。当前国际经典的垂直农场都需以庞大的建筑或摩天大楼为支撑，在生产的商业普及上还停于理论阶段，无法实施与产生商业回报，这种建筑式的垂直农场大多还依赖于水培及基质培或土培，唯有雾培技术应用方可实现承重最小化，空间利用的便捷化。在雾培技术的开发利用上，不管是梯架雾培、立柱雾培、垂直雾培、钢构树雾培、管道雾培等都是空间利用的配备模式；特别是在果树雾培的研究应用上，可以结合人工制冷技术，实现北方果树的热带地区栽培，也为垂直农场开发利用提供商业价值的支撑，完全打破气候限制瓶颈；雕塑树与钢构树技术在果树上的应用，为果树的空间化、景观化利用提供技术支撑，可以腾出更多的地面空间用于生产生活及生态用途。这些不依赖不破坏耕地的雾培模式，为农业的可持续、生态保全与绿色安全生产作出积极贡献，也成为农业都市化进程的重要助推技术。

2017—2019年期间，土楼温室的开发成功，又是温室领域的一大跨越，改变了近百年来，惯常温室平面利用特性；采用土楼外型结合螺旋梯田的土楼温室创新，首次实现耕作平台的垂直化建造与利用，让温室的耕作效率又得以数倍的提高；耕作平台垂直化再结合栽培的垂直化，综合效率达十倍甚至数十倍以上，是垂直农场现阶段得以实现的理论与实践基础。土楼温室是融合鸟巢温室与土楼构型的创新杰作，从灵感产生到实现历经10年之久，是团队努力与实践摸索的产物；除了种植可以融入土楼温室，种养结合等生态技术与土楼温室的结合，未来将更是一个闭锁的生态、生产、生活复合系统，可以把资源循环利用、零排放生产、节能减碳等理论得以最为充分的体现，是垂直农场生产应用的本原追求。

在物理农业装备的开发利用上，丽水市农业科学研究院团队相继开发电功能水发生器、电场发生器、植物声波发生器、纳米增氧设备、强磁处理技术等，这些物理装备的开发为垂直农场的绿色安全生产提供保障。近年推出的矩式鸟巢型雾培工厂，就是各种装配与技术的集成，将成为当前蔬果垂直化生产的重要模式，是有效解决蔬果安全及耕地减少矛盾的主要替代技术。

本书将从上述提及的技术为引子，从各项技术原理、构建模式、生产管理等角度进行详细阐述，为农业的空间化、立体化、垂直化作可实践的指导，将为我国农业转型及垂直化发展作绵薄之贡献。

在此书出版之际，感谢十几年默默无闻跟随的研发团队，感谢中国农业科学院杨其长、程瑞锋等老师的悉心指导和支持，感谢胡东杰老师在出版过程中给予的帮助，更要感谢应用此技术的广大农民群众。由于时间仓促，书中错误或者不妥之处在所难免，希望同行和读者批评指正。

著　者
2019年3月

目　录

第一章　人类耕作技术的进化轨迹

人类社会的任何事物都有其进化的轨迹，都市由最早朴素的雏形阶段发展为胚胎，经由不同阶段生产力水平与社会经济文化的洗礼，发生适应性的进化，与生物进化论相似。人类的需求是最大的进化动力与选择条件，所有的经济与生产力水平及技术都是在需求或欲望的驱动下进化的。人类对食物的需求是最基本的需求，而且是最为原始的欲望驱动，作为供应食物最为主要的生产方式就是农耕，它的发展进化同样遵循生物进化论，背后的驱动力就是生产力水平，也就是生产工具的演替与进步，不同的农业生产工具进化为不同的农业模式，也就划分为不同阶段的里程碑标志。远古人类有意识的播种开始，就是朴素农耕的萌芽，从此开始慢慢脱离采集狩猎的生存方式，开始利用部落周边的土地进行耕作；有了火的发明，开始向林地与草甸拓荒，形成刀耕火种原始农业。从最早的石器到青铜器与铁器时代的演替，生产工具不断地得到改进与应用，耕作面积与人口不断地增长，从而形成了传统的有机农耕；再随着工业化时代的来临，机械化及与近代生物化学技术的进步与发展，形成了近代农业的先进生产方式，再通过近半个世纪的人类文明及科技的进步，如生物科技、通信技术、智能技术、物联网技术、材料科技、能源技术的发展构建了新型现代农业体系与未来农业构型。

第一节　原始落后生产力为代表的火耕农业

刀耕火种也叫火耕，源于距今约1万年的远古人类，是一种原始的耕作方式。这种方式最早起源于人们对自然现象的观察，远古人类发现自焚后的森林与草原能使植物获得更快速的恢复与成长，受此现象启发，人们便开始进行人为的砍伐火焚仿效，再结合简易的工具如尖锥木棒或者竹锥进行点眼播种，形成了刀耕火种的原始工艺，即伐木—火烧—播种—收获的四道工序耕作法。有了刀耕火种的原始农业萌芽与发展，才促进了人口的增长，没有耕作技术之前，全球的人口不足500

万人，正因有了原始农业生产力的推动，估计到公元前5 000年，全球人口就增至2 000万人。农业生产的形成是人口增长的主要推动力，刀耕火种时代它始于旧石器时代终结于铜器与铁器时代。有了更为锐利的金属工具，又大大促进了农业生产力水平的提高，更先进的犁、耙、锄等农具的出现，催生传统土耕农业的形成。但农耕文明形态的产生不会随着时代进步消失殆尽，目前为止还有少数部落与民族（如独龙族与珞巴族）还沿袭着刀耕火种的方式，甚至亚马逊原始部落与东帝汶整个国家都还采用刀耕火种生产方式；这些地区大多数生态资源丰富而人口稀少，采用刀耕火种也许是最为划算的耕作方法，通过焚烧杀灭了所有病虫，留下的灰烬成为作物生长的肥料，同时火烧土更为疏松透气有利于作物生长，无需进行中耕除草施肥的工作。在长期实践过程中，人们形成了火耕与休耕结合的模式，休耕时间有长达几年甚至数十年之久，有利于生态修复与减少对资源的破坏，所以此时的农业又叫迁移农业，人们随着火烧地结庐而居。

第二节　贯穿主宰整个人类文明史的土耕农业

从古代到近代直至现代，农业耕作方式的主体还是以土耕为主，虽然耕作机械与装备不断改进，但其耕作载体还离不开土壤，所以在整个人类文明史中，土耕是农业的主要生产方式。所以人类历史上的战争大多以开疆辟土掠夺耕地资源为主要动机。随着工业时代的来临，近代的战争挑起大多以能源的竞争为发端，现代与未来将演变为知识与人才竞争的文明战争方式，总之一切为了国家利益与求图发展空间而战。生产力水平落后的农耕文明时代，土地是最为宝贵的资源，民以食为天，食以地为母，因为几千年的人类文明史其实就是农耕文明史。

在悠长的人类历史长河中，中国对农耕文明的贡献可以说璀璨而不朽：《吕氏春秋》中"上农"等四篇为传统农业的精耕细作技术打下了基础；《氾胜之书》对北方旱地农业栽培技术有很好的指导意义；《齐民要术》总结前人经验并从理论上加以提高，有力推动了黄河流域农业的发展；《农桑辑要》"详而不芜，简而有要，堪称农家之善本"；《农政全书》"杂采众家，兼出独见，深切民事"，涉及屯垦立军、水利兴农、田制粮政、保农保民、防灾救灾、趋利避害、国计民生等基本农政，是各级官府施政于民的重要参考。发展到明清时期中国古代农书达500余种，种类之多、内容之广、层次之高是世界上绝无仅有的。中国古农耕文明对东南亚及世界农业的影响可谓举足轻重，这也是中国及东方文明数千年辉煌灿烂不断层的主要原因所在，只有农耕文明的兴盛才有国之强大繁荣。

在土耕时代，因气候环境及生态资源的不同，又衍生出多种耕作形态，如山区的梯田农业、沿海平原的稻作农业、北方的旱作农业，甚至一些水域泽地还衍生出塘基农业；从世界的纬度来说，古国巴比伦、古埃及、古罗马的衰亡，就是因为生态破坏及农耕文明的衰落而消亡。在消失的文明中，说明农耕生态影响农业生产，农业生产决定国家与民族的兴衰。其中阿兹特克是古墨西哥三大文明的最后一个文明，约于14世纪，当时阿兹特克人被驱赶到没有土地的沼泽湖泊区域（特诺奇蒂特兰城湖的沼泽岸边），没有耕地，为了解决食物供应，它们智慧地发明了浮筏栽培，创造了水上农耕新模式。与此类似的世界农耕文明还有马丘比丘文明，高海拔落差的梯田与排灌系统设计堪称世界一流，与此类似的有我国的哈尼梯田。

支撑土耕文明的两大学说为粪肥说（现代称腐殖质学说）与矿质学说，矿质学说支撑与开启了近代化肥农业时代的来临。粪肥说为古人对肥料的传统朴素的认知，该学说主宰统治数千年。肥料二字起源于近代，在中国古代文献中施肥叫粪田，其粪除动物排泄物外，还包括植物肥料也称粪，如野生绿肥称草粪，栽培绿肥称苗粪。先秦至魏晋南北朝《诗经·周颂》中有"荼蓼朽止，黍稷茂止"的诗句，说明西周时已认识到杂草腐烂后的肥田作用。《礼记·月令》说利用夏季高温和降雨沤腐杂草，"可以粪田畴，可以美上疆"，《孟子》说"百亩之田，百亩之粪"，《荀子》说"多粪肥田"等，说明秦汉以前人们对肥料的认识已相当的充分与重视。北魏的《齐民要术》更是对肥料有精辟的论述，而且充分肯定了绿肥的增产效果和它在轮作中的地位，指出"凡美田之法，绿豆为上，小豆、胡麻次之——其美与蚕矢、熟粪同"。在蔬菜的生产上《齐民要术》总结的"粪大水勤"法，还有首次提出"踏粪法"，就是现在所指的用粪便制作堆肥。出于《吕氏春秋·义赏》的"焚薮而田"，是对草木灰肥及近代碳农法的朴素认知。综合古代有关肥料的论述，已基本而全面地形成了古代的粪田说，以粪田说为支撑的农业属于传统的土耕农业。

自1840年德国化学家李比希提出了"矿物质学说"后，人类农业耕作开始进入化肥农业时代，改变以往单一而有限的肥料途径；相继催生了化肥工业的形成，磷钾肥最早于1840年李比希实验室诞生；1850年前后，劳斯又发明出最早的氮肥，为化肥的工业化奠定基础；李比希矿质学说阐明了作物需肥的原理，作物根系对元素的吸收是以无机化合物的离子态吸收，并不是传统概念的有机态吸收，无机离子的吸收机理，为化肥的大规模合成与生产提供理论基础。特别是1913年"哈柏—博施"法合成氨技术的成功，"哈柏—博施"法是划时代的工业制氮方法，它开辟了人类直接利用游离状态氮的途径，它的意义已不仅仅是使大气中的氨变成了生产化肥"取之不尽、用之不竭"的廉价来源，而且使农业生产产生了根本的变革。我国于1963年开始推广应用硫酸铵氮肥，当时叫"肥田粉"，从此开启我国农业的跨越发展。

化肥农业实现了产量品质的大幅度提高，解决了14亿人的温饱问题及农产品多样化的需求，是中国人站起来富起来强起来的基础。但同时化肥农业也带来环境污染与生态危机，特别是大气与地下水的污染已成为可持续发展的瓶颈与困惑。当前的农业尽管生产力水平的大幅度提高，育种技术、化肥农药技术、农业设施与机械化耕作技术等都实现了前所未有的进步与跨越，但基本还是以土耕农业为主要生产方式，造成土壤退化、连作障碍、地下水污染、环境恶化、生态破坏等问题，这是土壤耕作不可规避的发展限制。土耕农业时代是基于早期粪田说的传统有机耕作，与近代矿质学说的化肥土耕农业。这两种农业模式将会在非常长的时间内互为共存。

第三节　工业文明与生物科技催生的水耕农业

工业文明已经历了四次科技革命，第一次工业革命由蒸汽机发明所带动，第二次工业革命也叫电气化时代，由电力技术所推动，第三次工业革命是基于计算机与信息技术的助推，第四次工业革命将由人工智能、清洁能源、机器人技术、量子信息技术、虚拟现实与生物技术掀起。这些工业文明所创造的技术发明为现代水耕农业的形成奠定了基础，特别是工业创新在设施农业上的应用，为水耕农业的形成提供材料、装备、设施的有效保障。

水耕农业以李比希的矿物质学说为理论基础，以现代植物生理学、栽培学、植保科学、细胞工程、育种技术、温室设施技术、自动化控制技术等为支撑，构建起生产环境设施化可控化，营养液管理精准化配方化，生产流程工艺化的新型栽培体系。从格里克采用营养液技术栽培出第一株番茄树开始，标志着水耕技术在生产应用上的新纪元。

营养液栽培实用化阶段从1929年格里克开发营养液栽培模式及配方（格里克配方），至今有90年历史。与此同时，新泽西试验站开始营养液沙培的研究及应用。出现较大规模的商业化公司，为1941年里海的荷兰属地西印度油田阿鲁巴岛、丘拉索岛基地，由美国的拉科石油公司经营，以及同年由美国空军经营在南大西洋的阿森松岛（英属圭亚那）基地。1944年在日本的硫黄岛，第二次世界大战以后的1946年又在东京调布、滋贺县大津等地作为美军鲜食菜的供应基地，建设了砾培设施，其中以调布的投资最大（约2亿美元），为当时世界第一。

由于日本的营养液栽培技术起步早，所以营养液的科研及生产应用一起走在国际前沿。在日本农林部的园艺试验场（兴津）工作的山崎和堀等于1960年看到随着塑料温室园艺的急剧增加，连作障害、施肥的不合理、管理劳力不足等问题的发生，开始营养液砾培系统的改良应用研究，到1965年在全国就有了240套这样的设备，共计在22hm²面积上普及应用。在1964年山崎与大和等人，在久留米的农林部园艺试验场对EDT-Fe（螯合铁）的降低成本技术进行了研究，并开发了新的培养液强制循环的水培方法，也即利用水泵灌注，使营养液从底层流动，增加了水中溶解的氧量。这种水培方法在各地又经过改良，从1970年开始有水培专用设施的厂家参加，到1980年全国发展有2 000余套设备，近500hm^2。

我国的水耕栽培研究较晚，起步于20世纪70年代，但中国科研人员的研究有其特色之处，是基于中国国情与生产力水平的实用化改良，在设施与装备上走低成本路线。如北京的蛭石袋培与有机基质培，江苏的岩棉培和简易的NFT培，浙江的稻壳熏炭基质培与深水培，深圳、广州的深水培和椰壳渣基质培等各具特色。其中，中国农业科学院由蒋卫杰研发的有机生态型无土栽培技术，具国际领先水平，江苏省农业科学院和南京玻璃纤维研究设计院合作研制成功的农用岩棉和岩棉技术填补了国内空白并已投产；营养液栽培在阳台园艺上应用也初见成效，中国农业科学院蔬菜花卉研究所开发的无土栽培芽苗菜在生产上也得到很快发展。1994年上海孙桥现代高科技农业园区，立足国际标准引进以色列荷兰的温室与无土栽培技术，为全国无土栽培的发展起到了很好的示范样板作用，大大加快了无土栽培技术的发展。至2000年，我国的营养液栽培面积达500hm^2，相当于日本20世纪80年代的水平。而且我国因地域广阔，各地区形成了各具侧重的栽培模式，南方地区以广东为代表，以深液流水培为主，东南沿海长江流域以江苏、浙江、上海为代表，重点发展浮板毛管、营养液膜水培；北方广大地区以基质培为主，新疆则以大面积的沙培为主，占当时20世纪90年代我国无土栽培面积的1/3。总之我国的营养液栽培大多以低成本就地取材为原则，在设施温室上也以简易实用为切入点，形成中国特色的营养液栽培模式。在品种的推广应用上，包括蔬菜、花卉、西瓜、甜瓜、草莓、番茄等20种之多。自21世纪以来，我国营养液栽培以快速发展态势在大江南北展开，特别是沿海一带发展强猛，目前据不完全统计，我国无土栽培面积达10 000hm^2，居全球第一，其次为荷兰4 000hm^2，美国2 000hm^2；而且在技术水平上由引进到创新直至自成体系，在设施设备及模式的开发应用上也达国际领先水平。近年水耕技术，特别是管道化水培，已进入千家万户，成为都市阳台屋顶庭院发展的主要模式，而且与水产养殖结合的鱼菜共生技术，也做了多模式的探索研究及应用，开始成为水耕技术的一大技术分支，具强大的发展后劲。虽然我国目前已成为水耕技术应用最广的国家，但综合水平良莠不齐，产业模式有待提高，特别是与市场的接轨上水平较低，大多数处于示范与样板阶段。

第四节　生态文明与绿色发展驱动的气耕农业

生态文明是继农耕文明与工业文明之后的最高层次的文明，是强调人与自然和谐、生产生活生态共融，强调资源集约利用，系统零排放的可持续文明形态，是倡导节能减排，零碳生产生活的新时代，更是一个国家与地区转型发展的重要战略方向与机遇。我国恰到时机的提出"绿水青山就是金山银山"的伟大论断，就是对生态文明内涵的高度诠释，一切发展都必须以生态保全为基础，一切发展都要遵循绿色循环的宗旨，经济发展模式从求效率向高质量转变，农业生产也一样，由数量产量到质量品质及安全保障，从开放污染到闭锁循环零排放转变。作为营养液技术支撑的水耕农业，目前大多数采用基质培与水培模式，这两种栽培模式，与土耕相比，虽然有了较大的改进与发展，但还存在以下问题。基质培因基质的老化需不断的更换，还存在资源的浪费，而且带基质的栽培同样会滋生病虫害，无法做到真正的免农药安全生产；而水培技术，栽培的废液还会对环境造成或多或少的影响，另外水培适合品种也存在较大的局限性，无法实现广域化的全面应用，大多水培用于生菜等叶菜的生产，对于一些花卉、瓜果、果树等经济植物还存在适应性问题，常会出现根系缺氧而烂根的不适症。

丽水市农业科学研究院2003—2005年间，对气耕技术进行全面的研究，包括气耕的栽培模式及配套的设备设施及营养液配方，并形成了实用适合生产的低成本高效率气雾栽培模式，并于2008年开始于部队的各高山哨所岛屿及农副业生产基地进行大面积的推广应用，在地方的推广也相继展开，目前我国气雾栽培面积已达100hm²，开启了气耕时代的到来。

气耕栽培与水耕相比，具有根系悬空、氧气充足的特点，可以适合任何植物的栽培耕作，这是营养液栽培技术上的伟大突破，也是迎合绿色发展与构建生态文明的重要利器。根系悬空的栽培方式，有利于空间化利用的构建，一改当前水耕的平面利用，使设施的利用率数倍提高，有效解决城镇化带来的耕地减少问题。气耕方式让根系的肥、水、气三要素得以最充分的保障，实现植物生长潜力的最大化发挥，不管是生物量产量及品质上都优于土耕与水耕，是绿色安全高效生产的先进模式。

在营养液技术发展的历史上，也曾提出雾耕的理论与模式，但一直没有在生产上大面积的使用推广，大多用于实验室试验，而且重点用于脱毒马铃薯的种子培育。究其原因有二，一是根系悬空的栽培方式，对于停电极为敏感，根系没有缓冲性，所以在发电机没有普及的年代，栽培风险较大；二是，气耕栽培的作物其根系为气生根，具发达的根毛根，这些根系对水分供给的要求较高，也就是要创造更为严格与适合的根域环境，当时没有计算机控制技术的应用，无法做到环境多变生产条件下的根系供液控制，有了计算机技术及传感器技术的普及应用，为根域环境的智能化创造提供了条件，这是气雾栽培走向实用化的另一重要支撑。通过丽水市农业科学研究院近15年的研究推广应用，该技术已成为普通无土栽培的重要替代技术。主要体现在，营养液基本实现零排放无废液栽培，而且通过模式创新，实现立体化数倍于水耕的生产效率，减少了设施的投资，实现生产成本的大幅度下降，以梯架式雾培为例，可以使温室设施的利用率提高3～4倍，大大降低投资成本及能耗。适栽的品种覆盖所有的经济植物，不管是蔬果、果树、绿化植物、花卉、药材、材用林甚至水生植物都可以进行气培生产，大大突破了水耕的局限性，是气耕技术得以迅速广泛推广的基础。

第五节　人类食物终极解决方案的泛耕作农业

食物是人类所有需求中最为基础的生活物资，不管时代如何变迁，对食物的需求亘古不变。所以人口的增长与食物的生产息息相关，农业生产兴则人口长，农业生产衰则人口减。按照目前的人口增长速度，至2050年，全球人口将增至92亿，以土耕模式为主体的食物解决方案，必须开辟相当于巴西国土面积（850万km²）的耕地才能养活全球的92亿人口，而耕地的开辟从某种程度就是对生态的破坏，对环境的污染，如何解决城镇化耕地减少与食物需求的矛盾，采用以往的耕作模式，难以形成和谐的生产生活生态的局面；而且未来将会有80%的人口居住于城市，这是人类聚居特性的体现，庞大的城市其食物的需求是摆在所有人面前的困惑，以目前的生产方式与供给模式，世界任何一个城市都存在着不可持续的风险，该风险来自当前生产方式与供给模式，无限制开辟耕地，让生产地与消费地距离越来越远，再加上商业化的诱惑，农产品的全球化贸易已成定局，农产品平均运输距离我国为1 000km，美国为2 000km，其间运输产生大量的石油能耗成为农产品价格的晴雨表，其间产生的大量尾气污染了城市与环境。如美国纽约，超市货架的食物只能供应3天的需求，一旦战争或自然灾害，影响供给就会出现食物危机，其他的大城市也同样面临这样的窘境。

在崇尚生态文明绿色发展的今天，退耕还林，减缓沙漠化进程，减少农业生产对环境的污染，与遏制全球变暖及生态危机的法宝，造林目前是唯一实现减碳的方法；而食物需求又必须不断地扩大耕地，这一矛盾必须通过一个创新的生产方式来得以有效解决。美国科学家德斯波尔于1996年提出了垂直农场概念，就是农业发展走向都市化，以缩短生产到消费间的运输距离，再通过高楼化多层次的栽培区划，实现空间化耕作拓展。该科学家提出了30层高楼的耕作农场概念，以平面占地1.2m²的建筑计算，再结合植物工厂式每楼层的分层次栽培结合，可以解决3.5万人食物需求的理论构想。虽然该构想至今没有落地成为现实，但给未来农业发展提供了思路，从此也开辟了人们对垂直农场的畅想与设计。世界各建筑设计师纷纷描绘心中垂直农场的蓝图，有摩天轮式、高楼大厦式、外形独特的蜻蜓式、螺旋塔式、巨大的金字塔式等，还有我国设计师设计的绿美人造型。这些建筑式的垂直农场展示了未来农业走向都市与建筑融合的生态愿景，体现了未来生产生活一体化的伟大构想，是人类未来解决食物安全的重要途径与构建可持续发展城市的重大创举。基于此类建造与运行成本的昂贵，目前均没有建成落地，但垂直农场的概念已成为人们美好向往的伊甸园。

垂直农场是建筑与农业的融合，我国叫第四代建筑，就是利用城市建筑的肤表空间与内部的可利用空间进行农业耕作；同时垂直农场也是城市能源与垃圾污水处理的重要转换器，把城市废弃的排泄物转换成可利用的再生资源；如可以采用污水及垃圾用于发电为垂直农场的室内栽培供电，一些有机可分解的垃圾及污水可以经过好氧或厌氧发酵成为有机肥料或者液肥用于作物栽培；也有构想于建筑物顶处安装太阳能与风能发电，但其电力只能满足小面积栽培的补光所需，以太阳能板供电计算，室内 $1 m^2$ 栽培用电，外界就需 $13 m^2$ 发电板转换才可保障；以此类推，建设一幢垂直农场还得配套大面积的光伏发电系统，光伏发电同样占用土地或耕地，也是不现实的构想。垂直农场的电力供应及成本是当前建设垂直农场的能源障碍，如果以当前的能源技术及农产品的价格水平，以往设想的建筑式垂直农场还是难以实现的乌托邦构思。但总有一天能源技术会有全新的突破，如核电的普及、未来裂变与聚变能的应用，以及最为前卫的正负电子对撞湮灭所产生巨大能量的应用，还有当前人工太阳技术的突破，都将为未来垂直农场的实现提供有力的支撑论据。

建筑式的垂直农场如果说是人类获取食物的远景设想，那么利用已有建筑的肤表或者空间进行充分利用则是可行可实现的实践。建筑肤表如屋顶、庭院、阳台、窗台、建筑外墙，这些空间有充足的光照，无需大功率耗能作为光合作用保障，只需构建相适合的耕作系统，就可实现都市化耕作的生产与生活体验，可以利用闲暇之余完成体验式的耕作或商业生产，这就是都市农业的升级版。升级版的都市农业以气耕为主要模式，解决以往土耕及水耕系统空间利用率低的问题，解决了土耕的承重与管理繁琐问题，气耕与都市农业的有机融合，开启了泛农耕的伟大时代。

泛农耕的概念就是在任何地方都可以构建耕作系统，在任何地方都可以栽培任何植物，是无所不在的耕作，只要有空间有电有水就可以耕作，而空间利用型的气耕技术与生产生活环境的全面结合，完全颠覆传统耕作的概念与技术模式；如利用建筑物的垂面可以种植蔬菜瓜果与乔灌化的果树，只需于建筑物的墙体形成夹层通雾的根域空间即可实现；屋顶无需传统的搬土操作，就可以简单的采用管道化雾培构建乔灌型的果园。叶菜类的种植则更为简单，构建立体化的立柱或者梯架就可以实现都市耕作空间的数倍利用。轻巧无基质承重的气耕技术融入都市环境可利用空间的综合开发，构建未来都市的全覆绿空间，可以有效解决城市化的热岛效应，同时也使建筑物寿命延长与节省空调耗能，植物起到很好的环境温湿度调控作用，使都市空气质量提高，大气中负氧离子浓度提高，是一种全面优化都市生态，改善生活空间的绿色变革。泛农耕还体现在市民的广泛参与性，都市的白领、工商业人士、学生、老人、小孩都可体验式的参与，在休闲式参与的同时解决了食物供给问题，缓减农产品供应的予盾。

　　泛农耕技术的全面应用，人们可以试想未来的美好图景，城市建筑的肤表外墙立面长满果树或者花卉，可利用的屋顶是居民重要的菜篮子来源与可分解垃圾处理利用的场所；没有屋顶的居民可以利用窗台与阳台构建蔬菜种植园，虽然空间小但通过立体化的设计同样可以达到可观的种植面积；对于室内有较大空间的居民可以于室内构建层架式LED补光型植物工厂，既美化绿化净化了居室环境，又源源不断满足每天蔬果的需求；或者每家庭配套一蔬菜种植柜，用于药草、叶菜、香草等小株型作物的栽培；未来的厨房一隅，将会是以LED补光或者光纤补光型的小菜园。城市的护栏也将结合管道化气雾栽培种植可食用的绿色景观植物，都市的绿植未来将全部栽培可食用或药用的植物，以达到一举多得的效果。未来都市的大树将通过雕塑型空气树技术，实现空间的快速绿植与空中耕作系统的构建，无需再搬移大树破坏原生地生态。城市的地下室或地下车库也可以被利用，用于弱光型芽苗菜栽培或者补光型植物工厂建设，一些都市废弃的厂房或者城中村都可以改造成室内农场与都市农园；除了作物耕作系统的泛农耕化，未来水产养殖也可以实现都市集约化的养殖，特别是水产养殖与无土化耕作的融合，将是一项即可提供蛋白营养又可满足矿物质与维生素营养的共生共营模式。

　　垂直农场与垂直农业的结合，是未来生产变革、生活体验、生态优化的重要手段与技术支撑。垂直农业主要依托气耕技术，垂直农场主要在于多层次耕作平台的创造，两者的有机结合，实现未来单位面积产额数倍数十倍的提高，为耕地减少人口增加的矛盾问题找到了可实现的答案。丽水市农业科学研究院通过近十年的技术攻关与研究，已成功建成了世界上首座多层次耕作平台利用的节能型土楼式垂直农场，利用螺旋式梯田的构建原理结合了鸟巢温室钢构技术，实现了低成本的平台构建；再结合垂直农业的气雾栽培技术，实现了无需补光条件下的作物多层次立体栽培。这是温室设施与耕作技术的重要突破，更是既适于生产又可以融入都市景观的创新之作。

第二章　垂直农场与垂直农业技术概述

　　当前农业存在的危机不仅仅是耕地减少与人口骤增的食物供求危机，还体现在传统耕作的生态与可持续性危机。当前农业生产方式的不可持续性已成为各国政府面临的战略问题，我国耕地污染率已达8.3%，受重金属污染的耕地已达1/6，如何研发离土化的可持续永久耕作方式已成为战略性课题；随着千万级人口大城市的增加，都市人生活在钢筋水泥的丛林中，远离了支持我们生存与生活的基本元素"农业生产"，人们的身心被囚于人类现代文明构建的牢笼中，严重影响城市人身心的健康发展，都市型泛农耕的融入可以让人们身心释放，真正过上三生（生产、生活、生态）有幸的健康生活。

　　采用垂直农场式的新型耕作方式，可以数十倍的提高土地利用率，让农业融入都市的发展成为可能。线性的平面拓展是有限的，而空间的利用是无限的，采用垂直农场模式可以在人口不断增长的前提下，无需耕地的拓宽即可解决食物问题。发展垂直农场不再是战略争辩的问题，而成为实践如何构建与推进的实际问题，也就是垂直农场将是未来人类解决食物的必由之路。2015年在英国召开的国际设施园艺会议，就是以垂直农业为主题，而垂直农场是实现垂直农业最有效的手段及解决路径。21世纪，只要采用科学的耕作模式再结合垂直农场科技的快速发展，即可解决上述问题。未来在城市建设中，可以利用空闲空旷地带进行垂直农场的构建，再结合垂直农业技术，以现有建筑物表面作为载体进行现代农耕科技的结合，不仅不减少耕地，而且三维的建筑立面数倍于原有耕地的利用，实现城市化推进而耕地不减少的双赢发展，从矛盾转为协同。垂直农场与垂直农业技术大多以无土化及安全保全型耕作技术为基础，可以实现零排放生态保全生产，是永久可持续的耕作模式，特别是雾培技术的突破，解决了当前垂直农场构建的建筑化高成本问题。雾培农耕与现代都市融合发展，所带来的城市发展变革及生产方式革新是无限的，人们可以利用狭小的空间进行高效耕作，不再受限于土壤与气候，可以在都市的任何环境与空间进行农耕生产，从有限变为无限。美国科学家曾设计150座摩天大楼式的垂直农场，以解决整个纽约的农产品供应问题，这并不是天方夜谭，是可实现的技术梦工场，摩天大楼式的垂直农场估计在未来20年内，将会遍布世界各国的大中小都市。垂直农场与垂直农业技术，开辟了人类获取食物的新空间、新思路、新方法与新途径，将会是人类探求式发展中解决生产、生活、生态问题的伟大里程碑。

第一节　国内外垂直农场研究与发展趋势

垂直农场为1915年美国地质学家吉尔伯特·艾利斯·贝利提出，近百年历史，但真正概念化与引起关注的是1996年，美国哥伦比亚大学的迪克森·戴波米耶，他提出了以城市高楼建筑物为农场耕作平台的堆叠式农场，是垂场农场概念与理论的主要推动者。但如果从实践来说，垂直农场并不是新鲜事物，如古代巴比伦空中花园、马丘比丘的悬崖梯田。

作为新生事物及未来农业趋势，垂直农场成为设计师、农业设施专家及社会经济学家的关注热点，形成了当前各国不同的垂直农场风格，但总体来说分为两种，一种是纯建筑风格的摩天大楼，内部采用堆叠分层种植，结合能源系统、循环技术、环境调控及人工光源技术，计算机自动化控制技术等，构建成类似植物工厂耕作风格的理想农场，但这种垂直农场目前基本处于理论设想阶段，因投资巨大（占地1亩[①]，层高30m的垂直农场建设成本将达2亿美元），效益回报慢，未能在实践中推行，所以当前摩天楼式的垂直农场尚处理论阶段。城市建筑肤表耕作型垂直农场，这是广义的垂直农场，实质来说应归为垂直农业，就是利用城市三维肤表，如屋顶、墙面、阳台、护栏、庭院甚至室内空间进行立体耕作，以提高都市农业的空间利用率。最为典型的就是新加坡开发的可移动铝材A架式垂面种植系统，A架可布设9层，每层架如移动车库可上下调换以均匀光照，每组架投资估计1.5万美元，投入也不菲，如果与丽水市农业科学研究院开发的立柱雾培或者垂面雾培相比，成本不及其1/10，其优势不甚明显。美国2015年在米兰世博会上展出的都市墙面垂直耕作农场也属肤表式垂直农业模式，与丽水市农业科学研究院开发的垂面雾培相比，其研发的技术更显优势，建设、生产成本都将更低，更适合普及推广。在垂直农业的开发利用上，丽水市农业科学研究院自2005年开始，分别走过了层架式与垂面式补光型植物工厂，立柱式、塔架式、垂面式雾培等技术尝试与生产应用，已有近15年历史，2016年在美国建设的梯架雾培蔬菜工厂，受到美国农业部的关注与重视。

严格意义的垂直农场，国际上方案很多，但真正实施的很少，都受限于成本高回报慢的问题。丽水市农业科学研究院自2009年开始，对垂直农场进行了系统的研

---

① 　1亩≈667m^2，全书同

究开发及应用，总结出适合当前农业生产力水平的实用型螺旋梯田式垂直农场，该模式利用简易的农业设施而无需建筑支持即可完成，具有广泛的应用前景与市场空间，可以说实用化低成本的垂直农场建设已有强大的理论与实践基础，走在世界的前列。2013年丽水市农业科学研究院援助韩国南阳州建设的706m²鸟巢温室型垂直农场，采用螺旋梯田方式，实现了低成本的空间利用，在韩国引起较大的反响。

在垂直农场的耕作技术上，有种养结合的复合模式，也有单纯种植的垂直利用模式，种养结合的一般采用鱼菜共生方式，或者发酵床养殖禽畜再结合蔬果花园种植，实现资源能量及水的循环利用，是一个协同共生的生态系统。在自动化控制上，大多采用环境的及栽培过程的智能化管理，该方面技术大多比较成熟而稳定，可以进入实用化阶段。世界各国当前实施的植物工厂型垂直农场或者半开放式垂直农场大多以水培为主，而丽水市农业科学研究院开发的垂直农场与垂直农业技术，以雾培与水气培为主，品种受限问题得到解决，水气培与雾培几乎适合所有植物的高效耕作。所以雾培的垂直农业技术与垂直农场构建技术的有机结合，将成为当前与未来发展垂直农场的主要模式。而螺旋梯田式的硬件构造，将是当前较为实用的模式，可以实现低成本生产，适合当前生产力水平，是可实现并能高效运行的垂直农场构型。

第二节　垂直农场与垂直农业的雏形及定义

建筑式的垂直农场我们称之为狭义与经典性垂直农场构想，而广义的垂直农场可以涉及纵向空间利用的各种耕作模式。从古人的实践来说，巴比伦的空中花园，我国人民创造的山地梯田，以及我国农村利用爬墙虎进行楼房的整体攀爬绿化；还有水上利用的各种模式，我国沿海渔民自创排伐栽培及古代墨西哥阿兹特克文明中的浮筏栽培，近年丽水市农业科学研究院开发的水上果园与浮岛式温室都是水上利用型垂直农场；屋顶利用型的垂直农场较具代表性的应该说屋顶稻田、屋顶菜园与屋顶果园，特别是屋顶稻田在国内掀起轩然大波；还有现在国际上一些科学家正在研究的水下温室，利用水温的稳定性，达到节能的效果，目前主要用于科研；一些城市防空洞则被用于芽苗菜或者食用菌工厂化栽培利用，也属于垂直农业的广义范畴，不管是地上、地下，还是水上，只要是纵向开拓耕地的都可以称之为垂直农场。

那么垂直农业就更为广泛与普遍了，我国传统农耕中的套种，及当前立体化种养混合的各种模式都可以称之为垂直农业，工厂化多层次利用的食用菌工厂，最近流行的楼房养猪及立体化的多层次离地养殖，都具垂直农业的影子与雏形。通过空间的合理布局与利用，再结合多物种的混合培育，实现单位面积产额的最大化提高，都可以称之为广义的垂直农业。新加坡新开发的一款铝材A架移动式水培系统，是现代型都市耕作式垂直农业典型案例，还有较具影响力的垂直农业就是2015年，米兰世博童趣展馆展出的蔬菜墙，是90°的垂面利用模式，轰动世界，其展出面积为670m^2，栽培品种达42种之多，也叫"美国食物2.0版"，吸引了大量人群参观。

新型实用低成本的垂直农场一般以平面上方的空间利用率3～5倍为界划，来划分垂直农场或垂直农业的定义，普通的立体栽培或立体种养属于广义垂直农场与垂直农业。构建垂直化、空间化最实用便利的模式就是气雾栽培，所以气雾栽培将会是垂直农场与垂直农业构建的主要模式，其他模式作为空间利用的补充。垂直农业与垂直农场的定义界限目前国内外还没有提出，但从笔者多年的实践与技术经验总结，应以单位面积上方的空间利用效率为界限较为科学，或者以栽培场所（平台）或作物定植处的根茎与平面之间形成的角度来区分垂直性还是立体性，角度大于45°的为垂直农业，小于45°的为立体农业，以这样定义，常规的套种，虽然是空间利用但都是栽培于同一平面上，就不能定义为垂直农业，只属于立体栽培范畴。垂直农场的定义是耕作场所的垂直化立体化利用，如城市的高楼的分层模式，从分层角度来说至少是2层以上的方可称为垂直农场，否则还是平面利用的垂直农业范畴。从字义来定义就是可供人们管理的耕作场所实现垂直化立体化构建，这样一幢立墙的栽培就属于垂直农业范围，而立体化的空中梯田与多层次的耕作楼房则为垂直农场。通过上述定义的界划明确，当前补光型层架式的植物工厂则为垂直农业范畴，建筑肤表而非内部空间的利用也应属于垂直农业。通过上述定义，让垂直农场与垂直农业之间的概念更为清晰，以厘清当前学术界在使用上的混淆问题，甚至有些把垂直农场作为垂直农业的子集看待，这不利于学术交流与规范化的科研称谓。

第三节　垂直农场与垂直农业的研究内容

垂直农场与垂直农业是庞大的系统化工程，特别是垂直农场的构建其所涉的学科与技术众多，是交叉与集成的成果，仅靠某领域的专家难以完成，需要团队的全面协作方可构建，可以说是农业领域的航母。如果全部实现未来构想的垂直农场愿景，其复杂的系统化程度不亚于美国早年提出的曼哈顿计划，就是简易实用版的垂直农场，其相关的知识点与创新手段也是常规其他农业模式所无可比拟的。以下就垂直农场与垂直农业的研究内容作简要介绍。

一、垂直农场耕作平台的构建技术研究

目前经典理想版的垂直农场大多出于著名的建筑师之手，很多是建筑领域的获奖作品，其构想之新颖与建设的难度都大大超过普通的高楼建筑。当前国际与国内经典设计垂直农场较多，具代表性作品有迪拜合成工作室胡尔·苏林设计的"绿洲大厦"垂直农场；比利时一位杰出的建筑师文森特·卡勒鲍特设计的"蜻蜓"垂直农场，农场共有132层，两边的"触角"达700m以上，农场最高建筑达600多米；新加坡建筑师TR Hamzah&Yean设计的"新加坡热带地区生态设计大厦"；美国哥伦比亚大学教授迪克森·德波尔设计的占地1.3万m^2，楼高58层的垂直农场，据称可养活3万～4万人；在读建筑学硕士的戈登·哥拉夫所设计"多伦多天空农场"；罗姆设计公司的设计师们设计的"收获绿塔"；瑞典—美国合资的车前草公司设计的"车前草"垂直农场；这些经典垂直农场皆为亿元工程，在市场化不明朗的当下，其商业落地价值较为渺茫，但从设计与技术集成来说已达建筑学之巅峰，是普通建筑无可比拟的；我国设计的绿美人垂直农场及清华大学提出的第四代建筑，都是垂直农场与建筑的巧妙结合。

二、光照解决方案的研究

垂直农场除了建筑肤表的利用无需补光，对于室内的栽培或者补光式植物工厂模式都需解决人工光照问题。人工光最早用于气候室建设的都采用高压钠灯，这种灯光效低、热耗大，近年使用日趋减少，在国外一些室内种植大麻的国家还有在使用。当前用于补光最为普遍的就是LED灯，其光效是普通白炽灯的3～4倍，而且因放热小可以进行近距离补光而不伤害叶片，这样可以提高栽培的层数，创造更大的空间利用率，因其节能而被室内种植广泛使用。LED灯可以因植物对光谱的需求进行红蓝光科学比配，也叫光配方，以求达到最佳的光效与光合效率或者促进形态发育及特定需求的栽培。光源的解决方案还有一种较为节能的方式，就是利用聚光器结合光纤技术把室外的光照导入室内进行补光。

三、水循环技术研究

用于垂直农场或者垂直农业耕作的水，可以是雨水收集水，也可以是地下水，如果这两类水用于气雾栽培或者水培，必须对水质进行检测，查看重金属或其他有害物质是否超标，如超标必须先进行反渗透处理方可使用。理想化的垂直农场应该是使用都市废水或污水，这些水先通过物理、化学、微生物等手段综合处理，达到灌溉水要求后再行使用，处理过程又会产生副产品，又可作为资源或能源使用，如污水发电产生了能源，形成的固态渣物又可以作为无土栽培的人工基质；在处理过程中产生的甲烷可以用于生物发电以供垂直农场能源需求；垂直农场式的室内栽培往往空气湿度较高，还可以采用冷凝技术回收空间空气中的水分循环利用。在当前

淡水可利用资源日益匮乏的今天，科学合理充分的利用水资源显得极为重要，如迪拜"绿洲大厦"则采用海水蒸发冷凝的水用于农场用水，其间还可以达到海水降温的效果；对于一些水资源极为匮乏的高山地区还可以采用从空气中获水的方式解决耕作需水问题，即于空气中安装雾水捕捉网，云雾通过张拉网凝露收集利用。在废水的利用过程中，可以有机结合植物的滤化作用达到水的净化利用效果，即污水通过栽有植物的流化床，经由植物根系吸收后实现净化，如生物量较大生长快速的皇竹草就是非常理想的净化污水植物，也可以选择台湾速生杨乔化植物来净化水质。通过综合技术措施与手段的应用，最大化的实现水循环零排放的使用，以达到理想的节水效果。

四、电能解决方案

垂直农场的耕作也可以说是电气化耕作，每个环节都需要用到电力系统，如何采用多类型能源的综合使用是降低能耗的重要途径。太阳能与风能是已被生产科研普遍接受的获取能源方式，是可持续的绿色能源，但高度集约化的多层次耕作，其能耗极为庞大，仅依靠建筑肤皮的太阳能或风能难以满足，需综合多途径能源解决方案。目前技术成熟有望在垂直农场上应用的能源有以下几种，城市排泄物污水与固态垃圾发电，其间采用发酵产生甲烷，或者碳氢化合物垃圾碳化处理法产生能量进行发电；也有采用富集营养的污水进行绿藻培养，提取绿藻油后进行生物柴油发电获取电能；一些过往人口密集的场所还可以安装路面的压电发电以收集人类活动的能量，对于垂直大楼内有健身房休闲区的，还可以与跑步机等健身装置连接，实现人力发电的转换，这方式也可以用于家庭小面积栽培供电。未来都市的风能发电将会有大的突破，当前都是利用较强的风进行发电，未来微风风型的发电机组将得以普及，在城市任何环境都可以安装该发电装置，让风能得以更充分利用；建筑物的表面可以安装太阳能膜发电，或者微风电电组，以获取源源不断的绿色能源。虽然上述的各种供电措施综合集成，但还是不能满足垂直农场电力的需求，必须有外源电网的接入，所以垂直农场最终供电解决发案还得依赖更为高效的绿色能源，如未来的核聚变发电，可以利用海水提取氘参与核聚变。目前我国的"人造太阳"就是核聚变装置，唯独只有能耗降低才是垂直农场走向实用的开始。

五、材料科学的研究

材料科学的应用也是构建高效节能垂直农场的关键技术，未来垂直农场基本都是以透亮的玻璃为外墙，以达到充分利用太阳光的效果，外墙覆盖材料一般选择真空玻璃，真空玻璃隔热隔音效果好，是低碳建筑的高科技材料，用于垂直农场，实现严寒与高温天气下垂直农场内外的热传导最小化，达到节能效果。建筑表面用纳米二氧化钛涂层处理，垂直农场表面覆盖物的透光性极为重要，城市粉尘等污染物会影响透光性，通过涂层处理达到自净化自分解效果，无需清洗外墙即可达到常年清洁。相变材料的应用，垂直农场内部空间的隔断及楼面材料，最佳解决方案就是采用相变材料，可以有效减小温度波动达到节能效果，节能效率可达60%～99%，是建筑材料领域的革命，利用相变材料巨大的潜热效应，缓减温度波动，促进作物稳定如期生长。发光材料的应用，在垂直农场的所有操作过道，可以采用发光材料处理，以达到节能效果。镜面材料的应用，在作物栽培场所，最大化的安装100%反射的镜面，以达到室内漫射反射光的充分利用，也是一项非常有效的节能措施。

六、智能化控制系统的研究

垂直农场或者垂直农业的环境与栽培管理，全面融入传感器技术、计算机技术、通信与自动化控制技术，实现耕作过程与环境管理的数字化、精准化、智能化，是提高耕作效率与节省能耗综合科学利用资源的有效手段。作物栽培过程中的温、光、气、热、肥、水，都通过数据流体现，都采用自动化模拟调控，结合远程物联网技术实现远程监控与操控。其间所涉的研究领域较广，较为核心的研究就是各类传感器技术的开发与研究，所涉的传感器数十种之外，外界的气候传感器包括风向、风力、雨量、光照、气温、湿度等；内部与栽培相关的传感器有空气温度、空气湿度、光照强度、土壤或基质水分含量、叶片水膜、营养液浓度、营养液pH值、营养液液温、营养液池水位、二氧化碳、水溶氧传感器等；还有与作物生理相关的传感器，测量径干粗度的微位移传感器、光合效率传感器、茎液流的流速传感器、重力传感器等。以及专家智能系统数据库的开发，数据库记录每种作物最佳的环境参数及管控方案，让非专业的都市人群可以轻松掌握。通信技术与云控制技术的研究应用，让都市人群可以通过手机及远程客户端进行非现场的操控管理，再结合远程视频，达到农产品生产过程的可视化追溯。还可以结合APP端的云销售平台，实现生产与销售的快速高效线上对接。

七、栽培模式与种养循环模式研究

用于垂直农场的栽培应以轻巧型的气雾栽培为主，以解决摩天大楼的承重问题，以降低建筑成本。气雾栽培模式因不同的作物及株型的不同，开发多样化适合所有作物高效生长的栽培模式，如叶菜等小株型经济作物则采用立柱式与梯架式雾培，大株型的乔灌木则采用管道化或者桶式雾培，对于蔬菜树的培育可以采用钢构树种植，对于大空间的利用则采用雕塑树式气雾栽培，对于垂直面的利用则采用垂面雾培，对于可悬挂利用的空间则采用倒挂栽培，对于方便架设的可利用空间则采用PVC管架设的管道化气雾栽培，对于变化无规则的肤表表面则采用柔性的伸缩管来构建栽培系统。除了气雾栽培外，还可以适当结合水培与基质栽培，其中基质培一般选择轻型陶粒培，基质培可以结合水质过滤用途进行设计，一些水产养殖水通过基质培起到物理与生物净化的功效，其效率高于水培与气培。特别是城市的生污污水通过一级处理后，再进行基质培的生物滤化，起到水质很好的净化效果，同时又实现作物无需另外施肥的效果，形成共生循环模式的鱼菜共生就是该模式的具体应用。

种养模式是循环利用资源的可持续耕作方式，利用养殖的动物排泄物作为肥源，来构建耕作系统，形成养殖无废物，种植无需另外施肥的效果。对于动物排泄物的利用方式有直接利用与间接处理利用两种方式，直接利用就是水产养殖与耕作结合的鱼菜共生模式，间接利用如发酵床养猪、养禽、养牛、养羊，这些动物的排泄物先通过充分发酵，再利用发酵料作为有机基质型无土栽培的原料，或者通过包纱布滤出浸出液的方式用于水培及气雾栽培的营养液；也有采用浸出液先进行绿藻培养，培养的绿藻作为子循环系统罗非鱼养殖的饲料，鱼的排泄物再进行鱼菜共生栽培；或者动物的废液先进行微生物或者贻贝等软体动物的生物处理后进入种菜循环；也有对垂直农场的植物茎干、枝叶进行发酵处理加工成草食动物羊的饲料，再进行下一循环，让废料得以最充分利用，总之通过种养结合、鱼菜共生及微生物处理技术实现零排放的利用。

八、种苗工厂化培育技术研究

垂直农场所栽培的作物，其种苗全部通过人工光室内育苗的方式生产，不管种子苗还是无性苗及嫁接苗，全部采用人工光闭锁式育苗的方式获取，以达到种苗商品性及遗传稳定性要求。一些带病毒的作物还可以结合组培室脱毒，如草莓与马铃薯类，经脱毒后再行工厂化无性扩繁，以获取品质优良的种苗；一些瓜果类为了提高抗性可以结合断根育苗法；一些木本果树类，可以采用气雾增殖与气雾快繁结合的方式快速生产自根苗。总之，垂直农场的种苗通常采用无土化育苗手段获取，为了缩短育苗周期，还可以结合高压育大苗的方式为垂直农场提供种苗，以达到快速挂果投产的目的。

九、生物工程技术的研究应用

未来垂直农场将结合人工种子技术，培育出遗传基础可控制的优良品种，而且是快速获取种子的途径。目前美国的孟山都农业公司已将该技术作为企业发展的主导开发项目，并于生产上得以应用。人工种子的优势是生产成本低，种子胚胎在发酵罐内实现快速增殖，种子的遗传优势与稳定性通过人工细胞融合完成，种子所需的营养通过人工包衣方式实现，这种新型的育种技术将是未来垂直农场种子供应的主要手段。一些转基因品种是垂直农场栽培的安全方式，在垂直农场可控的人工环境下，可以避免自然逃逸而产生的生态危害，转基因品种重点在于观赏类的绿化植物与花卉，或者药物提取型植物的靶原料培育。当然还包括动物良种的克隆式培育，及未来的肉类定向克隆技术，在工厂内直接生产所需的动物蛋白。在前沿科技领域，目前也有科学家对藻类进行改良，有望培养出未来可替代小麦及水稻碳水化合物营养的作物，到那时垂直农场重点只需培育瓜果、蔬菜、药材即可，定向克隆肉解决蛋白需求，改良藻取代了粮食作物，食用菌则全面采用工厂化集约化的层式高效栽培，将大大提升了垂直农场的意义与功能。

十、设施技术的研究

设施技术包括围障设施的研究及育苗与栽培设施的研究。用于垂直农场的围障设施有前面所述经典型垂直农场的高楼建筑，也有在温室基础上改造的设施型垂直农场。设施型垂直农场的研究，将是实现垂直农场实用化与商业化的首要与关键，具有投资省、商业回报高的效果，解决了当前垂直农场投入与产出不匹配的问题，这也是当前垂直农场无法落地的主要原因。在未来较长时期内设施型的垂直农场与垂直农业将是科研与生产的重点，开展该方面的研究意义重大，作为垂直农场的1.0版在生产推广应用。温室型围障设施的垂直农场有当前丽水市农业科学研究院开发的土楼温室与螺旋梯田，这是当前为止最为高效而且低成本的实用型垂直农场。

蔬果的育苗设施重点开发可提高效率的适合海绵块基质的自动化播种机，及适合海绵块育苗的补光型植物工厂。栽培设施的研究包括作物支撑载体的各种架型的构建研究，及各种类型灌溉系统的研究，以及节能低功耗的补光灯研究，与空间杀菌处理的物理杀菌技术研究。用于病害防治的电功能水技术研究，该防治方式可以达到零残留安全生产的效果，而且对环境无任何排放污染。物理促控技术包括电磁声波场等在垂直农场上的应用研究，如声波促长技术，可以结合栽培环境安装音箱播放1 000Hz声波的音乐，以达到促进光合作用与叶肥吸收的效果。磁处理技术与碳农法的结合，可以改善与优化电磁环境，达到促进水的活化与矿质元素吸收的效果。纳米增氧技术的研究与应用，可以让培养液达到超饱和溶氧效果，大大激发作物的生长潜力。营养液加温与制冷设备及技术的研究应用，可以实现根温的高效控制，达到节能与作物促长的效果。

十一、营养液配方及栽培技术研究

垂直农场是各学科高度集成的技术，在垂直农场内可以生产出各种气候带环境下的可食用植物，采用环境模拟与控制气候创造出热带、温带、寒带植物所需的温光气热条件，实现所有植物的垂直农场泛耕作。栽培技术的研究重点立足适合工厂化环境能体现高效化高品质的栽培模式，一般果树类在采用无土化的同时结合高密度低矮化篱壁架栽培，甚至未来可以实现工业化生产，包括整枝修剪都可以实现自动化，达到最大化省人工效果。至于品质的调控除了环境模拟最优化达到品质优化效果外，针对不同作物进行营养液配方最优化的研究，也是获取高产优质及特色化栽培的重点。可以结合原子吸光光谱仪的应用，对每种植物花、茎、根、果等进行元素的精准化分析，再按照分析结果比配出最佳的营养液配方，为生产优质农产品实施精准化供肥。还可以通过配方中添加对人体有益的助益元素如硒元素，以开发出更为健康的农产品。对于温带植物的南方栽培则结合休眠期的人工制冷破眠技术，以实现热带地区栽培苹果、大樱桃等温带果树，或者结合植株的冷库保存以达到产期灵活调控的抑制栽培或促成栽培效果，实现每种水果可以不分季节全年应市。

十二、智能机器人的研究

垂直农场的栽培管理除了上述结合计算机传感器技术外，针对人工管理操作的简化是未来垂直农场及垂直农业研究的重点，如移苗定植与采收机器人的研究，将是减免蔬果耕作劳动力的关键，设施化栽培实现气雾化无土化管理后，定植与收获当前主要依靠人工作业，占据了劳动力成本的主要。蔬菜的栽培如果结合种菜与采菜机器人，基本可以实现无人化管理；水果的采摘也同样，这里涉及水果成熟度相关传感器的开发，如感觉香味来判断成熟度类的传感器，或者通过果实大小与颜色来判断是否成熟的识别系统；以及采摘方式的研究，木本的果树类可以采用高频震动法收获，而瓜果类的采摘需开发有较高智能水平的机器人方可完成，大多采用压缩空气结合柔性吸盘的方式采摘以减少损果率。目前在实用化上还存在问题，还需较长时间的研发熟化。病虫害与缺素病的识别机器人开发，该系统开发重点在于各类病虫害症状图谱的数据采集，建立数据高分辨扫描对比识别判断，目前该方面的研究各科研院所已初有成效。嫁接机器人的应用已相当成熟，可以移植至垂直农场中应用，总之智能机器人是未来垂直农场实现无人化管理的趋势，也是实现清洁化管理的重要技术手段。

总之，垂直农场与垂直农业是集成多学科交叉的成果集成应用，是各学科与专业协同配合的结果，单凭某几个专业无法完成庞大的系统工程，所涉的相关领域其专业程度要求较高，系统之间的整合是否匹配到位都影响垂直农场的运行。当前虽然建筑设计师设计出款式多样的垂直农场概念模型，但离可落地或操作确保运行来说，还相差甚远。大多只从建筑学的角度认知垂直农场，至少环境与作物栽培之间的细分设计及技术手段处理涉及较少，但不管什么产业早期肯定都得经历过概念期阶段，尔后才有细分化的操作与执行及系统整合解决方案的出炉，这是创新不可逾越的过程。但人类只要有想象，通过科学技术的创新实践都将会实现，垂直农场构想无疑是解决人口增长与耕地减少矛盾的可行方案。相信通过上述技术的不断突破，不久终将会实现，耸立于大都市的一座座绿塔与大厦将是人们获取安全食品的重要途径，也将是城市环境优化与生态文明构建的重要生物组件。

第三章　设施型垂直农场的理论基础

设施型垂直农场是经典型垂直农场的1.0版，虽然不像摩天大楼式垂直农场那样宏伟壮观，但具有实用低、投资可应用于商业生产的优点，其成本与普通温室型农场类似，甚至因其利用率的提高，单位耕作面积的占比成本更低，同时又具节能及管理集约化的效果，是实用新型的垂直农场构型。其构型是设施温室的升级版，建筑型垂直农场的初级版，研究开发实用型垂直农场以适应当前生产力水平显得极为重要，一是可以直接用于生产，二是可以为未来开发摩天楼式垂直农场奠定理论与实践的基础。以下就设施型垂直农场的理论体系及技术模式进行阐述。

第一节　土楼式垂直农场构型的创新启示

在世界建筑史上，中国入选的古文明建筑就是长城与土楼，长城用于抵御外敌入侵，土楼用于防御冷兵器时代的匪徒、南下胡人、原住民，甚至官府等许多势力的威胁攻击，是防御性城堡式建筑，都具强大的攻防功能，是战争与斗争的产物。福建的土楼建筑是中国建筑多楼层建筑的经典之作，其创造形的外形如一大圆桶，所以也叫桶子楼，规模大的土楼可以聚居一个村落的人口，所以采用多层的楼式结构，每层楼又区分众多的房间，充分发挥聚族而居的高密度居住功能。土楼为族人创造居住场所，而垂直农场则为动植物创造众多的培育场所，颇有类似之处。土楼也具生产、生活、生态齐全的功能，与现代经典设计的垂直农场同样有相似之处，土楼的生产、生活、休闲区设于土楼的天井公共区，也是对土楼起微气候调整的功能区。当前国际设计师设计的垂直农场同样融合了生产、购物、休闲、娱乐等功能，在功能区划与用途上都具类似之处，也可以说土楼是垂直农场的朴素雏形，是中国式的垂直农场。

土楼圆桶式的外形让建筑产生强大的抗风性，因为圆弧外观可以让强风环绕而过，减小正风的挡风面，是其抗风性形成的主要原因，福建沿海常有强台风侵袭，这种外形创新也是长期实践的智慧总结。垂直农场的构型就采用土楼的桶子式构型，与方形建筑相比创造同样空间围障材料省容量更大，这也是圆形普遍用于容器构外形的一大原因所在。圆形的桶子结构具强大的内向力，同时又具强大的外向力，受外力时向内则聚于中心，向外则均匀发散，所以圆桶构造又具强大的抗震性。设施型垂直农场不像经典设计的垂直农场，必须要达到弱材料高强度的效果，所以借用土楼的外观造型将是设施型垂直农场最为理想的构型。垂直化的高墙实现空间占用的最大化利用，比金字塔型的垂直农场空间效率更高，设施型垂直农场同样采用垂直化的墙体构造。

第二节　围障设施的整体张拉力学理论

围障设施就如建筑的外墙，必须具有一定的强度与抗性支撑起庞大的内空间，另外还需有一定的隔热性，实现室内环境温度的稳定，发挥建筑的庇护作用。但建筑材料与设施材料不同，建筑材料采用混凝土构造，设施材料则采用简易的温室管材搭建，从建筑角度来说应该说是弱材料，如何让弱材料达到高强度的效果，必须从结构与力学上进行破译。自然界中弱材料高强度杰作，要数鸟巢、蜂巢及蜘蛛网结构。鸟用树枝与杂草筑成的巢可以经起风吹雨打，其结构原理就是三角交叉编织法构型；而蜂巢也是非常巧妙的构型，采用均匀的正六角形结构，具有材料最简、空间利用最高的效果，可以创更多的蜂居孔。蜂巢结构具有材料消耗少、比强度与比刚度高、重量轻的优点，同时蜂窝的几何结构，形成整体恰似拱桥结构，从而使面上的抗压强度提高了100倍，这也是当前建筑上开发蜂窝板的力学原理。蜘蛛网是整体张拉力学的显著例子，强猛的昆虫碰触网后，可以将运动产生的力分散掉，以缓冲对局部的破坏。综合上述自然的仿生结构与力学模型，采用三者复合技术，构建起局部与整体受力强大的力学结构，用于垂直农场围障设施建设的构造模型，就是采用外三角、内蜂窝的空间桁架结构（这种结构由笔者徐伟忠发明），采用该原理开发了具强大抗风抗震与抗雪压的鸟巢温室，土楼式的垂直农场内外墙及顶部同样采用该结构原理构建，实现了普通钢条就能构建出类似建筑物的庞大设施，为垂直农场的空间利用建造起结构稳固，材料轻巧的弱材料强结构模型，是整体张拉力与结构力学的巧妙结合，解决了普通温室材料难以达到的高大化效果，可以建造出高数十米的类建筑温室，为垂直化利用创造硕大的空间。

第三节　耕作平台的螺旋式构型理论

　　耕作平台是垂直农场耕作与管理的场所，也是区别于垂直农业的不同之处，所谓平台，就如大楼的楼层，为人们创造生产、生活等活动空间，耕作平台是为作物创造栽培空间，为管理人员及相关的操作机械与运输创造生产条件，同样需要平坦方便活动，需要有足够的强度以达到承载的要求。设施型垂直农场内部空间不能采用传统楼房的水平分层模式，楼层的分层模式上层对下层会造成严重的挡光，影响耕作层的光效与作物的光合作用。自然界的植物是如何解决该问题，以实现树冠上层对树冠下层叶片最小的挡光遮阴，充分发挥光合效率？仔细观察植物的分枝模式与叶片的排列方式，就会发现，大多数植物采用螺旋分布的方法来解决上层枝叶对下层枝叶的覆荫问题，也有些植物通过树型的进化，变成上部如塔尖变小，下部变得宽大，减少挡光；也有些树冠进化为开心形来实现各部分充足的光照，这是树型的进化，但作为叶序的分布则以螺旋形居多，也有些是叶片对生而上下层叶片呈"十"字形交叉排列，树形与枝叶排列进化的各种模式都是为了充分利用阳光，而螺旋形是最为经典最为高效的光照利用模式。2005年瑞典马尔摩市海边建成一幢名为"HSB扭转大楼"的住宅楼，高190m，共有54层，从底楼就一直扭转向上呈螺旋形，到顶楼整整扭转了90°，加上宽大的玻璃窗和室内许多开放式的结构，使楼内的每片空间都能够享受到充足的自然光，成为建筑设计的创新之作。螺旋形不仅仅实现光照利用的科学化，诸如对于空间的利用，螺旋形也是最为科学的进化杰作，决定生物遗传性状的基因，就是双螺旋结构，构成生命体的蛋白质、核酸及多糖大分子也都存在螺旋结构。植物细胞内的细胞器大多也呈螺旋结构，因为螺旋结构在相同的空间内可以创造更大的表面积，使生物反应器的效率更高。其实自然界有关螺旋结构数不胜数，说明螺旋结构也是大自然进化的结果，它有利于物种的生存，是进化的动力。海螺螺旋形外壳是为了让其在流动水中阻力更小的前行；人体的皮肤生长同样是螺旋式，所以每人的头顶都有发旋；人的左右脑分工也是螺旋管控，左脑控制右侧身体，右脑控制左侧身体；甚至很多非生命的矿物晶体，其生长也是呈螺旋式生长。科学家阿基米德则从科学的层面最早提出螺旋线几何特征，并发明螺旋扬水器，解决尼罗河水的灌溉问题，如今的阿基米德螺旋泵还在工程上广泛应用。阿基米德螺旋也叫等速螺旋，自然界中的缠藤类植物及一些植物的卷须也为等速螺旋，其中的进化妙用在于，螺线省材且节约能量消耗，在相同的空间使叶片获取更充足的阳光，像烟草的轮状叶序也是为了狭小空间获取最大光照，其中几何原理就是在柱面内过柱面上两点的各种曲线中螺线长度最短，起到省材的作用；

另外螺线如弹簧还具弹性，在遇外力作用时，如螺线的植物卷须不易被拉断，这也是自然选择与进化的结果。甚至大至天体星系宇宙都是遵循螺旋结构与螺旋运动，中国智慧创造的太极阴阳鱼图无不是对螺旋运动与结构的朴素哲学阐述。

设施化土楼温室桶柱状空间，就是采用螺旋线的机理进行耕作平台的建设，称之为螺旋梯田，螺旋梯田构造实现环绕柱式空间的材料最省化及光照最优化，同时又充分发挥力学结构上的整体张拉与弹性效应，以达到梯田的弱材料高强度承载与抗外力冲击效果。采用螺线梯田方式比分层方式空间利用更高效，创造的表面积更大，而且上层对下层挡光少，漫射光与反射光都得以更充分利用，是解决立体分层化耕作光阻挡的科学解决方案。另外等速螺线构型创造出更为平坦而徐徐上升的梯田，方便栽培设施的布设及管理人员的操作。

第四节　肥皂泡保温与遮阳理论

在自然界中一些昆虫会产生泡沫以保护自己，最为典型与普遍的一种昆虫叫沫蝉，在脆弱的若虫阶段会从腹部尾处的泌腺处分泌出含蛋白及无机盐类的液体，在两侧气门的吹气下形成泡沫，这些泡沫的形成具有保湿与防御外敌（如蚁类）功能，同时又起到防暴晒与隔热之作用，沫蝉通过分泌泡沫创造适宜的环境与防御外敌的侵害是生物进化出来的一种保护机制。另外如斑腿泛树蛙生活于树上，它在产卵时也是先分泌泡沫，再把卵产于泡沫中，在泡沫中完成卵的受精过程，凡此种种现象都是昆虫等动物的一种自我保护方式。提到泡沫在生产生活中大家首先想到的是泡沫板与发泡水泥，这些发泡物用于隔热保温，泡沫的隔热保温机理在于材料中含有大量不流动稳定的空气，不流动稳定的空气如棉被也类似，可以阻导对流的热传导，形成隔热特性，如现在用于建筑的中空玻璃也是通过让隔层的空气静止而发挥隔热性。

经典垂直农场是通过墙体材料的隔热性来实现内部环境的相对稳定，设施温室往往覆盖薄膜、阳光板或玻璃，这些材料如何发挥其隔热性呢？在没有作改进处理的情况下，光覆盖上述材料，其保温性非常有限，所以北方温室还得覆以保温被以达到寒季保温的效果，保温被就如棉被就是利用覆盖材料间稳定不流通的空气来阻止对流传递热量造成的能量损耗；而高大的垂直农场无法实现保温被的覆盖，另外如果白天覆盖了保温被也阻挡阳光的射入，不适合用于垂直农场。设施型垂直农场存在热辐射传递、空气对流传递及设施管材与覆盖物的传导传递3种。无法在高大设施外覆盖保温被的前提下，要创造静止稳定的空气隔热空间，得采用创新的思路，另辟蹊径；就是于设施温室内部空间形成有一定厚度的夹层，于夹层内填充肥皂泡，创造一层类似中空玻璃的隔热层，而且其厚度数十倍于中空玻璃，并且是可人为灵活发泡与消泡的模式；在需要隔热时产生，不需隔热而需采光采暖时消泡，这就是肥皂填充技术。采用夹层填充肥皂泡比中空玻璃覆盖的隔热效果要强数十甚至百倍，玻璃的导热系数是0.77W/mk，而空气的导热系数是0.028W/mk，由此可见，玻璃的热传导率是空气的27倍。

针对垂直农场内外围及顶罩，全部采用双层覆盖，与肥皂泡填充结合，实现内部空间微气候环境的相对稳定，是垂直农场有效的节能措施又是科学高效的调控方法。一般长江以南气候下，只需采用双层膜的空气夹层保温即可，因为土楼构造除了覆外膜外，还可以在空间桁架为基础的内蜂窝结构上安装卡槽覆盖内膜，这样自然就形成了具有30～50cm厚空间桁架的双层充气夹层，达到双层膜的保温效果。每增一层膜所产生的效应大概可以提高5℃；那么在长江以南地区的气候条件下，通过双膜覆盖则基本可回避极低气温对作物的寒害冻寒影响。肥皂泡保温是新型的创新保温方式，它是基于夹层温室的保温模式，而且具有超强的保温性与方便实用的使用性，更是一种节能环保可持续循环的技术，以下作简要的介绍。

中国奥运水立方的覆膜技术就是采用众多气泡膜的多边形组合，这种可充气的中间夹层的气泡可以有效地阻隔热的辐射传递。采用肥皂水吹成直径0.8cm的气泡，形成了大量的空气静止层，而静止空气具有极低的导热系统，从而形成了良好的绝缘隔热效果。根据这一原理，于温室的夹层间填充厚度约50cm的肥皂气泡，而且是流体状充斥无断层，根据每个气泡的热绝缘值$R=1$计算，50cm的肥皂泡就可以产生R值为40的效果，相当于数十层中空玻璃的隔热效果，而且这种气泡覆盖的方式是动态的，可人为操作或自动控制，更重要的是它的成本低，肥皂泡老化破裂成水后又可以收集循环利用，大大降低了保温覆盖的成本。这种肥皂泡填充的方式为温室的极寒区应用提供了技术支撑，可以在-30℃的低温区使用，达到温室周年生产的效果。目前气泡温室已于俄罗斯的莫斯科及河南温县等地运用中试，表现出良好的保温效果，是普通保温棉被覆盖所不可比拟的。这种气泡填充覆盖的方式不仅适合冬季夜晚的覆盖保温，还可以用在夏季高温天气的覆盖遮阴，这种遮阴所产生的效果也是普通遮阴网覆盖法所达不到的，它可以透入可见光形成漫射效果，而可以把热效应的红外光过滤，也可以阻挡外温室热量的传输，是一种不影响光合作用的遮光新技术，就如自然界的云朵漂移，创造最佳的温室光环境。

第四章 土楼温室型垂直农场构建技术及应用

温室大棚从古代油纸温室到现代的玻璃温室，从早期的竹木构型到现在的钢结构融合，从单一的线性拱式向现在的异形化转变，从平面耕作到立体栽培，从贴地生产到空间耕作；在调控技术上同样发生快速的演变，特别是随着信息技术的普及应用，数字化、智慧化、自动化与物联化已成趋势；与之相应的栽培与养殖技术，也同样发生着加速度的创新转型。从传统的土壤栽培到基质培及水培，再发展到现在为空间技术提供支撑的气雾栽培；从靠天吃饭到人工可控再到环境的全面模拟控制，打破了气候、土壤、环境的限制，在任何地方都可以进行农业生产的泛农耕时代。耕作场所从农村到都市近郊，再到屋顶、阳台、庭院甚至室内。设施温室技术演变再结合耕作模式创新，为未来农业的发展描绘全新的蓝图，是一场伟大的变革，特别是垂直农业与垂直农场的提出及技术创新，更为农业的工厂化、都市化、空间化、生态生活化奠定基础。土楼温室就是在各领域快速发展与变革的背景下，通过多学科融合创新，构建起设施建筑化、耕作空间化、生产高效化、生态协同共生化、耕作过程体验化的新型农业生产方式，是实现"三生"融合，产业综合，种养结合的新型产业模式与技术体系，为乡村振兴、产业兴旺搭建重要的产业平台与技术支撑，将在现代农业的转型升级与产业提升中发挥重要的作用。以下就土楼温室的构建及在垂直农场上的应用作详细的介绍，供生产借鉴与参考。

第一节 土楼温室的技术原理

福建土楼位于沿海地区，除了防御功能外，抗台风也是建筑考虑的重点，圆桶形构造与方形结构建筑外观其挡风面大小不同，圆弧结构受风面小，受到正风吹袭时可以环绕而过让强风得以化解，方形挡风面大建筑受外力冲击大，所以土楼的圆桶结构有利于抗风；圆形的桶子结构具强大的内向力，同时又具强大的外向力，受外力时向内则聚于中心，向外则均匀发散，所以圆桶构造又具强大的抗震性。

　　土楼温室就是引借土楼的外观与结构特点，采用现代设施的钢结构技术，创新形成一种全新结构与独特外观的土楼温室；但在分层构造上无法引借土楼的水平式分层，必须有所改变创新，以适应农业耕作对光环境所需。光照是农业生产最为重要的环境因子，如何充分利用太阳光辐射以实现光生态位的科学利用，实现立体空间最大化利用？空间利用最佳的方式就是自然界的螺旋结构与原理，如植物叶序与枝序的布局就是螺旋模型，减少上层光照对下层的阻挡，让漫射光得到充分利用；另外从物理空间来说，在相同的空间内，只有螺旋结构可以创造最大化的表面积，所以植物细胞内的细胞器及DNA基因都进化为螺旋结构。土楼温室的内螺旋梯田，则采用等速螺旋线也叫阿基米德螺旋线模式，既充分利用土楼空间又达到便利操作与管理的效果。借助土楼的外形再融合螺旋线梯田的分层模式，形成了土楼温室的融合创新。

　　在土楼温室的结构力学应用上，采用整体张拉力学，在建造材料上采用短程矩的钢管管材，与传统的长杆管材建造温室相比，其抗扭切强度更大，就如长材料易断的原理是类似的；而且土楼温室的力学结构融合了以下几大原则，三角交叉的铁三角稳固原则，六角形连接的蜂窝结构原则（材料省、强度高、刚性大、稳性好），再结合厚0.5~0.8m"人"字形空间桁架紧密排列复合，形成强大的屈曲载荷，与福建土楼的实心墙相差无几。类似于当前用于建筑的蜂窝板材结构，在力学上蜂窝材料重量只需实心板材的10%~30%，但产生与实心板相似的力学强度，是结构力学上的重大创新。土楼结构除了局部构造巧妙应用上述原理原则，它还是整体张拉力的科学应用，实现一处受力整体应力的蛛网与鱼网效应；同时它也遵从平衡力学原理，任何通过中线的分割，其材料结构与力学上都达到两两对称平衡，形成了如赵州桥的向心拱撑力，通过结构与力学上的创新实现了土楼温室在结构与材料效率上的最优化，其强度重量比和刚性重量比都优于当前任何温室，是一种弱材料强结构的创新温室。

第二节　土楼温室的结构特征

　　土楼温室整体结构由7部分组成，环弧的"人"字形顶罩式屋顶、围桶的内侧垂壁、围桶的外侧垂壁、等速螺旋线式的螺旋梯面、内外壁的门窗开设、土楼的肤表与梯面的覆盖、中心天井组成。在土楼温室的钢结构技术上，不管哪部分全部都由三角结构、空间桁架结构与内蜂窝结构复合，形成土楼温室整体与局部的最大抗性（抗风、抗雪、抗震）。

一、土楼温室的整体构型

土楼温室为温室技术与建筑技术的融合，世界上著名的建筑，其外形上都非常的考究，它关系到落成后整体的美学。土楼温室的外圈半径及垂面高度构筑起整体外观轮廓，通过笔者的研究，土楼外观由垂高与半径比为构型的重要参数，以接近黄金比例0.618为宜，该高度可以达到拍照与体验的和谐之感。其实在建筑领域，建筑师们对数字0.618也特别偏爱，无论是古埃及的金字塔，还是巴黎的圣母院，或者是近世纪的法国埃菲尔铁塔，希腊雅典的巴特农神庙，都有黄金分割的足迹。以下为半径40m的土楼外观构型，其垂壁高度为12.36m，与半径之比恰好为0.618的黄金比例（图4-1、图4-2）。

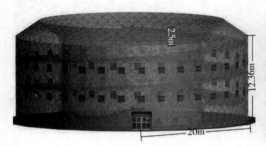

图4-1　半径与高度　　　　　　　　图4-2　整体CAD图

二、人字形顶罩及结构

在福建土楼的建筑中，抗风最薄弱的环节在于环形的"人"字顶盖，在台风侵袭下，该处是最易损毁的部位，其主要原因是屋檐悬挑过大，极易导致屋盖上下表面形成"上吸下顶"的叠加效应；同时屋顶的木结构与内外壁的夯土墙之间采用柔性连接，薄弱部位没有进行加强抗风处理，在台风作用下极易招致破坏；而土楼温室的屋顶与内外垂面之间作整体钢结构连接，屋檐不作外挑处理，不会形成抗风薄弱点（图4-3）。

"人"字形的环形顶罩采用六裂等分循环构型，每裂结构相同，6循环构建环形；局部结构同样为外三角、内蜂窝及空间桁架复合构造，该土楼顶罩跨距为8m，高为2.5m（图4-4）。

三、土楼温室的内外侧垂壁结构

土楼也叫桶子楼，由内圈垂面及外圈垂面围桶而成，内外垂面设计为等分等高等维等三角设计，于三角网架结构相距0.5～0.8m处再设一层六边形蜂窝结构，蜂窝结构与三角结构的节点之间用空间桁架相连接，形成厚0.5～0.8m的复合构造（图4-5、图4-6）。

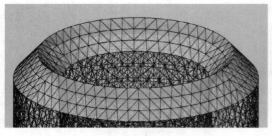

图4-3　温室"人"字形屋顶

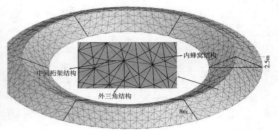

图4-4　屋顶结构

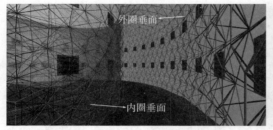

图4-5　内外圈垂面

图4-6　垂面的钢结构

四、螺旋梯面及挂杆式、撑杆式连接

螺旋梯面是重要的立体化空间化耕作平台，必须具备强大的承重性，可以方便人员的走动管理及栽培设施的布局，所以螺旋梯田同样采用上层三角，中层桁架，下层蜂窝的复合结构，建成后于梯面上铺设踩踏网。踩踏网是种高强度的铁丝网，除了方便管理人员走动，同时又达到上层对下层最小的挡光，让温室内的光辐射、漫射光、反射光得以最充分的利用，以实现免补光栽培。

内外圈垂面之间跨距为8m，扣除空间桁架各侧厚0.5m，螺旋梯面宽则为7m；土楼垂面高度为12.36m，内部螺旋梯田作三层楼设计，则每层高为4.12m（图4-7）；因螺旋梯田为等速上升的盘绕结构，而内外垂面则为等高等维结构，两者之间的连接则采用挂杆式或撑杆式连接，即螺旋梯田内圈螺旋线节点对应于内垂面内蜂窝节点，外圈螺旋线节点对应外垂面的内蜂窝节点，而且内外圈螺旋线的等分节点数与内外圈蜂窝节点数相同；螺旋梯田与垂面内蜂窝之间则采用挂或撑式连接，通过撑与挂的方式把梯田钢构与内外圈垂面钢构组合为整体钢构，当螺旋线节点低于就近蜂窝点时，则采用挂杆方式（图4-8），当螺旋线节点高于就近蜂窝点时，则采用撑杆方式连接（图4-9）。通过与内外垂面的连接形成类似蹦床的张拉力效果，构造起梯面强大的承重性。

五、门与窗的开设

土楼门的开设分为出入口大门与内圈进入天井的大门，每座土楼共设两道门，大门采用玻璃推拉门设计，门的大小因用途及美观而定。窗为温室的通风系统，三层螺旋梯田一般通风窗作2～3层等高开设，均匀开设于内外圈垂面，采用铝合金窗材质，设计为电动启闭方式，可以连接计算机自动控制系统，实现自动开关（图4-10）。土楼的开窗方式利于温室通风，其通风距离短，内外圈之间的跨距为8m，而常规温室大多为纵向通风，通风跨距较长；而且土楼温室中心为大天井设计，更利于通风与采光，风从外墙窗户吹入后，会在桶子结构内部产生涡旋加速效应，比方形建筑通风更为顺畅。

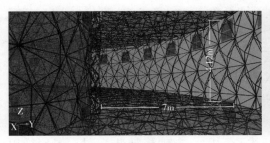

图4-7 螺旋梯田层高

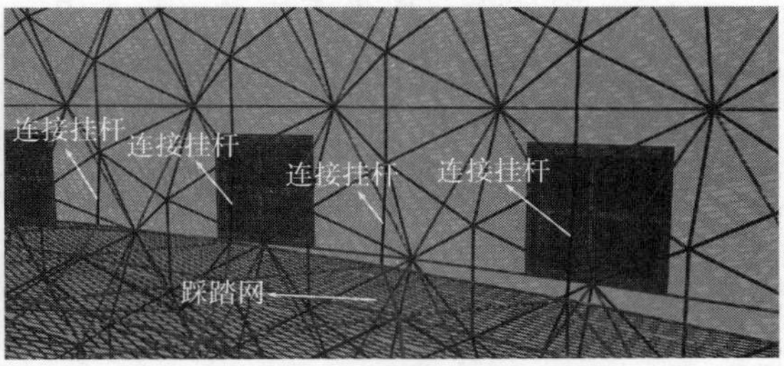

图4-9 撑杆连接方式

图4-8 挂点连接方式

图4-10 出入口大门及通风窗

六、土楼的肤表覆盖

土楼的肤表覆盖可以采用薄膜覆盖，也可以选择阳光板扣板覆盖，对于一些寒冷的地区还可以进行内膜覆盖，形成具0.5～0.8m厚夹层的双膜保温，覆内膜只需于内蜂窝安装卡槽进行内膜卡覆即可。对于极寒地区还可以结合肥皂泡填充技术，于夹层间进行肥皂泡填充，厚0.5～0.8m的肥皂泡基本达到内外热传导的绝缘效果。

七、天井的设计与利用

土楼中心位置处为天井，在福建土楼的经典设计中，天井为公共活动区，是生产、生活及生态聚合的公共区；土楼温室中心天井也可以用于农业耕作，也可以用作休闲绿植或球形温室的建造。

第三节 土楼温室的建造技术

土楼温室是鸟巢温室的变种与发展，其建造工艺与鸟巢温室相同，以下就以直径40m占地1 256m²土楼温室的建造为例作详细介绍，其建造步骤如下。

（1）拟建设一座外围直径40m，内围直径24m，梯面宽6.8m，夹层厚0.6m，螺旋梯面层高4.5m，作2.5层盘绕的土楼温室，温室顶罩2.5m高，温室顶总高为16m。

（2）采用CAD制图软件绘制土楼温室钢构线图及三维模型，包括顶罩及内外围垂面、螺旋梯面钢构及四周通风窗、出入大门等（图4-11）。

（3）利用CAD软件对温室钢构部分进行编码标注并清理记录每根材料的长度，标注记录长度时，以米（m）为单位，小数点后保留4位数；然后分别制作成装配图，包括外三角结构装配图、内蜂窝结构装配图、空间桁架装配图、螺旋梯田装配图及材料加工清单，其中螺旋梯面装配图包括上梯面三角结构及与内外围垂面挂点撑点装配图、空间桁架装配图、蜂窝结构装配图，以下为部分结构装配图（图4-12、图4-13）。

（4）应用CAD软件计算温室总用钢量为27 788m管材，增加10%损耗，拟采购30 566m 25#热镀锌管，管壁厚为1.7mm；利用冲床按照加工清单的长度与编号进行冲压加工，每根材料的加工误差控制在±0.5mm以内，加工后于每根材料上用记号写上相应的编码，方便安装时查找。

（5）温室骨架的安装，先准备好安装工具，如撑杆、起吊葫芦与电动扳手；从温室顶罩的顶处为安装起点，依次逐层往下安装，安装至螺旋梯面时，随同内外围钢构一起安装，安装时用撑杆葫芦起吊，让安装部位腾离地面，方便拧螺杆安装（图4-14）。

（6）温室节点的安装，按照装配图依次往螺杆上穿入相应的部件材料，并用电动扳手拧紧螺帽，注意于材料两头必须垫上垫片，材料夹于垫片中间，这样才能达到良好的紧固效果（图4-15）。

（7）在安装温室骨架时，如果计划选择大棚膜作为覆盖材料，必须同时进行卡槽安装，把需要安装卡槽线的部位（外围垂面卡槽与内围垂面卡槽，如果需覆双膜，还需于内蜂窝上安装卡槽），用自攻螺丝或者卡件装配上卡槽，这样安装效率更高，无需攀高操作，温室总高为16m，当安装至一半高度时，即可进行膜覆盖，避免整体建好后需攀高覆膜操作，影响安全；如果安装阳光板，则利用"U"形扣锁型阳光板进行板材纵向扣合安装（图4-16）。

（8）在土楼温室的安装地点较为空旷，方便吊机使用时，可以采用长臂吊车进行整体悬吊式安装，大大提高安装效率；常规安装只能采用撑杆与葫芦环绕起吊安装，随着安装层数增加，不断增加撑杆与起吊芦葫数量，起吊时，安装部位离地，其他部位可以着地，以增加温室稳定性与节省葫芦数量（图4-17）。

（9）按照装配图安装好温室骨架与梯面后，即可进行梯面的铁丝网铺设或木板板材的铺设，并对预留的通风窗口进行铝合金框玻璃窗的安装，设定的出入口大门也可以同样安装玻璃推拉门或者自动门。当前用于作物栽培的基本上都建议采用铁丝网铺设，市售的踩踏网即可，以减少木板铺设所致的上下层挡光，而且踩踏网强度大，铺设后承重好且稳定，方便管理人员与观光人员走动（图4-18）。

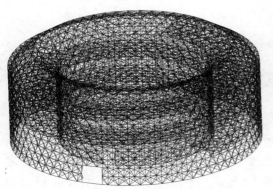

图4-11 土楼整体CAD

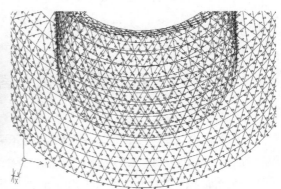

图4-12 三角结构装配

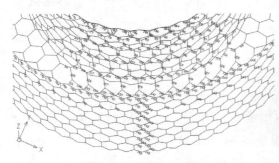

图4-13 蜂窝结构装配

图4-14 撑杆加葫芦起吊安装方式

图4-15 拧螺杆安装

图4-16 覆盖阳光板扣板效果

图4-17 悬吊式安装

图4-18 踩踏网铺设

第四节 土楼温室的耕作利用方式

土楼温室为垂直农场与垂直农业的重要耕作平台，通过盘绕梯田的方式增加了温室内部耕作平台的数倍利用率，如上述土楼温室，一层（土楼外垂面与内垂面之间的环形面积）的平面面积为804m²，空间2.5层盘绕创造1 595m²，总计面积则为2 399m²，约为环形区域平面面积的3倍面积。垂直农场的空间利用以轻巧化的气雾栽培为主，如管道化气雾栽培、立柱式气雾栽培、塔式气雾栽培及轻型陶粒为基质的槽式鱼菜共生耕作。以下就各种耕作利用作简要说明。

一、管道化气雾栽培利用

管道化气雾栽培用于土楼温室的梯田种植，具有施工便利，梯面承重轻，上下层挡光少的优点。施工时无需进行回液槽或床的建设，营养液随着弥雾在管内螺旋式随梯面的坡度顺畅回流。宽7m的螺旋梯面可布设管道7畦，以间距1.1m左右排列，上述1 256m²的土楼2.5层螺旋梯田可创栽培线总长为1 643m。以定植瓜果为例，瓜果通常间距0.6m定植，可一次性定植瓜果2 738株，以每株位年产瓜果10kg计，螺旋梯田用于瓜果栽培可年产瓜果27 380kg，折27.4t；管道化气雾栽培一般选择柔性带钢圈的PVC涂层材料的伸缩管，用于瓜果的伸缩管通常直径选择300～400cm为宜；柔性管方便施工连接及符合梯田的螺旋盘绕。只需铺设管道并于管内按照间距0.6m安装弥雾喷头，再于管道上开设定植孔即可。定植的瓜果采用吊蔓式整枝栽培，吊蔓拉线可以从上层梯田钢构下引拉线，作为瓜果绑缚生长引线，近内外圈垂面的瓜果可以沿垂面钢构爬蔓生长（图4-19）。

二、立柱式气雾栽培利用

立柱雾培也是一种占地面积小、空间利用率大的雾培模式，重点用于叶菜、特菜或药草等小株型经济植物的栽培，通过立柱方式达到最大化利用空间的效果。立柱雾培结合螺旋梯田实现空间利用的数倍提高，螺旋梯田作2.5层盘绕则提高2.5倍利用率，再加上立柱雾培提高3倍利用率，综合效率则达7.5倍耕作效率的提高，充分体现垂直农场的空间利用魅力。立柱雾培也具有设施轻巧，立柱基座占地小对梯面的挡光相对较小，有利于上下层梯田散漏光、漫射光的充分利用。一般立柱排列间距为2.5～3m，每柱直径为1.2m，为六面体柱设计，每柱基座设一集液槽可以用不锈钢材质定制，柱体采用20#热镀锌管组装成六面体钢架，再于钢架外覆挤塑板材料的定植板，并进行柱内安装弥雾喷头即成。1 256m²土楼温室的螺旋梯田可布设雾培立柱255根，每根立柱高为2.4m，可创有效栽培表面积为$0.6 \times 6 \times 2.4 \times 255 = 2\ 203.2m^2$，以叶菜定植板定植孔间距0.1m×0.15m计算，可一次性定植叶菜146 880株，以年至少生产10批计，可日采收叶菜4 080棵，以普通小株型叶菜生物量每10棵1kg计产，可日采收叶菜408kg，总计可年产叶菜146t，产能是普通土壤平面耕作的10倍以上产量（图4-20）。

图4-19　瓜果伸缩管雾培及吊蔓栽培

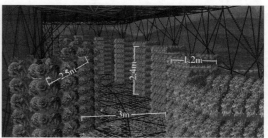

图4-20　叶菜立柱雾培及布局

三、槽式陶粒培鱼菜共生型利用

鱼菜共生是一种生态循环种养结合型的共生耕作方式，它把水产养殖与作物的栽培有机融合，充分利用养殖的废水作为肥水灌溉，通过植物的根系进行生物过滤，经滤化后的清水回流至养殖池，达到种植不另施肥，养鱼无需换水的共生协同效应。通过笔者对该模式的多年应用研究，建议种植部分以周期较长的多年生果树或长周期的瓜果为宜，适当套种少部分小株型的药草与叶菜，因为早期鱼苗小时供肥量少，后其鱼长大后产生废液量多，而果树与瓜果具较好的耐肥性，不像叶菜对肥水需求要求高而敏感。

在螺旋梯田上构建鱼菜共生系统有较大的优势，灌溉水可以沿着梯面的坡度非常顺畅的循环。以1 256m²土楼温室为例，类似管道化气雾栽培可以排列4～6畦种植槽，种植槽采用轻巧的板材框建成槽，再于槽内铺防水布与填充陶粒即可，槽的尺寸通常为宽0.6m，深0.4m，顺梯面建螺旋式栽培槽后，再于槽表面铺设灌溉管，灌溉管可以是25#PVC管也可以选择胶管，铺设好管后再于管壁上开钻孔开洞，实现类似滴灌式灌溉。养殖池可以建于一层楼的可利用空间，也可以建于中心天井处，该模式构建的循环与维护都较为容易，也是土楼温室空间利用的一种较好模式。

鱼菜共生系统不仅仅是生产性利用，而且是很好的科普与生态文明展示的项目，在田园综合体及科普基地的建设中具广泛的应用前景。

第五节　土楼温室的发展前景与意义

土楼温室是当前国内国际上首创的新型温室，是对传统温室的颠覆性创新；再结合气雾栽培技术构建起未来垂直农场与垂直农业的雏形，是当前国际上垂直农场技术的突破。目前世界各地出于建筑设计师的作品，大多是摩天大楼式的垂直农场，失去了现实生产意义，巨额的投资及巨大的耗能，就难以实现商业化；而土楼温室型垂直农场融合了建筑与温室技术的理念及工艺，实现了投资省、能耗少、空间利用率大的效果，是未来垂直农场发展的重要方向与技术支撑。气雾栽培技术及螺旋梯田构型结合，让垂直化发展的成本大大降低，解决了当前垂直农场设计的承重问题；梯面铺设铁丝网的创新，让散漏光与漫射光充分利用，再加上螺旋的仿生构造，实现免补光栽培，大大降低生产成本。

当前城市化进程不断加快，未来将会近70%的人口聚居城市，如何构建离消费中心最近的农产品供应体系，采用垂直农场技术发展都市农业，可以实现最少的土地获取最大的食物产额，也有效解决运输及耕地减少所带来的供求矛盾问题。系统零排放的栽培模式，是实现永久可持续发展的重要手段，不管气雾栽培还是鱼菜共生的融合，都将成为都市重要的生态元素，是生产、生活、生态"三生"融合的产业模式，在都市农业及当前田园综合体的发展中，土楼式垂直农场都将是最为亮丽的农业景观，为乡村振兴与产业兴旺作出积极有意义的贡献。

第五章 垂直农场式鱼菜共生系统的构建及耕作技术

　　当前农业的种植业与养殖业大多遵循线性化耕作模式，这是产业化所迫，也是生产管理高效化所需。但随着生态环境压力的增大，传统农业所致的污染及食品安全问题，已逼迫人们开始寻求绿色发展之路，必须走循环生态道路，回归一种多物种多生态融合的复合耕作模式。只有充分发挥物种多样性及科学利用物种间的相互平衡性，才可以解决当前农业生产带来的生态破坏、农药化肥污染的生态过载问题。耕养结合的农业当前也叫循环农业，正在全国各地兴起，但还存在管理环节繁琐，用工量大的问题。特别是种植部分还是以土壤耕作为主，势必存在整地、除草、施肥、灌溉、打药等体力劳作，只有把省力化的无土栽培技术融入养殖业中，才得以有效解决。随着无土栽培技术的发展，现在几乎所有植物都可以实现无土栽培，特别是基质培与气雾栽培，蔬、果、药、花、林、木等经济植物都可以适应，为耕养结合的模式开辟了全新的融合发展思路。特别是水产养殖业，可以直接用养殖水进行循环灌溉种植，不需如禽畜类需对粪便排泄物进行集中发酵处理再进入循环，所以采用鱼作为耕养结合技术的主导物种，再结合无土栽培技术，形成鱼与菜共生、鱼与果共生、鱼与药材等经济植物共生的模式，将更具实用性与推广应用价值。本书将以鱼菜共生为重点，再结合垂直农场的概念与技术，把水产养殖、无土栽培、垂直农场三者有机结合，构建起生产高效化、物种多样化、生态利用循环化的新型生产方式。这种新型生产方式不仅仅是生态系统，也是高效的生产模式，同时也是满足人们体验需求的生活方式，只有遵循"三生"需求的发展模式，才能成为人类普遍认知与全民参与参与的可持续发展模式。特别是垂直农场技术的结合，又是常规鱼菜共生的一大跨越，从平面耕作向空间耕作发展，让食物的生产空间变得无限，面对未来人口骤增的挑战采用该模式将得以有效解决。以下就垂直农场式鱼菜共生的构建技术及生产技术作详细的介绍，以供生产借鉴与参考。

第一节　螺旋梯田式垂直农场构造原理

　　垂直农场近年成为国内外关于未来农业思考的关键词，但大多数设计作品都是源于建筑师之手，其共同的特点就是把种植业与养殖业融入高楼大厦建筑中，融入建筑物的肤表的栽培利用中，要成为农业的主导生产方式还有较长的路要走，不管是能源的供给上、建筑物的承重上，还是企业的投入与产出回报上，都还停留在设计阶段，无法在当前生产上得以应用。当然随着未来能源技术的突破，以及建筑成本的降低，这种经典的垂直农场也必将会被实现。在当前生产力水平下，开发成本低实用性强效率高的模式，将是目前垂直农场所需思考之重点，也是技术突破与创新之切入点。

　　垂直农场首先要解决光照问题，全部采用人工光模式，受电力能源限制，当前在生产上难以实现。从自然界植物叶片获取与利用光照的奥妙来看，首先是分层利用，其次是螺旋式布局，是充分利用太阳直射光与漫射光的巧妙之作，所以垂直农场的建设要以螺旋梯田式为创新点，在结构的创建上，为了实现用最省的材料发挥最佳的力学结构，还得采用自然界的仿生建筑，采用钢构技术结合张拉力学原理，构建出类似蜂筑、鸟巢、蜘蛛网的超强度与超韧性结构，用最省的耗能与材料达到空间利用最大化的耕作平台。传统的大楼式设计，耕作层存在的层间的挡光问题，在螺旋梯田构建中其梯面则采用铺设铁丝网的方式来解决，让单位空间的光照得以最充分利用，无需传统垂直农场的补光系统，实现低成本高效化运行。

第二节　鱼菜共生的原理及技术

　　鱼菜共生的雏形就是中国传统农业中稻田养鱼技术的发展，在传统农业中唯有水稻耕作是以水为介质，所以稻田养鱼成为最早的耕养共生模式。但随着近代无土栽培技术的发展，任何植物都可以用水作介质进行耕作，这自然就为鱼菜共生技术的发展奠定了基础。国际上鱼菜共生源于20世纪90年代，采用的模式也较为单一，就是简单地把养鱼与水培技术的复合，这是鱼菜共生的初级模式，而且耕作区大多采用平面化的布局利用为主，如漂浮水培与养鱼结合、NFT管道培与养鱼的结合、砾石培与养鱼的结合，该阶段是鱼菜共生的概念期，大多数以庭院园艺技术或者科普道具与体验出现，没有追求耕作的效率与效益。随着当前绿色发展与循环经济理论的提出，再加上相关养殖技术、设施技术、无土栽培技术的快速发展，新一代的鱼菜共生技术，必须考虑生产上的可行性与投资者的有利可图性，更要考虑耕作的省力性与耕地的高效利用性。新一代鱼菜共生的孕育是基于当前集约化高密度流水养殖、新型类建筑设施的发展及无土栽培技术的普及基础之上，更是乡村振兴与绿色发展大背景的有力助推。

鱼菜共生原理上应是鱼、微生物、菜（植物）三者之共生，利用养鱼过程中的粪便与饲料残渣通过微生物的发酵分解矿化，成为植物生长所需的矿质元素，而无土栽培的植物可以直接吸收利用矿质元素，对水质起到净化与过滤作用，构建养鱼不换水，种植物不施肥的生态循环系统。但在有机物的发酵矿化过程中，环境因子极为重要，矿化必须要有充足的氧气及适宜的温度，所以在鱼菜共生系统的设计中，必须创造适宜的发酵条件与场所，这就是系统中的硝化床或砾石（或陶粒）栽培床，是高效的鱼菜共生系统必须包含的元素。当前纯水培与养鱼的结合虽然也有应用，但硝化矿化效率低，无法达到高效种植与高效养殖的"双高"生产效果。新一代适合生产应用的鱼菜共生还需考虑土地利用率与耕作管理的省力化两大问题，土地利用率的提高可以达到间接降低投资成本的效果，省力化耕作是降低运行生产成本的途径。构造立体化垂直化的耕作设施，再加上实用化低成本无土耕作技术的结合，是新生代鱼菜共生的两大特点，是鱼菜共生走向生产、走进生活，成为重要生态元素的关键。

第三节　螺旋梯田的构建

一、螺旋梯田的构建是对螺旋原理的科学利用

螺旋梯田采用阿基米德螺旋线即等速螺旋，应用该螺旋的几何特点，可以达到创造相同立体空间时，具有最省材料与最节能的效果。更为重要的是螺旋线式的梯田构建，是一种拟自然植物生长的曲线，可以让各层之间达到最佳的光效，让散射光得以充分利用，如植物的叶序及枝的排列大多采用螺旋方式。另外如DNA螺旋结构，也是细胞为了实现小空间内实现更大生化表面积的需求而进化的产物，所以细胞内大多细胞器也都是以螺旋式出现。用于梯田建设模型，可以在相同空间内创造更大的耕作表面积，同时又让光照得以最充分的利用。

二、螺旋梯田的CAD设计

采用CAD软件设计出支撑螺旋梯梯面的钢构网架柱体，再按照预建设的总高、层高层数设计出螺旋梯面及顶罩（图5-1）体由内撑柱、外撑柱及梯面顶罩组成，其中顶罩为漏斗式网架结构，有利于雨水的收集利用，内撑柱内空部分设计为养殖

水体。养殖水体建设有采用独立钢构围栏建造与利用内撑柱网架作围栏进行围网铺布建设两种方式。梯面部分设计成顺梯面盘绕的螺旋线式种植槽。

三、建造材料的加工及安装

根据设计出的CAD图作出相应装配图及材料单，装配图对钢构线条进行标码，相同长度为同一数字编码，并整理出材料加工清单。选择20#或25#热镀锌管材作为构建螺旋梯田材料，利用冲床按照设计计算的材料清单进行加工，材料长度误差控制在0.5~1mm范围，以材料的孔中距计。按照施工图进行网架式螺旋梯田的装配，装配方法采用螺杆紧固的方式安装（图5-2），安装次序从顶处顶罩作为起点，利用起吊葫芦悬空后层层往下安装。安装好柱体顶罩及螺旋梯面钢构后，对顶罩部分进行覆膜或者覆盖太阳能发电板，梯田的梯面铺设铁丝网（图5-3），减少上层对下层挡光，让太阳光的散射光得以更充分利用。中心水体则采用钢构及铁丝网作围栏，并铺设防水布的简易方式构建。螺旋梯田外撑柱表面覆膜与防虫网，遇到夏季全部覆防虫网，寒季覆膜保温。

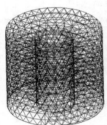

图5-1　螺旋梯田
CAD图

图5-2　拧螺杆安装
方式

图5-3　铺丝网铺设

四、无土栽培设施的构建

（一）无土栽培设施建设

梯面栽培全部采用槽式栽培，栽培槽宽为0.6m，深为0.4m，采用轻型板材内衬防水布建设，种植槽同样采用顺梯面作螺旋线式制作，种植槽于梯面的排列的列数及间距因栽培树体的大小不同而定（图5-4）。

（二）填充基质及循环管道铺设

为了减轻承重，螺旋梯田式的立体耕作一般以轻型陶粒作为基质，于铺设防水布的种植槽内填充陶粒至0.35m深，并于陶粒基质表面铺设25#的PVC管或胶管，于管壁上每隔0.6m进行打孔，作为灌溉孔，并把灌溉管接入主管与供水的动力水泵。水泵采用自吸泵或潜水泵皆可，形成养鱼水从种植槽顶处层层渗漏回流至中心水体，形成养鱼水的间歇式（利用定时开关控制）闭路循环。

五、耕养技术的综合管理

（一）栽培品种的选择

为了让陶粒基质培方式成为水体养殖水滤化、与重要的微生物矿化及植物根系生物滤化的载体，选择周期长且生物量大根系发达的多年生植物为主体，如乔灌木的园林树种、速生的经济植物（包括花卉）、木本果树等，配合套种或间种部分短周期的经济作物如药草与叶用蔬菜及瓜果，其中，木本植物充分发挥它的耐肥性。所谓耐肥性就是在肥水充足时快速吸收同化，肥水不足时同样保持正常的生长，而经由基质及根系表面微生物种群高效矿化的离子又能为短周期作物高效提供营养，充分发挥基质及根系的生物缓冲平衡性，减少肥水不足或过剩造成的生长波动。

（二）养殖管理

中心水体是螺旋梯田栽培部分重要的肥水来源（图5-5），养殖量的大小影响梯田植物生长与同化滤化效率，在具增氧设施结合的情况下，一般实行高密度养殖为宜，选择耐高密度的鲤鱼、鲫鱼、罗非鱼、鲶鱼为主，这些鱼养殖密度为每立方米水体80～200尾。对于水质要求较高的鲈鱼、鲟鱼养殖密度以每立方米30～50尾为宜。为了减少虫害，于水体中安装水灯诱虫，鱼的饲养以投喂浮料为宜，每天投喂量为鱼递增体重的1%～5%计，做到定时定量投喂。

图5-4　种植槽布局　　　　　　　　　　图5-5　中心水体

（三）微量元素补充及太阳能发电技术的结合

仅靠养殖水的循环耕作，还有可能会出现微量元素的不足，必须结合微量元素补充技术。养殖水灌溉栽培一般大量元素较为充足，而微量元素不足时会出现缺素症，在管理过程中可以于陶粒基质表面撒施部分海带粉来补充微量元素与微微元素的不足，而且海带的补充不会对鱼造成不良影响，能为循环系统提供近50多种元素。结合太阳能发电技术，可以在无电力供应的地区发展立体化无土耕作，可以在离网（离电网）的山区或者耕地受限的都市环境发展水产养殖业与高效垂直耕作，是传统单纯养殖和种植效率及效益的数倍，对耕地少或无耕地的区域发展现代农业显得极为重要。

第四节　垂直农场型螺旋梯田式鱼菜共生的意义与发展前景

采用螺旋梯田式垂直农场模式大大提高了单位面积的空间利用率，是平面耕作的数倍（图5-6），有效解决层架式立体模式的挡光严重问题，同时更符合节省材料与节能要求，并且比层架式更具力学的抗性；实现水产养殖与立体高效栽培的有机复合，达到零排放可持续循环耕作的效果，是未来有机耕作的重要模式。融合水产养殖的新型耕作，实现非水域环境水产业的发展，并且在可控

图5-6　建成效果

水质环境下进行养殖，解决江河湖泊养殖的水质污染问题。利用大生物量多年生的树木作为栽培主体，解决传统鱼菜共生系统不稳定，包括水质不稳定及生长缺肥缺素两方面问题。大生物量树木为主体的循环耕作模式，因根系发达生物滤化及同化能力强，可以确保水质清澈，有利于鱼的生长又能高效矿化为套种的叶菜提供充足营养，生态平衡性更好更稳定。该技术除了作为新型耕作技术在生产上应用外，还可以作为城市新型的绿化美化技术，组装式的螺旋梯田结合鱼植共生系统可以快速创造都市的大空间绿化，比传统移植大树绿化的方式更为生态与环保。闭锁循环耕作模式比传统耕作更为节水，是土壤耕作用水量的10%～30%，是一项重要的节水农业技术，适合干旱少水地区及场所的农耕系统构建。植物与鱼共生的栽培模式，严格杜绝农药的使用，采用生态平衡原理进行多品种的混种、套种或间种，形成相生相克的拟自然生态系统，实现免农药耕作，是生产安全绿色农产品的有效方法。无土化陶粒培的结合，形成免中耕、除草、施肥、灌溉的田间操作，实现农业生产的省力化与轻巧化，大大降低劳动力成本，与传统农耕相比至少可减少70%的用工，对于当前农业生产劳动力成本日益攀升的今天意义重大。

耕养结合的鱼菜共生技术，结合螺旋梯田型垂直农场耕作，可以在任何地方构建耕作系统，不受土壤与气候条件的局限，只要有水源与光照的地方就可以高效生产出蔬、果、花卉、药材等植物产品与满足人们蛋白需求的动物蛋白产品，是一耕多得农业创新技术，更是乡村振兴、都市农业与生态文明建设的重要绿色发展项目，为生产发展、生态修复、生活体验起到积极的助推与引领作用，其推广应用及市场前景无可估量。

第六章　引领垂直农业的主导技术
——气雾栽培

第一节　气雾栽培历史及发展现状

　　植物长在气雾当中，并不是人类的发明，其实是自然造化给人类的启示，在大自然中，有许许多多的植物就不需基质与土壤而直接生长附生于岩石及树皮上，甚至根系直接悬长于空中而形成壮观的气根世界，这些根最后成熟膨大与盘根错节，成为现代雨林气候原始森林的生态景观，特别是生长于高湿雨林条件下的榕树，气根是它抗拒自然与适应自然所形成的生态适应性特征与形态的演变。从植物的起源来说，最早的植物是由原生态植物藻登陆后成为蕨类植物，许多蕨类植物就是以假根的方式附生于岩石上，从某种角度来说，它也是一种特异的气生根。还有现在还大量存在的攀崖类植物，它也常常具备遇高湿环境节部易于长出气生根的特性，还有许多的兰科植物，是一种附生于岩石或树皮上的气生兰，根系在空中起到吸收水分与营养元素的作用。其实生长于土壤中或沙漠中的植物它都有较大的空气间隙以满足根系对空气的需求，土壤颗粒也只是起到保持湿度与营养的作用，如果土壤间隙被水完全浸渍，根系会因缺乏空气窒息而死，说明根系对空气的依赖性是进化过程中自然形成的，而且对空气中氧气的需求是不可或缺的，否则会导致生长不良而死亡，就如恐龙的灭绝曾经有种猜想，因为恐龙时期地球空气层中氧气的含量原来是30%以上，后来由于气候地质及环境的变化使氧气含量成为21%左右时，它因窒息而死的灭绝过程是一样的道理。所以植物生长的根域环境中，空气中氧的需求还是关键，从进化角度来说，植物登陆进化到现在千万种植物的分化，都是在空气含量充足的过程中完成的。所以当空气中湿度适合于根系或根原基发育时，这些气生根就会本能性地自然形成，这种现象在热带雨林气候中就特别的多见。由此可见，空气栽培是植物进化过程中以及现存的特殊生境下，都会自然发生与形成的一种生态适应性表现。而它在生产上的运用也就是人工生境的创造，为根系形成发育创造最适的氧气水分营养环境的一种技术。

在人工气生生境的创造中利用进行气雾栽培源于20世纪40年代，美国为了在和平号空间站上建立生命支撑系统，而首次构思运用的气雾技术进行蔬菜植物的种植，是空间技术研究的一个重要课题。在失重的空间用常规种植方式进行植物的栽培，不仅仅是操作不便利用率低，而且水肥的资源浪费及回收循环利用也较难，为了在窄小的空间内建立生命支撑系统以完成空间站内生态的平衡及人类新鲜蔬菜植物的需求，必须构建以植物代谢生产为中心的生命与食物支撑系统，利用植物的生物代谢转换氧气与吸收废气，保持良好的空气质量，人体活动放出的二氧化碳成为植物光合转化与释放氧气的主要原料，也成为微环境气候创造的生命支撑体。美国科学家率先大胆地设计了气雾种植系统，解决了植物在失重情况下对肥及水的获取问题与人们的管理栽培问题，同时也使运载的材料空间大大缩小，人可采用轻巧的气囊设计构建种植模型，可以折叠式的轻巧化的载入空间站，再行充气种植。目前，这种气雾栽培已成为空间站研究植物生长发育的主要模式，而且在雾化技术上也有了很大的发展与改进，气动雾化或超声雾化得以了有机结合，使气雾栽培在空间站的发挥达到了尽致。从20世纪的80年代起，一些商业运作者开始思考与运用雾化技术构思生产性的发展计划，在植物的克隆上开始尝试与运用，特别是对一些较难生根的植物，产生了极好的生根效果，于是一种所谓"克隆机"的产品开始在生产上运用，为种苗的培育开发了一条新的路径，那就是气雾无性繁殖法。在生产蔬菜与药草上的运用，最早是以家庭生产的迷你型系统为主，到现在以设施大棚为基础的大型气雾生产基地渐渐形成，而且产业化的趋势越来越明显。美国利用气雾技术建立的番茄工厂，就是气雾栽培的一种产业化运用；以色列近年开发与运用的商业化基地也越来越多，这种方式更适合少水干旱地区的生产，它的节水性更强，而且可以做到正常的零排放；日本叫喷雾耕技术，也正在快速地发展着，特别是利用它进行番茄的高糖度栽培，已在生产上得到普遍的认可与形成规范化的生产规程；新加坡则是以立足城市市区农业为主，发展家庭或庭院型的小型气雾栽培生产绿化装置为主，为城市绿化美化及市区农产品的生产提供了最为高效与便捷的技术支撑，可以在楼顶阳台公共场所任何地方建立雾培系统，进行立体化的高效生产，为减缓新加坡农产品的供给作出极大的贡献。

气雾栽培从束之高阁到普及运用，到少有人知而成为农村、农民的一种实用型新技术，其间的发展也经历了以下几个阶段。从利用它作为研究植物根系分泌物及根构形态到成为教育及实验室科研工具，到用于商业化的植物克隆，再到大面积地运用于种苗工程与生产性产业化发展，前后经历了数十年的发展历史。我国最早把气雾栽培主要用于马铃薯脱毒种薯培育，而且是在简易的设施与简单的定时控制条件下进行，但也没有达到产业化发展的程度，只限于少部分科研院校的研究所需，根本没有商业化标准化的配套设施与设备。随着根系科学这门学科的兴起，利用它便于观察根系生长与提取根系分泌物的优点，进行了试验型设计的雾培研究，也没有让其成为一项重要的生产性技术。一直到种苗工程上取得很好的无性生根效果后，才开始商业化雾培殖种苗技术的研究，在美国开发了各种各样称之为克隆机的种苗生产系统，但也没有进行大型基地或设施设备的专业化开发，只作为生产的一项辅助技术在运用，其间大家利用该系统进行了数百种植物无性快繁的应用研究，取得了极好的效果，对于它的产业化推动起到了较大的促进作用。各种各样商业化克隆机可以在市场上见到，或者利用小型的克隆机进行家庭式蔬菜的生产，这方面在美国较为普及而且运用走在了前列。以色列对于气雾栽培的研究运用也是从克隆植物，特别是在研究桃的无性生根过程中，获得了极好的效果，才引起了众多研究及生产者的重视，现在以色列开发的一种集装箱式的高度集约化的移动式植物工厂，其实也是利用了气雾栽培技术，在一个不大的集装箱内，可以生产出令人惊叹的产量，这就是立体化多层次的闭锁型气雾生产系统，也可以叫做未来城市生活机，能利用不大的空间生产出数十上百倍的平面面积产量。新加坡是从天台农业发展过程中，需要充分利用空间而开始重视气雾栽培的研究运用，但它在新加坡的发展较快，已成为城市农业发展的一种重要模式。在非洲一些少雨且高温的地区，也开始利用避雨棚或防虫网保护设施进行蔬菜的气雾栽培，这也是基于气雾栽培省水且耐高温的特性而引起人们研究与生产的兴趣。在日本发达的水耕业基础上，最近掀起了喷雾耕栽培，许多原本水耕的农场也开始改造成气雾耕农场，它可以比水耕投入更少的能源，产出更高的效益，所以也渐渐成为该国无土栽培发展的一个方向。在我国，这领域的起步较晚，这与农业基础薄弱工业落后有关，因为气雾栽培是一种新型的无土栽培技术，它所涉及的设施与技术都需依托于高科技的工业支撑。但气雾的高效性与便捷性也得到了许多行业老板的关注，所以它在我国的发展速度将会更快，而且将成为世界上气雾栽培面积最大的国家。气雾栽培在生产上具有广阔的运用，据近年的生产研究表明，气雾栽培技术几乎适合所有的植物生长，甚至是水生植物，它的广谱性是其他任何一种先进技术所不能相比的。所以气雾技术将成为农业革命史上的又一次伟大跨越，把它定名为第四代农业一点也不过分，它的的确确能使以往的技术发生一次质的跨越与改变，是革命性与普遍性的技术创新。

第二节　气雾栽培技术原理

从植物的生长发育来说，无非就是品种与环境，品种由基因决定，环境包括地上环境与地下环境，地上环境受气候影响较大，地下环境，传统农业受土质状况及肥水条件影响。地上环境的最优化通过设施条件得以改善，而地下环境只有通过栽培模式创新来实现。无土栽培就是通过地下环境的优化来提升作物产量与质量，通过根域环境人工控制达到相对理想状态。

根深叶茂描述的就是根系对于地上发育的影响，根深而广，需要良好的土壤条件，土壤是植物的培养床，它为植物带来了养料、水分及空气，同时土壤也为植物的附着固定保持生长形态提供了物理支撑。从传统观念认识土壤，都认为万物土中长，离开了土壤就不能存活，但有了无土栽培技术的突破后，人们对土壤就有了更本质化的认知，土壤的功能也无非就是肥水气的供应及固定，土壤疏松代表空隙度大，可容更多的空气与氧气，也能为植物根系的深扎减少阻力。土壤墒情好，说明土壤吸水保湿性好，土壤肥沃，说明土壤能为植物提供充足的养分。所以日常农业生产大多数的劳作就是针对土壤环境创造而展开的，如松土其实就是增氧的一种方式，施肥就是为根系提供丰富的矿物质元素，除草就是为了解决栽培植物与杂草之间争肥夺水问题，灌溉就是让植物有充足水分，保持正常的水分代谢及肥料吸收。而这些劳作成为生产者主要的投入与技术要求，成为农业生产与工业所特有的区别。一旦无土化耕作技术运用后，农业产业也从特质的区别中分化，变成类似工业化的生产，甚至发展为植物工厂的生产方式。

无土栽培是耕作技术的伟大创新，也是认知植物的一次跨越。无土栽培有基质培、水培、气雾栽培，我们称之为无土栽培三步曲。最早诞生以基质培中的沙培为主，后来发展为水中供氧通气的水培，再继尔演变成现在的气雾栽培，也叫空气栽培。每次的演变与创新都是针对肥、水、气三要素的科学有效解决而展开。不管哪种栽培模式，唯有气雾栽培，让三者之间实现最优化的调节，肥与水以营养液雾的方式直接喷洒至根系表面，让矿质元素及水以接触的方式供给，而基质培中，根系与肥水的接触没有雾培方式的直接，还需要有离子在基质间按浓度梯度的化学迁移和根系的截获过程。水培虽然根系与肥水直接接触，但水中的溶氧是有限的，需不断的通气与曝氧或者流动与搅拌混入，如遇到营养液升高达至一定的上限，即使整天循环增氧也难以再溶入，水中溶氧已达饱和。所以常规水培最重要的就是解决供氧矛盾问题，供氧的丰缺成为根系环境优化的关键，也成为产量品质提升及发育是否加快的限制。以往对于水培的研究及技术体系模式的构建，大多数围绕溶氧寻找解决方案，也就为该因子而增加不少的设备投资。

基于肥、水、气三要素的科学调控，唯独只有气雾栽培技术才得以三者兼顾的有效解决，而且是低成本的实现。只需以弥雾的方式供液，把植物根系悬空或者半悬空，让根系生长于气雾环境中，充分获取充足的养分、水分及最充足的空气。

在悬空高湿的环境下，根系呼吸代谢加强，能量转换彻底，不会发生无氧呼吸的底物浪费以及产生有害的中间产物，为根系吸收水分及矿质元素提供充足的能量，同时根系活力的增强又促进了各种生理合成，如激素、氨基酸、核酸、蛋白质等，许多次生代谢物都需要根系的合成调节，植物方可正常生长。根系在气雾环境下生长，因无穿行的阻力，可以无限延展，在基质或者土壤中生长，根系都需克服阻力，或者根系分泌大量润滑物质，来减少阻力，从而使基质根或土根形成大量骨架根，或者机械组织的木质化或木栓化的根，这些根从生理用途来说只起锚定及扩大根系范围和固定植株作用，没有扩大吸收肥水的表面积，从经济效率来说，是造成生物量的浪费。而气雾环境下生长的根系，不管是草本及木本植物，都有着大致共同的特征，不定根根系发达，数量多且表面积大，数量多的原因与无阻力有关，在物理障碍情况下，根原基可以最充分的表达，再加上根系活力足，合成激素多，不管是再生分裂还是伸长生长，都比基质培或土壤栽培旺盛，所以气雾栽培根系比任何一种栽培模式，根量都要大，甚至是土壤种植的几倍数十倍，再加上粗根少，细根多，又扩大的根系皮层及根毛的吸收表面积。吸收表面积越大，会带来3方面的生理作用，一是单位时间吸收肥水就多；二是耐肥性增强，不管是采用稀液或者浓液供雾，都不会对植物产生较大的生长影响。笔者曾用水培的废液进行蚕豆的雾培再利用种植，对蚕豆发育整体影响不大；三是表面积大又促进根呼吸提高能量代谢效率，形成一个正反馈的良性循环过程，随着根系的发达，生长速度会呈线性增长。培育出超常规发育的植株及组织器官，大大提高了单株生物量及经济产量。

　　根系悬空的模式，确保根域生态系统氧气供应充足，使根系—微生物种群共生化，大量有益微生物附生于根系表面的凹凸处，甚至与根系共生，减少了有害菌的恶性竞争。根系与微生物之间建立良好的共生关系，根系大量呼吸及代谢泌出物为微生物提供基料，微生物合成的活性物质又促进了根系生长。在无阻力环境下，根系表皮细胞外突形成根毛的数量也大大增加，细微的根毛创造了巨大的表面积，让根面积与叶面积之比大大提高，构建起吸收高效、代谢旺盛、运转、合成、分解都极为高效的健康植株，从而也使抗逆性、抗病虫能力提高，为安全保健生产创造了生理基础。

　　直接雾化供液，除了使水分充足摄氧外，水在弥雾过程中也让水分子团变小，更利于吸收，也不会如土壤中水一样，受土壤胶体的束缚，可以直接高效的捕获水分。喷雾的水处于循环活水状态，摄氧充足，也抑制了一些厌氧有害菌的滋生。气雾栽培的雾化过程其实也是活化水质的过程。从生理特性来说，作物根系吸收雾化的动态水比静态水的吸收更为高效，在植物体内的运转效率也会更高。

第三节　植物的气雾栽培生理

　　气雾栽培技术以及利用它所构建的蔬菜工业，为什么如此的诱人与令生产科研者为之兴奋，为之投入，关键在于它具有能使植物生长潜能最大化发挥的优势，能使单位面积产量数倍提高的发展空间。以下就从其为什么生长快速的角度进行综合的剖析证明。

一、环境是基因表达的先决条件，是农业技术的关键

农业生产技术从某种角度来说就是环境技术，包括气候环境及水分营养氧气环境，其中气候环境的不同，形成了适于各种气候生境的植物，它们在形态特征，生理生化上也表现出相适于这种气候与环境的生态表现型，所以地球上形成了千千万万种不同种类与类型的植物，其中环境是影响进化与物种形成的决定性因素。那么同一物种在不同的环境下是不是也会有不同的表现与特征，甚至是生理之变化呢？这方面在研究植物的生态适应性上已得到了充分的证明。植物器官的形成以及某些代谢的进行都会因环境而变化，这也是植物具有高度自协调、自适应、自组织行为的表现。人们遵循着它的适应性变化，以及环境对植物生长的影响，创造出各种各样的农耕方法与技术，让植物生长往最有利于人类需求或生产要求的方向发展，这就是农业技术的作用。如农业生产上最简单的中耕与除草，就是为了给作物创造疏松的土壤环境，让根系处于氧气充分的土壤中生长，同时除去杂草可以减少草对作物水肥的竞争，让植物获得更多的水分与营养。增施有机肥的作用除了给植物提供生长所需的营养外，还可以培殖土壤微生物生态群落，让土壤在微生物及有机腐殖质的作用下形成良好的团粒结构，从而优化了根系的生物环境、化学环境、物理环境，让根系处于肥、水、气都较为充足的环境下，从而促进了作物的生长。适时的施肥灌水制度是为了及时为栽培作物提供阶段发育所需的各种营养与水分。设施大棚等保护地模式种植，主要是为了给作物创造最适合的温光气热环境，也是一种人工环境技术。所以从某种角度来说农业生产技术就是通过综合环境因子的改良，达到促进作物生长与发育的目的，为人类提供更多更优质的农产品。不管是哪种技术的革新，它都是围绕环境优化而展开，如无土的营养液栽培技术，主要是优化植物根域的肥水气环境，让蔬菜植物生长于透气性更好的基质中或者水分及肥的获得更直接的营养液中，通过这些改进而使其有更高于土壤栽培的生长速度与生物量。那么气雾栽培也是一样，它也是通过对根域环境因子的综合控制而达到促进生长提高产量的目的。所以说环境是基因型表现与表达的前提，只有优化环境方可以让优良品种的种性得以充分表现，而且一些在平常土壤环境未能表现的基因，在人工优化的环境下也可以得以体现。环境是基因表达的动力，不管是外环境的温、光、气、热，还是根域环境的氧气、水分与营养都成为影响植物生长的主要因子，而且它的变化都会直接影响到表现型。比如水环境可以让适合于水生的基因启动，让它来适应淹水或者高湿的水环境，如是生长于干旱的情况下，又可以使叶片变厚，蜡质更多，根系更深更发达，形成了适于干旱条件的形态特征与发育表现，还会影响到各种生理生化与代谢。如淹水环境促成了乙烯物质形成，干旱使体内脱落酸含量骤升，从而又导致生长受抑，气孔关闭，甚至休眠等现象产生。同样的基

因型品种，不同的环境下，它表达的基因，以及表达的充分完全程度都是不同的，而且许多植物都存在着两套性状相对的基因，具体生长过程中哪些基因表达，哪些关闭则由环境所决定，所以植物对环境也存在着较广的适应性，也叫做生态适应性。蔬菜植物生长于基质或陆地与生长于水中或气雾中，它们表达与表现的性状都是有所不同的，而且都自组织的形成最有利于环境的性状表现，这也是自然进化的基础，也是植物生存的一种本能调节。

二、环境的优化是植物潜能激发的关键

在同一个地区，在相同的气候环境或人工模拟环境下，植物生长速度的快慢主要由根域环境的优化与否所决定，在蔬菜作物的栽培过程中虽然可以利用设施大棚的技术进行环境的调控，给蔬菜作物的生长创造适合的温度、湿度、光照、二氧化碳等，但这些环境的最适化调节往往需要消耗大量的资源与能量，或者需要配套各种设备与设施，这些措施虽然也成为当前设施栽培的主要管理因子，但它对作物提高生长的潜能也存在着一定的局限性。所以对于环境的创造，人们开始原本仅仅以地上环境创造为主开始转向地下根域环境的研究，在传统耕作情况下，常因土壤因子的复杂性而未能进行各项影响因子的最优化研究，只能做些简单的措施，如加强肥培管理，加强土壤的耕作与墒情管理，但终究因土壤环境的复杂性而未能达到最优化的程度。究其土壤的功能，主要有以下作用：一是支撑固定作用，二是提供肥水与土壤间隙氧气作用，三是微生物生存的场所，四是对各项因子的缓冲作用。针对这些作用机理，进行生长要素分析，培育微生物充足，而且物理透气保湿性良好，肥水适宜的土壤环境就成为农业生产土肥水管理的关键，它成为作物丰产的基础。而现代环境技术完全可以按照植物生长对肥水气的要求创造更优于土壤的环境，而且是更易于调控的环境，这样就为植物潜能开发实现更加快速的生长创造了更为有利的根域环境。

气雾栽培是让植物的根系悬长于充满液雾的空气中，同样能为根系创造水肥气环境，而且各项因子都可以得到最大化的供给，不像土壤或基质栽培，各种因子间的交叉影响较大，难以实现每个因子的最优化，比如说，土壤中水分多了，土壤间隙的空气就受挤外排，氧气的供给就少了，如果土壤空隙大又会影响水分的保持，就像沙漠又会造成蓄水差易干旱，肥也同样受到水分的影响，当施下去的肥没有水分的稀释常会烧苗，如果水分过多的冲刷又造成渗漏与浪费，所以说各因子的相互影响成为调控优化的难点。近年，虽然也演生出较多的新型栽培模式与灌溉施肥技术，比如有机基质无土栽培、岩棉培、沙培、珍珠岩培等新技术，可以使基质的透气性与保水性都能满足，但根系对肥水的吸收总归还存在着间接的需要移动的吸收或者根系必须在基质中进行穿透伸展地吸收，未能达到直接与高效利用的目的，这就是无土基质培尚存的不足。而水培则可以改变吸收的间接性，可以让根系直接接

触营养液进行直接的高效利用与吸收，但问题又会出现，那就是水中的溶氧不能达到最优化，氧气是根呼吸转化能量摄取水与营养的关键。当氧气不足时，根系吸收效率就会大大降低，尽管是泡渍于营养液中也会出现因缺氧而造成的生长抑制与缺素，严重的还会出现烂根，所以水培技术大多以围绕增氧技术而进行设计。如何让水中溶氧提高，人们设计了多种模式，有循环增氧、有曝气增氧、还有气液混合增氧等，这些不仅增加了设施与设备，而且在高温情况下常常又达不到良好的效果，无疑又增加了降温制冷的投入。水培是近年国内外发展较快的技术，它以根系直接吸收营养与水分的优势而体现出较高的生产效率，通常比土壤栽培提高1.5～2倍的生长速率，可是它的营养液管理投入与温度调控投入成本与能源较大，也影响到它的普及与运用。在人们不懈地探索研究试验下，构思了一种新型的技术，那就是气雾栽培技术，这种技术可以完全遏制上述的一些抑制因素，可以同时让水、肥、气温都达到最优化的环境，而且是最节能、成本最低的投入与运作。

那么，植物在气雾环境下，有哪些生长潜能的激发与表现呢？首先气雾环境最大的特点就是让根系处于氧气最为充足的环境中，可以最大化地发挥根系的有氧代谢过程，对根系吸收营养与水分提供了最大化的转换能量，从而加快根系对水分的吸收与营养摄取，一些平常难以吸收或效率较低的元素在气雾的富氧环境下也可以加强与提高，所以气雾栽培的营养液要求也相对比水培要低，甚至许多植物还可以利用废液进行栽培，说明它具有更高的吸收效率。根系吸收水分与营养的速度加快后自然就促进了地上部分的发育与生长，一般土壤栽培只有50%的氧气供给量，而透气良好的无土基质培也只有70%，而气雾栽培可以达到90%以上的氧气供给量，所以它能最大化地发挥吸收代谢功能。如果说人工基质培是优化了透气富氧环境使作物生长加快，那水培就是优化了水与肥环境，使肥水的吸收更直接，气雾栽培则优化了水、肥、气三者的全面环境，由此可见从根域环境优化来说，气雾栽培是三者皆能兼顾的栽培技术，而且三因子间不会像土壤种植那样会出现相互的交叉影响。在气雾的环境下，除了吸收效率加快促进生长外，还有就是它的根系发育与伸展是在没有任何阻力的情况下进行，所以不需要在土壤中栽培那般，因根系的穿行而消耗大量的生物能，能节省更多的能量与物质参与到地上部分的生长。而且许多在常规下不能表达发育的根原基细胞，在水肥气最适的环境下也能发育成为根系，而且这种根系基本上是具有吸收功能的须根根系，也叫不定根根系，所以气雾栽培在根的数量与生物量上都比其他任何一种栽培模式来得多，并且大多是具有发达根毛的气生根根系，它有吸收效率是普通根系的数倍，这也是气雾栽培的生长速度至少比土壤栽培要高3～5倍的主要原因。根深叶茂，发达的根系是作物蔬菜丰产的根本与关键。特别是叶菜类，随着吸收代谢的加快，其生物量的形成绝大多数是经济产量，明显比土壤栽培表现了更大的优势，比如生长季节缩短，周年栽培的批数增加，叶片变得更加硕大，水分含量更高，培育的蔬菜品种营养成分及维生素含量都将大大提高。如果是瓜果类还可以实现高糖度的栽培，特别是番茄，采用气雾栽培后可以生产出糖度高达9以上的水果型番茄，比常规栽培高1倍以上，如果进行大容器的单株栽培，可以实现单株结果上万个，产量几百甚至上千斤的高产大树，用于观光农业特显风采。这些生长速度的加快与品质的改善都是根域环境优化激发它吸收功能增进与代谢加快的结果，它没有从基因上改变，只是表现型与表达的充分程度或者一些常规不能表达的冗余基因得以发挥的结果，所以说是植物生长潜能的激发，而不是基因性状的更改，是栽培技术优化的结果，并没有导致种性的改变，在保持原有品质的基础上更能使特性充分发挥。

三、气雾环境下植物表现的特有生理与形态特征

气雾栽培让植物的生长潜能得以最大化发挥，这种超常规发育或者生长都是基于气雾环境下蔬菜植物生理生化形态变异或变化的结果，以下就气雾环境下生理生态等的改变作些简要的介绍。

（一）根构型的变化

根系的构型形成及变化都是与栽培环境有关的，也表现出明显生态适应性。首先因气雾环境不像土壤环境那样根系需要克服基质的阻力摩擦而形成机械组织的根系，而且土栽植物为了让根系延伸至更远更深的地方汲取水分及营养，它的根系发育形成了以多级分枝的主根根系或侧根根系，通过渐级分枝把末端的吸收根送向远方，以获取更多的水分营养空间，所以土壤中生长的植物其主根与侧根发育往往较发达，而且后期会明显的木栓化或木质化，构建成发达的机械化组织，以适应土壤特有的物理机械环境。而气雾栽培中的根系，基本上没有主根与侧根根系的发育，不管木本还是草本，大多是以植株的基部根源基为根系的发端，形成了如须状的不定根根系，而且不定根根系的数量极多，大多以基生为主，到后期随着初生根的老化会形成简单的分叉，但这分叉方式也是从初次根长形成大量不定根的方式进行发育，一些种子播种具有主根的品种，也是以大量不定根的方式进行根的构型（图6-1）。为什么会形成不定根根系为主的根构型呢？其实这也是生态适应性的表现，根系在气雾环境中，不需克服土壤的阻力，也不需通过根系的渐级输送获取水与养分，根系于湿雾中可以最直接最有效最快速地获取，只要增加基生根数量提高根系表面积可以达到吸收更多水分与营养的目的，所以植物的自组织行为选择了须根根构的方式，为自己创造最佳的生理与形态基础，这就是高效直接的不定根根系。这种根系在气雾环境下，表现为洁白柔嫩，因为它是以薄壁细胞为主所构成的组织，如果环境温度适合，可以较长的时间保持富有活力的洁白状态，这是根系活力的象征，在土壤中常因各种外界不适因子的影响，根系较易老化、氧化与褐化，所以通常有色素沉积使陆生根有着较深的色泽。气雾环境为根系创造了毫无阻遏的环境，根系的发育均匀洁白整齐，这些根具有极高的吸收效率，也具有最大化的吸

收表面积,特别是不定根末端形成的根毛根,绒绒得像纤毛(图6-2),这种根呼吸作用强,是一种吸收效率极高的根系,特别是采用超声波雾化供液时,这种类型的根就特别的发达,所以超声波雾化培通常比常规的喷雾栽培又有更高的效率与更快的生长。优化根系环境,培育发达而有活力的气生根根系是雾培管理的关键,只有在适合的人造生态环境下,才能形成气根、毛根发达而且洁白的根系,这是植株生长潜能得以激发的关键,在生产上只要观察根系的根构及类型与发达程度就可以断定生长是否良好。要使根构型更趋气生根的特性,很重要的一个方面,就是与雾化的雾滴大小有关,当雾化程度好、雾液细小时,气生根就会形成大量由根皮细胞发育而成的毛根,这种根表面积极大,能发挥最佳的吸收功能。如果雾滴大,雾液中氧气少,形成的根系大多有很大部分为水生根系,少有毛根特征,生长自然也稍慢,雾滴越细,液雾所含的氧气就越充足,就利于毛根的发育,有利于高效率根构型的形成。所以气雾栽培技术中雾化系统的设计是关键,是根域环境优化的最重要技术。

图6-1　不定根根系为主的根构型　　　　图6-2　根毛根

（二）器官形态的变化

除了根构型及形态变化以外,其他的枝叶花果同样也会发生变化,这是生理变化在形态上的具体表现。在蔬菜栽培中常因外界因子的不良影响,而使许多已经完成分裂的细胞,未能充分的膨大与伸长,所以在生物产量的形成上就受到影响。特别是瓜果类,许多瓜果当它完成第一膨大高峰期时,它的细胞数量就基本已确定,而它最终的大小则由每个细胞及液泡的发育所决定。气雾栽培的环境下能为细胞的继续发育提供最充足的水分与营养,这是它生产出果型大而均匀产品的关键。所以在气雾环境下栽培的瓜果,一般发育均匀,少有大小果,这除了水分充足外,气雾栽培的植株因为根系的高效吸收与快速运输,少有营养水分胁迫现象的发生,所以每个果实所获的水与营养就得以保障,于是形成的果实大小也较均匀。蔬菜、瓜果的主要组成就是以水为主的产品,它的含水量达90%以上。栽培管理过程中水分是不是充足至关重要，在土壤耕作中水分的尺度难以把握，水多气少会淹了作物，水少气多又会旱害，在前面已经述及到土壤栽培的局限性，而气雾中可以让水与气都达到最充分的供给，这是它导致器官变异的关键。叶与花器也然，通过多年的研究与生产表明，特别是叶菜类品种，有些可以达到超过土壤栽培数倍的叶型，这对于生产叶菜是至关重要的，其增加的部分包括细胞的伸长与膨大以及液泡的充分吸水。蔬菜植物生长在矿质营养及水分最大化供应的前提下，不会出现水与肥的胁迫，所以在快速生长期不会因环境影响而抑制细胞与器官的发育，在培育南瓜王时，可达到惊人的膨胀速度，一株结5个瓜的巨型南瓜品种，在快速膨大期平均每个瓜日增重可达5kg以上，这种快速生长机制必须建立在没有水分胁迫的前提下。另外，番茄王气雾栽培也同样表现出快速的生长模式，对番茄生长量测定，在番茄整个生长期中，平均每天伸展速度可达70～80cm。番薯的种植也同样表现出地下根茎的超常速发挥，一株气雾的番薯可达20～30m²的枝蔓占地面积，收获的薯块产量可达100～200kg/株。就是常规极为普通的空气菜，采用桶式气雾栽培，单株占地也可达20m²以上。以上这些营养器官的快速形成主要源于充足的肥水气条件，除了生物量的快速积累转换外，其枝叶的形态特性也发生了明显变化，如南瓜叶，在气雾环境下达叶径50cm以上，如荷叶般的大小，叶柄也可长达50cm以上。在野生蔬菜败酱的栽培中，它的叶片大小可以达到土壤自然生长的3～5倍，常规的青菜也然，都有明显增大的趋势，而且发育的时间大大缩短，如叶菜类大多数可以缩短1/3～1/2时间，这对于栽培来说，就可以大大提高设施利用率与生产周转率，也可以大大降低成本，比如生菜在气雾环境下可以实现足月生产，也就是每个月可以出产一批。叶型的变大及茎节间的伸长，形成了特有的气雾蔬菜特点，如果是果实类，色泽会更加鲜艳，糖度积累更多，口味更好，这些都与植株的活力增强有关。在气雾环境下，各种代谢加强，与色泽有关的花青素形成也加快，所以果实更艳丽，同样，气雾栽培在没有任何根域环境的胁迫下，少有环境胁迫的产生，光合效率一直处于高效状态，能为果实甜度的积累提供更多的碳水化合物，所以能使口味大大改善。另外，栽培果实类植物时，采用气雾栽培，可以在临近成熟期对根域水分进行控制，达到增进糖度的目的，而土壤栽培较难实现，虽然也进行了控水管理，但因土壤的缓冲性，植株的应答速度较慢，而气雾栽培可以轻松地实现，日本国就是利用气雾栽培的原理进行了大面积高糖度水果番茄的栽培。采用气雾栽培技术，可以让植株巨大化，可以让营养及生殖器官发育巨大化，可以培育出基因没有改变的超常规巨型植物。在气雾环境下，甘蔗可达6m多高，水稻可达2m，网纹甜菜瓜最多可达80多个瓜，番茄可达万果的产量，小黄瓜单株可结3 000多根，巨型南瓜可单株结5瓜，每个都可达100kg以上（图6-3）。而且采用气雾栽培后，因植株的巨大化发育，又会使常规瓜果蔬菜的根茎木质化，特别是南瓜、番茄、黄瓜、辣椒之类的，所以利用气雾栽培技术可以栽培出各种蔬菜树，对观光农业来说更具利用观赏价值。而且在气雾环境下一些平常不会表现的特性也有可能会得以体现，比如不定芽的形成，以及返祖发育的产生，这些都与代谢的旺盛有关，如番茄叶采用气雾栽培后不仅叶片硕大，而且受伤的叶片上极易诱导不定芽继而形成小苗，在毛竹气雾栽培时，会在气生根上形成类似于水稻禾苗一样的特异返祖苗，甚至还会出现较多的叶上花与花上叶现象，这些奇异性与环境优化后，原本一些常规难以启动或表达的基因在特别适合的环境下就会表达显现。气雾栽培是利用气雾根系庞大高效的吸收能力为植株的器官发育形态构建提供最大化的水分营养，从而使各器官的发育表现为超常规，这对于提高产量与质量来说极为重要，它的增产效应远远大于良种选育的增产效率。所以说，生产上选择气雾栽培淋漓尽致地发挥品种潜在的基因特性，比一味地追求品种选育更显的重要，在基因型不变的情况下，可以培育出超常规的产量与质量。

图6-3 巨型南瓜

（三）环境应答速度加快

气雾栽培在没有任何基质缓冲的空气中生长，再加上它高效快速的吸收功能，使植株对环境的应答反应变得灵敏，这对于生长来说有利也有弊。首先气雾栽培的根构以不定状的须根根系为主，它对肥水的吸收就如高速公路般的直接快速，不会如土壤栽培陆生根的远距离逐级输送吸收，而是在少有分枝的根构模式下快速吸收，于是吸收过程中所耗的生物能量也比陆生栽培要少得多，这也是它生长更为快速的主要原因，快速的吸收与代谢同时也导致它快速应答环境因子生理机制的形成。外界温、光、气、热、肥、水等因子的刺激都会产生信号激素，而这种信号激素的传递也同样比土壤栽培要来得快速，所以它具有快速应答环境变化而作出自我生理调节的本能。这种快速传送网络的形成，是它潜能发挥最大化的关键所在，同时也是它具有快速反应生理的原因所在。如土壤遇旱，首先由根系产生大量的脱落酸，脱落酸会随着径流进入植株的其他器官与枝叶，叶片气孔在脱落酸信号的作用下，很快就会作出关闭气孔或调节开度的反应，这种反应对于胁迫环境下的适应是非常重要的，可以避免不利气候或环境因子对蔬菜植物造成的不利影响。人们可以利用快速应答机理开发生理传感器，并可直接用于环境的控制，大多生理传感器都是用于实验室的研究，在生产上的应用常因反馈的不同步性而未能采用。而气雾栽培的植物在受到环境胁迫时很快就会在生理及形态上作出相对应的反应，比如利用它对水分快速应答特性，可以利用微位移传感器或者激光传感器（分辨率2μm），通过茎径或叶片厚度的微小变化来控制弥雾的频率，达到按照作物生长生理或者生产需求来控制的目的，这种控制比基于环境专家系统的控制更为准确，特别是在瓜果类栽培时，需要进行后期的制水管理，利用它就可以达到精准控制的目的。控制时通常以目标值作为线性参数，以实测值作为回归反馈参数，以两者的偏差值来调控喷雾的量与频率，比单一的以温度及光照为参量的控制更为精确，番茄的生长也会更快，比如九叶期的番茄一般以每天0.25mm的速度作为目标值，再按照一天中不同气候所测的不同茎径的变化进行反馈控制，实现因生长生理需要的最佳值进行调控，更符合番茄生长的生理要求，是一种较为精确的控制方法。在实际的运用中，计算机系统可以按照前期生长速度的记录值进行推理运算，智能化地确定某阶段植物生长的最适目标值，而后再按目标值进行调控，达到因生理变化而进行的精确控制的目的，这是日后环境控制的趋势，因生理变化而进行的控制才是最适合、最科学的控制，这在土壤栽培上相对较难实现，就是因为对环境应答速度较慢的原因。那么其他因子的控制如光照、湿度、二氧化碳等，其实也可以根据该原理进行控制的开发。气雾栽培的快速应答机制还可以运用于研究，比如营养的胁迫，它也同样存在快速应答的机制，可以让人们快速准确地进行营养代谢的研究，再加上气雾的闭锁循环，没有任何营养源的外渗与损失，对于精确化地研究植物营养来说是一种较好的科研工具。其他的高温、寒冷、干旱等胁迫的研究，也同样具有更快速地反应与更准确地测定，所以气雾栽培常常作为研究植物生理的实验室工具与最为科学的方法。

四、具有线性生长的规律

蔬菜植物的生长常常会因为阶段性的发育与环境因子的影响而表现明确的曲线生长特性，而气雾栽培的生长更趋线性，这是其强大的生理代谢机理所决定的。在土壤中因气候的变化和土壤旱情、肥力的影响，使植物的生长形成了生长的周期性与阶段性变化，而气雾栽培因为根域环境的最优化调节，可以减除肥、水、气等因子造成的生长波动。一些木本植物在气雾环境中可以形成假年轮现象，这就是它快速生长发育在细胞分裂及组织器官形成上的具体反应，栽培5年生的树木相当于二十年的生物量，而且在年轮上也得以相应的增加，说明它在一年中有多次生长高峰的出现。蔬菜植物也然，当它发达的根构形成后，它的生长速度可以表现为加速度的增长，一直到收获，从而使一些番茄类植物的单株整体生长量上百倍地超越于土壤栽培，这也是它生长潜能得以发挥的具体表现。在气雾环境中随着氧气环境的优化，植株体内影响生长的各种氧自由基减少，植株的组织器官或者细胞出现老化衰亡的就少，于是植株始终可以保持活力与快速的增长。在富氧的根域环境下，气孔的开度大大提高，吸收二氧化碳的速度也得以加快，表现为光合积累增加，生物量的形成加快，对生产来说意义重大。

五、气雾栽培植物的抗性生理

所谓抗性生理就是植物面对外界气候因子或者病虫为害等不利影响所作出的抗性反应，其中包括形态上的反应与生理的应答反应。气雾栽培的植物具有更强的呼吸作用与光合作用，其中光合是能量的转换与合成，呼吸作用是物质的分解与能量的释放，两者成为植物生长的最重要两大代谢，在气雾栽培的环境下，这两者都得以强化，这是它形成较强抗性的主要原因。在外界因子的不良作用下，气雾栽培植物具有更强的适应性与最快速的应答反应性，为抗性体系的形成提供了生理基础。

在高温气候的胁迫下，土壤栽培的植株往往适应性的域值较窄，通常植物当环境温度超过35℃以上高温时，就会对光合效率及营养的吸收造成影响，而在气雾栽培的环境下，它的高温极限明显往上漂移。番茄的枝叶在近40℃的情况下还能正常生长，表现为枝展叶茂，而土壤栽培或者水培，就会出现气孔关闭，叶片失水下垂，生长缓慢甚至停滞。对根域环境的影响亦然，在高达38℃的气雾环境中，根系生长还能正常进行，而水培的植物，一旦根域水温超过28℃就会出现生长缓慢或者停止，严重的会出现根系老化与烂根，而气雾栽培的植物根域温度以30~32℃为快速生长温度，这说明它适宜的整体温度的域值也往上扩展。那么面对低温刺激亦然，水培或者土壤栽培，一旦温度低于10℃，就会对根系与植株的生长造成较大影响，而且过低还有寒害现象的发生，而气雾栽培能适应更低的温度刺激，这说明它的抗寒性也得到同样的提高。2006年的冬季与2007年的早春，当气温低于番茄生长域值时，在同样营养液的供应下，气雾栽培的植株明显表现出更强的抗寒性，在冬季低温影响下，水培番茄有冻害发生，而气雾栽培依然枝繁叶茂，茎壮叶厚，没有任何的影响。究其原因也在于气雾栽培的根系有更强的呼吸作用，在呼吸过程中的生物放热可以保持根域微环境的温度，这是它比水培土壤栽培有更强抗寒性的原因所在。对于高温的应答与抗性反应亦然，因栽培模式不同导致根系形态与特性的不同，以及生理代谢与地上生长调控机制也有所不同，当根系与枝叶受到高温刺激时，气雾栽培能迅速作出应答反应，关闭气孔或者加速水分的运输，而且是高效快速地进行，对高温速来的影响与生理反馈能快速作出生理调节反应，从而使它的高温耐性提高。当高温气候来临，许多土壤与水培的植株，很快会出现叶片膨压降低，叶柄与叶片出现暂时性萎蔫，而气雾栽培植物少有这种现象的发生，它总是能快速地调节水分，快速地作出抗高温的生理应答，所以高温的生理伤害自然就减少。

对强光的反应也是同样道理，气雾栽培进行光合效率更高，这也是它快速生长的原因所在，在各种生理活性与代谢都得以加强后，植物耐强光的能力也同样得以增强，可以让光饱和点提高，同样耐弱光的光补偿点也会相应地下降，这样就使光照强度域值范围增大，从而可以避开或者减缓强弱光对生长的不良影响。在特别强光及高温的影响下，气雾栽培的植物还会迅速作出形态上的适应性变化，比如，西葫芦在气雾环境下，当外界强光的强度持续超过一定域值时，它很快会在叶片表面形成一层白色的保护层，以反射强光对叶片造成的光灼伤与光抑制，在瓜果类及蔬菜上常可以看到这种适应机制所导致的形态变异。所以在强光与高温的地区，选择气雾栽培是最好的方法，特别适合非洲一些国家的栽培发展。

对病虫为害的抗性同样也得到增强，特别是它旺盛的生长势为受害植株或器官提供了快速修复与反应的保障。植物的器官在受到病虫为害时，也会通过信号物质的传递，来加快受害部位的修复与增生。或者快速分泌一些抗性物质，提高局部的抗病虫性或者病害的隔绝保护体系形成，这些都是植物的高抗性体现。有些植物受虫啃咬后，会在伤口处分泌一些伤素，以抑制虫的继续为害，或者会产生一些物质影响虫的正常发育。除此之外，快速生长的气雾栽培植物，它的器官与组织除了巨大化表现外，表层保护细胞或者分泌的衍生物更多，有些表现为蜡质层或粉的增加，或释放更多趋虫或抑虫物质，以提高综合的抗病虫能力。

总的来说，气雾栽培的植物或者蔬菜，具有更强的抗性，也更易激发诱导性抗体的形成，是一种最适合保健型栽培的模式。

六、根系的微生态发生变化

根系的微生态环境，包括水肥环境及微生物环境等，其中的水肥环境导致水分生理与吸收代谢生理的改变。在土壤中的根系常常有大量束缚水的环绕，而气雾栽培大多是自由水的存在，这与它的根系生理变化有关。在土壤或者水培环境下，因为根系常处于缺氧环境或者非充分的富氧环境，根系一旦出现无氧呼吸就会分泌大量的中间代谢物，从而使它对水分子的束缚力增强。另外，根系为了穿行有一定阻力的土壤或者石砾，根系会分泌一些糖与有机酸类物质以起到润滑与加快分解的作用。这些有机物的分泌又会导致微生物的繁殖，使根与微生物间形成互作，以促进对土壤中营养的矿化、离子化，起到促进吸收的作用，这也是土壤施用有机肥更为有效的原因所在，通过微生物的共生互作以提高根系对肥及水的固着及吸收能力。

而气雾栽培的植物，根系完全悬长于空中，不需穿透土壤，也不需要通过分泌来加快营养的矿化过程，更不需通过中间代谢物来推进根系的穿行伸展。所以在气雾环境下的根系，根表皮的黏滑有机物分泌较少，而且在没有土壤机械阻力的作用下，根的伸长区特长，一些生长旺盛的植物，如番薯、玉米、番茄等，根伸长区甚至达到10cm以上，这是根系活力的象征，也是根形态在气雾下的应答性发育。由于根系束缚水的减少，使根系对水的敏感性也加强，在土壤遇旱时，根系因为微生物包缚与束缚水的保护，往往对失水的反应有较强的缓冲性，而气雾根系则无，一且对根系失去水的供给，很快就会表现出生理性萎蔫。根系微生物群落的形成不仅是植物生长发育的需要，其实也是保持土壤活力的需要，在土壤栽培中这方面表现特别的重要。而气雾栽培中，根系获取肥水变的直接高效，根本无需通过微生物的间接作用获取水与营养，自然就让根的分泌功能衰退。但是如果对根系进行接种刺激，也可以激发产生更多的分泌物，利用此原理进行分泌物的收集与研究，在生理研究上有重要意义。同样也可以对根域的微环境进行微生物接种，当然生产要接种有益微生物种群，这种在没有任何基质的环境培养下，接种的效果极佳而且非常的快速，因为根系具有比其他栽培更大的表面积，采用喷菌接种法，微生物很快就可以附着于根系表面，而且如果是菌根植物的菌根接种，效率更高，速度更快，在土壤或水中常因环境之限制而难以达到这么快速与高效的效果，所以生产上利用此原理进行固氮菌、VA菌根、有益微生物种群的接种，以达到促进生长提高抗性的目的。接种后的微生物在好氧的环境下比土培或水培有更强大的繁殖优势，所以生产上有时为了生产菌种就是以气雾栽培的根为原料进行活体感染，然后取下根系作为生产上的商业菌种销售，这是一种最为生态的菌种生产与接种方法。

七、根系的再生生理

在最适的气雾环境下，对于根系的发育来说，是最为优越的条件，植物的根系在气雾中比在土壤或水中都有更强大的生理活性的生长潜力，所以在受到外部的刺激与损伤时能发挥出最为强大的修复能力，而且是快速地进行再生生长。这与根原基的发育需要充足的氧气有关，一个完整的根系系统在受到外界的损伤刺激时，残留的根表皮细胞就会快速地被启动，形成大量的根原基，以进行再生修复，弥补失去的部分，这是植物器官补偿生理在根系发育上的表现。

受到修剪或损伤时，切口部位的呼吸作用会得到加强，从枝叶下送的营养与激素会往切口部位富集，再加上充足的氧气供给，根皮层细胞就很快恢复分生分化能力，形成大量的根原基进行根系的分化。另外，地上部分与地下部分的相关性，也会让植株表现出强大的修复生长以保持上下器官的平衡。虽然在土壤环境下也同样有修复补偿生长现象，人们也利用该特性进行中耕断根以促发更多发达的根系形成，但土壤环境因受水、肥、气及机械阻力的影响，根原基的形成没有气雾环境那么顺畅而快速。根据这特性，人们把它用于生产，进行根系的修剪与采收，起到了生理调控与提高根产量的目的，或者进行分批采收，发挥最大的根系采收量。

根系强大的再生生理，在生产运用上意义重大，特别是一些药草类或块根茎类植物，都是以地下根为主要的经济收获产量，运用根系修剪或采摘技术，可以让生物量最大化地转化为经济产量，或者可以通过根系与地上的相关性关系，进行根系的计划性修剪来调节地上部分的生长与代谢方向。在紫锥菊或牛蒡的生产中，人们可以对根系进行阶段性的分批修剪采收，但最好每次的采收量不宜超过总根量的1/3，否则对地上部分会造成较大的抑制。而且药用植物的根系采用修剪采收法，不仅可以实现多次采收，而且不需像土壤栽培那样进行一次性的翻耕采收，产量可以提高数倍，根产品洁净利于药材的加工利用。以块根茎为收获物的如农作物中的毛芋、生姜、马铃薯、红薯等，还有经济作物的人参、山药等，采用分批采摘，把符合商品要求的先采，小的没达商品率的继续培养，可以收获到均一整齐的产品，而且地下采收所造成的补偿生长与光合营养下运的刺激，会把地上枝叶的积累营养最大化地下运根系转化为经济产量。可以让枝叶的营养损耗降到最低，在土壤中的一次性采收，其实还没有完全发挥地上积累营养的最大化回流根系，就白白地浪费，成为没有经济价值的生物量，在生产上来说是一大浪费，而分批采收或者采摘，可以激发更多的地上营养往根系输送。也可以减缓因地上营养积累过多而产生的光抑制现象。也就是使植株地上光合作用的营养最大化地下送，转化为人们所需的根系收获物，是一种高效率的生物量利用法。

保持根系的活力，让植株始终保持洁白健康的状态，运用它强大的修复生长能力，进行阶段性的根系修剪，人为地促成衰老根系的更新，以保持根系时时都有强大的吸收代谢能力，这在生产上也是极具意义的一项技术操作。可以根据根系老化的程度进行分批的修剪更新，对地上部分的健康生长是一大促进。

八、气雾栽培的矿质营养吸收生理

作物的栽培营养与水的管理是关键，无土栽培的营养主要是矿质元素或者是矿化的有机营养液，这些营养元素的组成成分配方以及浓度都会影响到作物的生长，在环境因子一定的情况下，配方与浓度的管理是关键，它直接关系到生长发育与开花结果。但是气雾栽培与水培等其他无土栽培技术相比，在营液的配方及浓度管理上，可伸缩的范围较大，不必像传统水培那般严格管理。这与气雾栽培植物的矿质吸收机理有关，分析植物吸收营养的过程，是根系有氧呼吸创造了电位差，或者说根域环境的二氧化碳形成微酸化的碳酸氢根离子，以碳酸氢根离子参与离子的吸收与交换，所以从某种角度来说，有氧呼吸作用越强，吸收交换的速度就越快，在气雾环境的富氧环境下，它的吸收速率是普通栽培的数倍，致使吸收交换的速率大大提高，这是它生长快速的关键所在。另外，直接喷洒到根系周围的营养液比在土壤中有更大的接触表面积，而且是最为充分的直接接触，元素不需进行移动，也少有土壤的固定，所以它对肥的要求相对较低，对营养液的浓度要求也更广。在栽培豆科植物的试验过程中，就是利用栽培番茄后的废液也能让蚕豆的植株正常的生长，而不表现缺素症状，这说明根系的吸收效率得以大大提高。

在相同的营养液配方情况下，水培植株常会因缺氧或高温而表现出缺铁黄化症状，而气雾栽培没有发生。另外，就是采用高EC值的营养液栽培也不太会产生盐害与生理障碍，就连EC值高达4的高浓度营养液植株也还能正常生长。对低浓度营养液的反应也然，不会像水培那么严格，可以比水培植物有更宽的营养液域值范围，这对于简化营养液管理来说是极为重要的，所以气雾栽培的营养液不管在液温还是浓度上都可以适应粗放管理的要求，而且营养液的控制成本也将大大降低。在高温或低温条件下，水培植物的适应性就差，需要进行营养液温度的调节，而气雾栽培不需进行营养液的温度控制。除了这些为气雾栽培带来方便外，营养液的用量上也可以大大减少，可以让废液外排量降到最低值。水培因栽培床大量的营养液蓄存于苗床，导致营养液管理的繁琐性，而气雾栽培可以做到最低的回排量与最少的营养液蓄存，是一种最为经济的营养液管理方法，就是可以进行少液量、少回排、少外排的管理，是资源节约、环境友好型的技术。

以上是气雾栽培植物的常见生理与形态异化，在生产科研中因不同的植物种类与类型也会出现一些个性化的生理反应与形态特征，这些方面人们可以在生产科研中加强认识与总结，因为气雾栽培技术目前来说还是一项新兴的产业化项目，许多新问题、新现象还得在生产科研中不断完善。虽然植物的基本生理与形态是大同小异，但传统的研究都是以土壤为环境的栽培研究，就如水生与陆生植物有许多特性与生理是不同的一样，气生植物也将会有更多的生理与形态是有区别于陆生，所以我们只能做些借鉴，不能把陆生的土壤栽培技术与生理认识全搬到气雾技术当中，这样才能让气雾栽培不管从理论还是从实践上形成新的理论与技术体系。

第四节　气雾栽培技术特点及意义

气雾栽培是目前在园艺生产与研究上都是具有开发潜力与前景的技术，可以大幅度地提高生产的质量与数量，大大减少人力、肥料、水及农药的投入，特别是温室栽培气雾栽培具有更低的电能消耗量，是未来温室栽培的一个主要发展项目与高效农业技术。现把气雾栽培的几大优势总结如下。

（1）可向空间发展而大大增加耕地的数量与面积，因气雾栽培较易实现立体式垂直化栽培，大大提高栽培植物的覆盖面积，使温室利用率提高数倍。

（2）气雾栽培也是一种最为节水的栽培模式，特适合水资源缺乏的环境下发展气雾栽培生产，如在沙漠、孤岛等淡水资源匮乏的地区发展农业。它的节水效率可达90%，也就是说只需土壤栽培的1/10用水量，就可完成相同生物量的增长。如温室土壤栽培番茄，每形成1kg番茄需要200kg水，就是采用水培也需消耗170kg左右的水，而采用气雾栽培则只需6~10kg的水，它是节水农业中水资源利用率最高的生产技术，这与它的闭环循环式的供液生产有关。

（3）虫害的控制可减少75%以上，如果进行空间严密的防虫网隔绝，可以做到无虫化的免农药生产，这样比土壤栽培更省农药，大大降低农资成本。可以生产出近乎完美的免农药安全食品，是蔬菜的最高标准。

（4）可以无需甲溴基的土壤消毒，对环境的污染可以有效控制，也可减少它对臭氧层造成的破坏，这是当前连作障碍所采取措施后形成的对环境的破坏，气雾栽培技术可以得以杜绝应用。

（5）气雾栽培的营养液在一个严密的闭锁型循环系统中完成养分与水分的供给，可以实现零外排，做到可持续不污染环境的效果。

（6）根部完全悬挂于空中栽培，不需传统土壤为媒介的耕作，没有任何水土流失之担忧。解决当前农耕土壤流失影响生态的严重问题。

（7）生产者可以进行悠闲自在的省力化种植，与其说生产更贴切地说是类似于生活的一种生产活动，温湿度适宜且有清新空气与绿色生命植物相伴，是赏心悦目休闲型的农业生产模式。从业者在一个洁净、健康环境下生产，人们只需稍微掌握控制计算机操作及流程化的简易生产工艺即可，就是一点不懂农业技术的门外汉，也可以轻松地进行管理与操作，是一种适合城区发展的新农业模式。

（8）气雾栽培可以对所有的园艺植物采取相同的种植制度，甚至木本的经济树种与水生植物、藤本植物等皆可以运用气雾栽培技术得以统一。根本不需考虑如土壤栽培所存在的适应性问题。

（9）气雾栽培具有减少栽培植物及叶菜类硝酸盐含量，特别是如莴苣、苦菊、菠菜、菊苣等，常因硝酸盐超标而影响安全性，因硝酸盐的过度积累是造成人体癌症多发的主要因素，而气雾栽培生产的叶菜可以让硝酸盐降低到安全范围，这是传统有机栽培与近代的化肥栽培及水培所难以实现的。

采用气雾栽培生产线进行蔬菜生产，可以实现无废料、废物、废液的零外排，是一种完全可持续的永久性农业生产方式，所以它必将在未来农业生产中成为一项蓬勃发展的农业新技术，更是未来保护地栽培及实现垂直农业发展的主要新技术与新项目。

生态环保与绿色，可循环持续与永久耕作是当今世界发展之主流，一项好的农业技术除了能带来产量与质量的飞跃外，更重要的是还要体现它的可持续性，资源的耗竭已成为当前人们不得不思考的危机与课题。人们对土壤的无畏耕作，让土壤渐渐退化，失去生命力，致死产量越来越低，质量日趋下降，探索寻找一种永续耕作模式已成为农学家研究未来农业发展的主要问题。

植物的栽培离开土壤，并从平面拓展中解放出来，向空间、空中发展，实现可持续耕作，让更多的耕地恢复自然生态或者进行人工林的营造，是拯救地球的一种生态解决方法。农业生产的污染与对环境的掠夺已成为现代农业耕作中较为突出的问题，大量农耕机械的应用，耗费了大量的石油，造成了空气的污染，大量化肥的使用，使土壤日渐穷瘠，农药的泛滥使用，使农产品的健康性成为人们关注的主要问题，边远耕地的无度开发，已造成了沙尘暴的严重侵蚀，破坏了生态。如何在有限的耕地上创造更多的产量与更好的农产品，成为农耕研究的主要方向，直到气雾栽培的产生与运用，才给科学家们带来了一线曙光。它可以在没有任何可耕土地上，不需要依赖土壤的情况下，进行多层次立体化的耕作，而且不需要大型的机械，也无需繁杂的管理操作，更不需施化肥与除草剂，最大限度地控制农药的使用或者进行免农药栽培，是一种对环境污染最小化甚至做到零污染与排放的技术。对地球生态压力越来越重的今天，气雾栽培提供了实现环保生态耕作的技术支撑。

气雾栽培的用水量极少，只需传统栽培的1/10，在少水的地区与国家是一种最为节水的农耕方式，另外，它与土壤隔绝，不会对环境造成径流与渗漏的污染，再加上它的低回排量与低流量的养液供给模式，可以做到环境的零排放。而且它又是在隔离土壤的情况下进行无机的薄膜栽培或泡沫板栽培，少有病虫的为害与传播路径的隔离，可以少用农药或根本不需农药，生产的食品是一种安全系数极高的安全型放心食品，对人体与环境来说是一种最为安全型的农业模式。当今城市人口日趋密集，人口指数的快速增长，而且集居化、城市化的趋势日益明显，估计在未来50年中，人口将突破80亿~100亿人，而且80%将居住到城镇，这种人口骤升与城市集居给人类食物支撑所带来的压力，仅仅从现有的农耕技术与耕地的拓展是根本无法解决的，只有走空间发展型与环境保全型的农业才可以彻底解决，人口与地球生态环保之间的矛盾与问题，气雾栽培的实践证明，它将是目前高科技农业项目中最有可能成为未来耕作模式的主要农耕方式，所以人们也把它称之为第四代农业。

第五节　气雾栽培应用范围

气雾栽培是一种栽培模式的创新，是从土壤与水中解放出来的一种新技术，它比前两者有更为广泛的运用，它把千差万别的土壤或者水生生态都得以统一，经实践表明，不管是陆生、旱生、湿生，甚至是水生的植物都对气雾栽培环境有强大的适应性，而且比原来的生态环境下还要长得更快更好，这是其他任何一种栽培方法所不能比的。这种创新的栽培模式最早源于航天技术上，用于空间站内的生命支撑系统构造，后引用于科研与教育，直到现在已成为农业生产的一种产业化项目，其间的运用性尝试与开拓性的试验研究，让气雾栽培的运用所涉的领域比其他任何一种都要广，现就它的运用总结如下。

一、生产运用

农业生产上的运用是最为广泛与最有实际意义的运用，利用气雾栽培生产经济植物，包括蔬菜、瓜果、绿化、林木、药材等，凡是植物类的基本上可以进行气雾栽培，这已通过了实践证明，而且表现出更好的效果。如叶菜类的栽培可以缩短周期提高复种指数与质量，许多品种可以实现足月生产，是一种高效快速的生产方法；用于瓜果类，可以栽培出生长潜力发挥至最大化的蔬菜树，如巨型的南瓜树，单株结万果的番茄，数千根黄瓜的黄瓜树，两米多高的彩椒树等；如果用于绿化苗的培育，可以实现种苗的快速成苗，而且是根系完整的裸根苗；用于材用林栽培，可以创造出神奇的生长速度，种植5年的树木就可达20年的生长量，就可用于材用林使用；用于药材可以进行洁净化生产，如果是根药类还可以进行再生性的分批采收，多年生的药可以进行一年生的快速栽培。总之，在生产上的运用优势已被生产实践得以充分证明，是一种最为先进的栽培模式，在未来农业发展中将成为主要的生产模式与技术体系。

二、科研运用

利用气雾栽培可以进行根系的研究，是根系培养的最好方法，可以方便地进行根生长观察与根量的测量，而且可以轻松地收集根系分泌物以及根生理的测量。科研上设计根雾培养箱，被广泛用于根科学的研究，可以分析观察根系的发育机理，可以进行根系生理学的研究，比任何一种栽培方法都要方便而科学。如美国亚利桑那州立大学就根系研究就建成了一个类似于房间的实验室，科研人员可以在根环境中穿行走动与观察研究。

三、教育运用

采用气雾栽培技术，让学生充分认识到植物生长的机理与生理，可以通过观察与检测，了解植物对矿质元素的吸收与需求生理，了解植物生长的原理与奥妙，增进学生对自然科学的兴趣，提高学生的实际操作动手能力。而且可以在完全受控的环境下进行各项生长因子及环境因子对植物生长发育的影响，从中认识规律增进学识，所以当前的大学也开始引用气雾栽培技术作为教学的工具在使用。

四、观光运用

农业观光园的建设成为当前城市农业项目发展的主体，也成为未来农业发展的趋势，为了提高观光效果，展示植物巨大的潜能，是一种颇具观光与科普效果的亮点项目，可以在观光园中建立气雾基地，栽培一些超常规发育的植物，这些植物往往在气雾环境下能表现出巨大化发育与生长，能表现出神奇与震撼的效果，是常规农业耕作难以做到或企及的。在气雾环境下，许多常规的植物都能表现出最大化的发育，几百千克的南瓜，二层楼高的甘蔗，与人同高的水稻，结果上百的西瓜与甜瓜，占地几十平方米的番薯与空心菜等，这些巨大化植株的培养，对人类来说是最好的潜能开发教育，通过植物潜能的展示，预示了人们要重视自身潜能的开发与积极人生观的建立，是一种较好的观光启蒙教育方法，培养人们对科学的兴趣与对自然的热爱，同时也可提高人们的爱国主义情怀。

五、植物工厂运用

植物工厂是最为先进的农业生产模式，是未来农业发展的趋势，它具有环境的完全可控性，同时也具有较高的成本投资与运行投入，如果让高投入的系统产生更高的效益与利用率，气雾栽培是植物工厂内首选的栽培技术。如何发挥植物工厂内空间利用的最大化，与生产周期的最短化，气雾栽培可以轻松实现，而且是硬件投入及运行成本相对较低的模式，所以它将是植物工厂中的主要生产模式，采用它，可以使空间加温成本降低，可以让水资源及电力的消耗达到最省化，也可以让工厂化密集化的氛围创造得淋漓尽致，比如蔬菜可以采用塔型与立柱式，让补光效率达到最高，因为在植物工厂中补光的耗能是最大的运行成本，采用气雾法向空间发展的设计，可以让光的补给达到最大化地利用，如立柱丛林式的设计可以采用中心补光法，没有光的无效照射，光的四周全是蔬菜，平面补光的金字塔形种植，让相同光量达到最大化的照射面积，做到没有漏光与无效光。加温能源的消耗也比水培的水加温或降温更省能源，再加上空间的任意设计与利用，让相同面积的植物工厂发挥出数倍的效益。

六、生命支撑系统上的运用

在封闭的空间站中，如何提供人们的食物及如何保持封闭空间内的生态平衡与能量物质的循环利用，植物的作用是至关重要的，它除了给人以绿色的欣赏，平稳与解除太空烦躁的寂寞症外，更是空间站内气体交换的主要生物体，它可以把二氧化碳气体吸收交换出人们所需的氧气，同时又可以净化空气中悬浮的粉尘与废气，是创造生命生活空间所必需的支撑系统。同时它是重要的蔬菜生产方法，只有气雾的模式才是最适合失重空间的栽培，只有气雾方法才可以进行轻巧化轻便化的运载与建立。而且蔬菜粮食植物在太空中生长可以做到完全的无病无虫，是最为洁净的栽培方法。估计未来的太空农场就是要以气雾为主要方法进行设计与建造，为人类提供更为健康安全的食物与蔬菜。

七、极地农业的运用

在地球的南北极、在沙漠与孤岛上、在受灾区等特殊环境下，采用气雾法是最为有效而且构建最为快速与方便的方法。气雾法是资源节省型、环境友好型的农业耕作方法，在南北极的极地，在冰层覆盖的天气下，一切生产都是利用人工能源进行耕作生产，如何减少能源特别是加温的耗能是最大的投入，而气雾栽培可以使加温的耗能最少化，而且在极地生产，周期的缩短与空间的利用也与植物工厂一般的重要，所以它也是用于极地生产的最佳模式。另外沙漠孤岛常因少水与恶劣的气候难以进行常规模式的生产，可以利用气雾栽培用水量只需土壤栽培1/10的优势，利用淡化水或者收集雨水进行生产。在受灾区，一时难以恢复生产的区域，也可以利用可利用的空间与场地进行气雾蔬菜的生产，为灾区的自给自救提供技术保障。在各种极地条件下，采用气雾法是最好的模式与方法。

八、空中农业上的运用

所谓空中农业就是利用可利用的空间进行农业生产，它是一种占天不占地的农业生产模式，特别是城市的空中绿化，我们也叫天台农业，利用气雾法是最为高效与轻巧的方法，没有太大的承重，而且建造又是极为方便，生产效率又高，是未来城市楼顶绿化与农业发展的主要模式。利用它建立的花园或菜园既高雅清洁又能为人们提供更多的农产品，是绿化与生产融为一体的城市农业项目。目前新加坡的城市建设中已把气雾栽培列为城市楼顶绿化的主要技术，在城市设计上融合了气雾栽培的思路，让城市成为生态绿化的城市，成为生产与居住有机融合的城市，这是未来城市的一大趋势。

九、在育苗上的运用

目前最为高效快速的育苗技术就是气雾快繁育苗法，它具有生根快速、根系发达、移栽少缓苗的优点，如果结合气雾增殖法，更是常规快繁数倍的效率，可以节省大量的快繁材料，是目前最为方便的增殖取材法。一般一代苗生根后不需移栽，直接进行营养液的气雾栽培，让植株快速的生长增殖，以培育大量的快繁材料，再进行多代循环，以实现几何级的倍增。采用气雾快繁法，大多数植物可以进行足月生产，也就是生根时间可以控制在一个月以内，可以大大提高周年的繁殖批数，同时气雾快繁法还可以实现立体化空间育苗，其综合效率是普通基质快繁法的数倍以上。除了营养体的快繁提高效率外，种子育苗亦然，在气雾环境中，萌芽生长更快，根系更发达，而且培育的苗适合于各种环境的栽培，更是无土栽培用苗的最佳方法。

十、用于芽苗菜的生产

芽苗菜的生产一直以来都是以基质法进行培育，采用基质法既增加了基质消毒的环节，又使菜的清洁度受到影响，而采用气雾法培育，种子在雾化的空气中直接萌芽成苗，管理变得简单，产出的芽苗菜更加清洁卫生，如果采用饮用水生产，可以直接食用或进行净菜包装。同时在气雾环境中种子的出芽率也得以提高，产量与质量都比基质栽培有所改善，所以气雾法培育芽苗菜已成为当前工厂化生产的主要模式。

气雾栽培的运用是极为广泛的，以上仅仅是部分运用的罗列，可以利用它在生产、科研、教育上进行灵活的运用，它是一个极为广泛的产业，也是一个新生的科研课题，将会成为人们探究植物研究生理的一项重要技术与方法。

第七章 新型大跨度矩式网架温室及在垂直农业上的应用

我国是温室设施面积最大的国家，但高水平温室建设方面与发达国家相差甚远，特别是调控精准化与栽培高效的利用上更是落后于欧美与日本等国家。目前我国普遍使用的温室设施，包括简易的避雨设施、拱形温室、连栋温室、玻璃温室及适合北方寒区的土墙式日光温室，还有一些农村简易的竹木结构温室。温室作为作物栽培及动物养殖的围障设施，类似于建筑楼房建设，从普通平房到现在的高楼大厦，温室的发展未来也将遵循该规律，从平面向空间，从单层向多层，从自然调控为主到集成化精准化的计算机环境调控，从高耗能向生态型低耗能发展。甚至未来发展到温室设施与建筑概念实现融合的大楼式农场，就是当前大家都关注的垂直农场。我国温室要从传统的技术及概念中走出，必须融合建筑物的发展理念与技术，必须结合各种节能措施与生态设计技术，否则难以从传统的温室范式中演变出革命性的创新成果。上述传统温室受到结构力学上的限制，无法在跨度与高度上突破，也无法构建更为科学合理的立体化空间化布局。在温室气候的调控上，因结构及模式单一，无法实现因不同地区与气候变化所作的节能化与个性化创新设计。而网架式温室不仅可以在构型上实现创新，而且可以实现调控上更为节能，生产上更为高效的效果。它将成为我国温室领域的重要创新模式，也将为未来垂直化农业的发展，创造出更为高效节能与实用的产业价值。以下就矩式网架温室技术及工厂化雾培生产上的应用作详细阐述。

第一节 大跨度矩式网架温室的结构原理、特点及建造技术

一、网架温室结构与普通温室区别

说到网人们就想到鱼网、蜘蛛网，这些网，它的结构力学与普通的力学有着

根本的区别，其遵循的是整体张拉力学。所以可以采用纤细的材料构建出力学上最大的结构强度，一点受力整体应力是网状结构的重要特点。网架温室则利用管材作为编织材料，按照力学原理再结合自然界仿生建筑学，形成三角结构（鸟筑巢）、蜂窝结构（蜂筑巢）、空间桁架（现代钢构技术）充分融合的温室构建风格。而传统普通温室大多是以线性与拱式的结构为主，没有把钢管发挥出最佳的结构力学效果。在结构力学上，现代的机场与体育馆建设大多结合了整体张拉力学原理，利用钢材创造出大跨度无支柱的空间，但农业生产如果采用成本将会太高，无法在生产上应用。而网架温室既融合仿生学又融合现代钢构技术创新形成成本低、空间大、调控效果好的新型结构。首先用短程化的管材作为建设材料，大大缩短力矩，再用编网的方式可以创造出各种外形的异型温室。如早年笔者发明的球形鸟巢温室就是温室领域的重大创新，一改传统温室皆为线性的特点；但球形结构不利于传统耕作的线性布局与工厂化高效化流程化生产特点。研发的球形鸟巢可以产生强大的抗风性与抗压性，同时高旷的空间性，更适合于景观温室与观光园建设应用，目前已得以广泛的推广应用。矩式网架温室，就是融合传统线性温室方便耕作的特点，但又保持球形鸟巢圆弧穹顶的高旷性、强抗性优点，创新形成地缘基座为矩式，温室屋顶为穹顶的新型温室结构。

二、矩式网架温室的构造特点及建造方法

从外观来说，矩式网架温室是传统线性温室与球形鸟巢温室的结合；从构造来说，是鸟巢温室技术在矩式网架温室建造上的具体应用。不管基座是正方形还是长方形，温室的屋顶皆为弧圆发散式穹顶；而且同样是无支柱与高旷性，高可达8～10m，有利于内部空间的立体化垂直化利用，同时也有利于温室内部气候波动的稳定。矩形网架温室的肩部同样采用双层空间桁架构造，可以抵挡正面强风的袭击；而弧形发散的穹顶则有利于强风滑坡而过，起到强风化解作用。所以矩式网架温室的肩高可以超过常规温室的肩高设计，甚至达4.8m以上，大大提高了温室地缘空间的利用率。整体网架构造由外三角、内蜂窝、空间桁架组成（图7-1），形成厚0.5～0.8m的夹层空间，如果在内蜂窝上卡覆内膜可达到双膜保温的增益效果（图7-2）。

高旷的温室结构在施工建设上与普通温室不同，从穹顶为安装始点，并采用撑杆与葫芦起吊的方式，逐层往下安装（图7-3），这是网架温室不同于常规温室最大的建造特点。

图7-1　网架构造

图7-2 双膜保温效果

图7-3 撑杆与起吊安装

三、大跨度、大空间、无支撑结构创造出空间利用最大化效果

常规温室的跨距一般为6～12m，高度为2.6～8m，而网架温室跨度可达20～50m，长度可达50～100m，高度通常为8～20m，创造的内部空间适合用于高大树种栽培及立体化垂直化利用；也适合大型室内垂钓项目与水产养殖、田园综合体生态餐厅与大型的体验活动场所的利用。无支撑的空旷空间也利于内部通风及产生更好的光照效果，太阳光入射后由于穹顶的反射形成均匀的漫射光光效（影棚光效果），减少低矮温室内部立体栽培时出现阳阴面严重问题。另外，在相同的面积上所创造的温室空间体积，其温室效应则为，空间体积越大升温越慢，同时降温也越慢，空间体积越小升温越快降温也越快，所以大空间的网架温室有利于室温的稳定。

四、通风系统均匀设于穹顶，有利于热空气自然出风

穹顶式温室屋顶，可以起到热空气的聚顶效应，温室内耕作层与顶处空间温差较大，夏日温室顶处可达40～50℃，所以顶处开设三角通风窗有利于热空气的排放，达到烟囱式自然出风的效果。另外，温室肩处或底部的进风在大空间的穹顶温室内可以起到对流的加速效果（即涡漩湍流效应），大大加快了顶出风的流速，与普通线性温室相比，也大大缩短了通风距离。

第二节 矩式网架温室的环境调控技术

一、降温通风系统的配置

目前温室降温技术主要有高空细雾微喷降温及温室两端头的湿帘风机降温两种模式。高旷的网架温室于顶处均匀安装弥雾管道，由于细雾的飘落行程大于普通温室，雾化的水滴汽化的效果更佳，其降温效应优于普通低矮温室，而且弥雾系统开启后高空飘落的雾滴比低矮温室更细，蒸发汽化速度更快，开启弥雾时，达到温室

操作管理人员身不沾湿的效果，不影响内部作业。

另外一项降温措施就是温室两端头安装湿帘风机降温，湿帘降温也是遵循汽化带出热量的原理实现室内降温，其降温效果与外界空气湿度相关，与风机的通风量相关。如下以1 200m²网架矩型温室为例（图7-4），该温室地缘宽30m、长40m，占地1 200m²，地缘肩高为3.6m，穹顶顶高为10m，温室空间总体积为7 605m³，以每3min换气一次计，需配通风量19 000m³/h的风机8台。为达到耕作层最佳的通风效果，湿帘与风机的安装高度与普通温室不同，最好安装位置高于内部耕作层顶处，通常安装于离地高1.8m处，内部即使进行立体耕作，也能保持良好顺畅的通风效果。

图7-4　1 200m²矩式鸟巢

二、保温、加温及蓄热系统的配置

温室是气候调节的重要围障设施，寒季的调控重点在于保温与加温，保温效果与覆盖材料与覆盖方式相关，不同的覆盖材料与覆盖方式，其阻隔热传导与热辐射的效用不同，温室的节能效果则存在差异。下表为常用覆盖材料的热导系数（U值），U值越小其保温性越好。

表　温室不同覆盖材料的热导系数

序号	材料种类	热传导系数（U值）
1	聚乙烯薄膜	1.15
2	双层聚乙烯薄膜	0.7
3	玻璃	1.13
4	双层玻璃	0.65
5	中空阳光板	0.53
6	铝织品保温幕	0.39

以上述1 200m²矩式网架温室为例，根据热平衡原理，进行能耗计算，通过计算后确定相应的措施，以达到最佳的温室管理与节能效果。再结合下述3种方案，实现不同程度的节能目的。

A方案：以双膜覆盖，无内保温幕的前提下，假设该温室建于山东济南地区，该地区冬季外界最低气温为-15℃，平均风速为2.7m/s。而夜间温室内最低气温需保持5℃以上，计算该温室夜间实施加温防寒，需每小时耗能多少，来确定配置热风炉或其他加温设备的功率。空间体积为7 605m³的矩式网架温室，在上述外界气候环境及温室内极限室温下，通过计算需每小时供给862 558kJ的热能才能保持温室内室温5℃以上，换算成大卡单位则为206 065.1kcal，需配置20万大卡功率的热风炉，才能确保该地区寒季温室内保持5℃以上，以满足温室作物正常生长的需求。

B方案：以双膜覆盖，并且于温室高3.6m处采用钢丝用紧线钳拉成网状，作为覆盖铝织品保温幕的内支撑与承重（图7-5）。寒季夜晚时拉上保温幕保温，白天收起，把内部耕作层空间与穹顶大空间隔断，形成相对独立的较小空间（体积为4 071.6m³），让有效保温面积与体积缩小，从而达到节能效果。在双膜与内覆保温幕的前提下，要确保温室内室温5℃以上，则需每小时供给226 011kJ的热量，换算成卡则为53 994.0kcal，需配置5.5万大卡的热风炉。标准煤的热值为7 000kcal/kg，与A方案比较，采用内部空间隔断与覆保温幕方式，每小时可节省14.5万大卡热量，按煤热值计，可每小时省燃煤20.7kg，以寒季夜晚加温时数15h（下午6时至次日上午9时）计，采用内覆保温幕，可日节省燃煤310.5kg，以寒季加温时间3个月计，一个冬季就可以节省燃煤30t，是一项节能效率较高的覆盖方案。

C方案：在B方案基础上，内部采用水墙蓄热的方式来达到最佳的节能效果，水墙蓄热的结合类似于北方土墙温室的蓄热效应，但水的比热容是土或石子的3倍，即1m³的水相当于3m³土的热容，温室中配置水墙利用水蓄热性，水墙白天吸收太阳光热量，夜晚降温时释放潜热，以达到寒季免加温的效果，水墙的建设一般采用化工桶表面涂黑并垒砌成墙的方式构建（图7-6）。一般北方地区冬季晴朗出太阳天气，室内涂黑的化工桶其水温可达20℃以上，以降至5℃计，具15℃的温差，相当于水墙每小时降低1℃的等比温度。按照B方案，需每小时释放53 994.0kcal热量，才可维系室温5℃以上，按照水的比热容约为1kcal/kg，要满足上述的热供给条件，需于温室内配置53 994.0kg（54m³）容水量才可达到上述的热动态平衡；以200L（0.2m³）化工桶作为水墙建设用桶，则需270只垒砌成墙方可；采用化工桶垒成水墙的方式比土墙更节省空间，而且夏日又可以把化工桶搬移至温室外，或者把水排干，解决土墙温室夏日也因后墙蓄热使棚温过高问题。采用加水墙方案是实现北方温室免加温，满足雾培蔬果周年生产的有效方法。

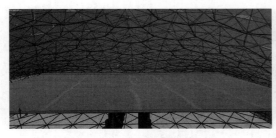

图7-5 内保温幕及钢丝网

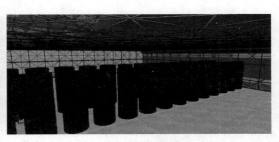

图7-6 化工桶水墙蓄热

三、遮阳系统的配置

用于矩式网架温室的遮阴系统有两种处理方案：一是内部于耕作层上方空间作牵拉钢丝处理，方便内遮阳网滑拉覆盖操作；二是采用遮阴涂料喷涂于外温室膜上，遮阴涂料的配方可以按照栽培作物所需的遮阴度进行灵活调配，而且遮阴涂料可以于数月后降解脱落，过了夏季高温季只需用水枪冲洗即可清除，是一种较为实用的方法，目前已在全国各蔬菜产区得以应用。

四、计算机自动控制系统的应用

计算机自动化控制系统是实现温室调控精准化的重要配套设备，包括自动开窗、顶处的微喷降温、湿帘风机启闭，自动加温系统都可以接入计算机，实现温室环境的数字化智能化管理。在蔬果的气雾栽培管理上，还可以实现温室环境管理控制与栽培控制的结合，实现温室管理与栽培管理的全面数字化与精准化自动化。

第三节　在雾培蔬菜工厂上的应用

蔬菜的工厂化生产是未来解决蔬果安全与可持续发展的重要技术手段，特别是气雾化栽培，更是实现高效化、立体化、省力化、工厂化、清洁化与精准化耕作的先进生产模式。气雾栽培是无土栽培技术中解决作物根系生长肥、水、气需求最为充分与有效的方式；而且雾培较之于水培的优势，几乎适合所有植物的栽培，不管是木本的还是草本与藤本的经济植物都可以实现气雾种植。这种根系悬空无需依赖水循环与基质的栽培方式，更方便实现空间化与垂直化布局，是垂直农业发展最为有效的栽培技术。未来耕地日益减少，再加上连作障碍，水资源污染与土壤退化，可安全生产的耕地日益减少，农业生产往空间要效率是必然趋势，所以垂直农场与垂直农业成为当下设施农业领域的时髦。对于温室的利用，每提高1倍耕作效率，相当于节省相同面积温室的投资及节能效应，而采用气雾栽培可以实现至少3～4倍耕作表面积的提高，与普通平面化水培温室及土壤耕作相比，相当于温室的投资只需原来的1/4～1/3，是降低设施农业投资成本最为直接有效的方法。再加上工厂化生产效率提高，耕作茬数（复种指数）增加以及本身蔬果生长速度加快，其综合效率将是普通温室与生产方式的5倍以上，是实现工厂化、实用化与低成本化的创新途径。以下就矩式网架温室与气雾栽培工厂化蔬果生产技术结合作详细阐述。

一、气雾栽培的优势

气雾栽培作物其平均生长速度是普通栽培及水培的1.5倍，究其原因，是悬空的根系置于肥水充足的雾气中生长，让肥、水、气三者处于最佳状态。在土壤栽培中要处理好三者关系较难实现，水多了气不足，气多了水则不足，而且肥料是在土壤中迁移传递吸收并非直接吸收；而水培耕作，虽然肥与水直接接触吸收，但遇到高温季节，随着水温升高，水中溶氧常出现不足，导致夏日水培生产的烂根问题；另外水培难以实现所有经济植物的水耕生产，但气雾栽培可以实现，甚至包括水生作物都可以采用气雾栽培生产。特别是木本的果树，采用气雾栽培后不仅适应性好而且生长快速，其产量与品质都比土壤栽培好，为未来果树的工厂化、可控化生产创造条件。

离开基质及土壤环境，根系置于雾化空间生长，其轻巧性适合立体化与垂直化耕作系统的构建，如垂面墙雾培、立柱雾培、塔架与梯架雾培等，让单位面积的上方空间得以最大化利用，达到数倍甚至10多倍的增产效果，是未来人类拓展耕作空间最为高效的方式，是一种向空间要耕地的新型模式。通过空间化布局，实现太阳光有效辐射的最大化利用，构建类似原始森林的多层次生态效果（乔木、次乔木、绕藤植物、灌木、小灌木、地被植物、地下块茎的七层空间的森林模式），实现单位面积产额的最大化提高；而且采用雾培耕作，每株植物根系独立，不存在彼此间的肥水竞争，可以生产出长势均一商品性较为一致的产品或者进行多类型作物的灵活套种。雾培耕作是当前最为省水、省肥、省力的技术，其营养液不蓄存于苗床，而且是全部循环式吸收，没有对外界的废液排放，解决水培技术中残液的外排污染问题。在闭锁的营养液循环系统中生长，又是一项最为节水的生产技术，其用水量只需土壤耕作的5%～10%，对于水资源日益匮乏的当今，意义特别重大；更是水资源稀缺的沙漠、荒岛、高山、矿坑、盐碱地等非耕地环境下的重要栽培模式，也是未来都市农业与垂直农场构建的首选技术。清洁化、立体化、离土化的生产方式，有利于实现免农药生产，是未来绿色安全可持续生产的重要技术支撑。采用气雾栽培种植各类经济作物，无需传统耕作的整地、除草、施肥、灌溉作业，可节省劳动力70%以上，是一项最为省力化的栽培技术。

二、工厂化气雾栽培对设施的要求

要实现雾培蔬果稳定的周年生产，对于温室要求较高，首先大型高旷的温室是工厂化的硬件设施需求；这种无支柱的大空间构造，方便标准一致的工厂化布局及流水线与工艺化高效作业。另外大温室构型前面已述，更利于温室内气温的稳定，解决小温室波动大问题；同时无支柱的大温室空间结构，不管是照射作物表面光效的均匀性及通风良好性方面都胜于常规温室，能为作物创造较为一致及稳定的微气候环境，是构建高效化、工厂化生产的有力设施保障。大多数雾培蔬果最佳适温为20～25℃，生长的区间温度为5～35℃，通过温室调控及结合计算机管理，最大化实现符合蔬果周年生长与生产的需求；特别是北方寒季的蔬果生产，有了蓄热与保温技术结合，大大降低生产成本，达到高温季与寒冷季无休周年生产。

三、梯架式雾培是当前工厂化雾培效率最高的栽培模式

提高空间利用率是节省设施农业投资的重要间接手段，可以让设施化的工厂化农业变得实用化与平民化。在众多的雾培模式中，通过近10多年的实践，生产效率与产额要数梯架雾培最高，在充分利用空间的同时，也方便管理人员操作，虽然立柱雾培也是空间利用率较高的模式，但在人工的操作上常有不便，过高的立柱不方便种植与采收。

梯架雾培由栽培设施、计算机控制系统、营养液循环系统3部分组成（图7-7）。通过梯架雾培设计，可以使温室的空间利用率达3～4倍，以下就梯架雾培的设施建设及生产流程作简要阐述。

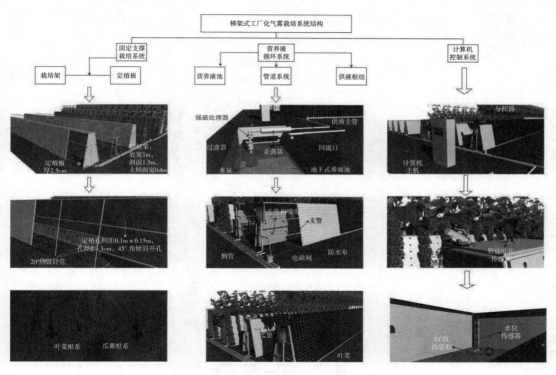

图7-7　梯架雾培组成部分图示

设施建设包括以下3方面：

（1）栽培设施由栽培架、定植板、栽培床组成。栽培架采用组件化的管材按照底宽1m、斜面1.5m、上梯面0.4m的尺寸进行安装，梯架长度因温室耕作区大小而定；定植板为厚0.025m的挤塑板开孔而成，定植孔开设以孔径2.5cm作斜度45°角开设为宜，以减少营养液外漏污染栽培板，开孔间距一般以10cm×15cm为宜。

（2）营养液循环系统由营养液池、管道、供液枢纽。其中营养液池可以是砖砌的地下式营养液池，方便回流及有利于液温稳定；系统由供液管及回流管组成，供液管由主管、侧管、支管、笔管构成，毛管上连接弥雾喷头；供液枢纽由动力水

泵、过滤器、杀菌器、强磁处理器、电磁阀组成。

（3）计算机控制系统由传感器、决策智能模块、强电执行3部分组成。由传感器采集外界相关参数，再由智能模块作决策，由强电启闭执行。其中传感器有集成传感的智能叶片（可以测叶片水膜、叶片温度、空气湿度）、光照传感器、水位传感器、EC值传感器、水温传感器组成；决策智能模块功能主管数据处理与运算决策；强电执行部分主管温室相关电机的启闭执行，如气温过高主动开启湿帘风机，根系水分不足，主动开启弥雾水泵等功能。

气雾栽培减免了传统耕作的大多数生产操作，形成了较为简化的生产工艺流程，能为绝大多数人掌握与运用，而且是在清洁整齐的工厂化环境下生产，可以吸引工商业人士及社会白领与年轻人进军农业，是生产方式的一次伟大变革。以下为生产流程图，全面而细致描述蔬果生产的每个技术环节与工艺（图7-8），供生产者参考。

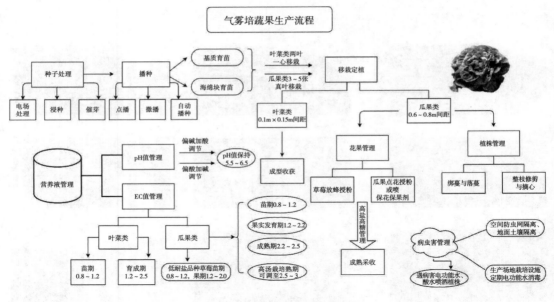

图7-8 生产工艺与流程

在清洁的工厂化环境，加上科学的管理，可以生产出产额高于普通蔬菜大棚5倍以上的产量，而且不管在外观、品质、营养物质的含量上都优于传统耕作，是未来蔬果产业发展的重要替代技术。当然该系统同样可以适合花卉、药材、木本果树的工厂化设施栽培，将会大大助推都市农业与高效化现代农业的转型升级，与构建可持续的绿色安全生产体系。

第四节　大跨度网架型温室及雾培蔬菜工厂的发展前景与产业意义

　　传统温室的开发大多基于土壤耕作或者早期的平面化无土栽培，而网架式大跨度矩式温室填补了立体化、工厂化生产的温室设施空白，是当前工业化农业发展的重要设施装备；特别是与气雾栽培的结合，形成蔬果的工厂化新型生产模式，有效解决传统蔬果耕作的连作障碍问题，平面耕作的土地利用率低问题，生产操作的用工多问题及土壤气候的限制问题；两者的结合让蔬果生产实现周年无休耕作，不管在都市还是荒漠、岛屿、矿坑、盐碱地等非耕环境都可以建设雾培工厂，彻底改变了人们对农业的偏见与认知。生产方式的创新与改变，才能让农业成为有奔头的产业，让农民成为羡慕的职业，让农村成为人们向往的家园。在当下乡村振兴大背景下，这种新型的生产方式可以吸引更多的工商人士及白领年轻人进军农业，并且工厂化智能化的管理，让传统的不可控农业变成可控可预测的农业，为产业的可复制可加盟提供重要技术支撑，摆脱传统农业对经验的依赖，把农业变成大众都可热衷及参与的产业，将吸引更多的精英人才及社会资本与金融资金回流农村，为乡村振兴架起了人才流通、资金融通的桥梁，为菜篮子的安全与健康找到切实可行的解决方案，为农业的转型升级及可持续发展开辟了全新的绿色发展之路。

第八章　适合山地垂直农业的避雨防虫立柱气雾栽培技术

　　我国山地资源极为丰富，但大多数目前都是以森林植被的涵养为主，不能再如以往历史上的过度开垦，退耕造林成为生态文明建设的重要抓手。但作为山区农民，农业还是其重要的经济来源。发展山地农业，利用山区生态资源优势，栽培出平原无法生产的反季节蔬菜，特别是海拔较高的山区，是夏季高温季节供菜的重要来源。传统蔬果的山地耕作都必须进行开垦梯田，而且都得选择土层厚的优势资源，在开发的同时其实也是对原生生态的一种破坏，因为开发后的农业生态远不如自然的林地生态的生态贡献率大，所以长江经济带的发展提出只搞大保护不搞大开发，也同样包括山地生态的保护修复及涵养。世界各地的山地农业同样都会遇到此问题，如何做到保护性开发，或者是生态修复性开发，走传统农耕道路是难以实现的，传统的山地耕作大多是落后山区所依赖的模式，因山地耕作体力劳动投资大，耕作管理繁琐且成本高，只有贫困的山区，不计劳动报酬的地区才维持这种耕作模式；但山地的资源优势又是平原地区所无可比拟的，比如山地的昼夜温差有利于光合积累，其产出的蔬果品质优于平原，较高海拔的山区还具气候优势，可以生产夏季平原无法生产的蔬菜，实现反季节淡季应市，创造较高的市场价值。另外，山地物种多样性的优势，形成良好的生态屏障，农业种植元素融入其间，与多样性的物种之间形成相生相克关系，山地生态是天敌的重要滋生场所，与平原单一的农业生态相比，山地农业相对来说得到生态屏障的保护，病虫为害及暴发的概率相对较少，如山岙的水稻田，因受山地生态保护，一旦受虫害侵袭，山区林地的天敌会迁飞消灭，稻田与山地生态之间形成相生相克的机制，所以山区的山岙田种植水稻可以少用或不用农药，这是生产有机稻的一种重要生态共生机制，种植蔬菜与瓜果也具同样的道理。

　　山地耕作用工量大，是当前发展山地农业最大的障碍，开发省力省工的耕作模式将成为科研生产者的重要课题。另外，如何实现保护性与修复性的山地开发，也是当前需着重考虑的问题，采用传统开垦开荒模式肯定不行，占用优势生态开发农田也不是可持续模式。另外开垦造成的水土流失以及耕作过程造成的面源污染，都需通过技术创新得以解决，必须走出传统土壤耕作的模式，创新形成一种既不破坏生态，又可以充分利用山地或者荒地与原生态林地，而且必须是永久可持续对生态无破坏并且具有助益作用的创新技术。这就是山地立柱雾耕新模式与新技术，它是迄今为止，世界上首例把无土栽培搬上山的变革性创新，当前国内外的无土栽培基本都是在平原温室或者都市环境实施。避雨防虫立柱雾培对山地地形具广泛的适应性，不管什么样的山地、坡地、丘陵、荒坡及林地等都可以适用与实用。近年南方地区提出设施上山的发展思路，但一直发展缓慢，难以形成产业趋势，就是因为地形多变的山地很难实施传统温室的建造，只有部分地势平坦处才得以设施化开发利用，而更为广阔的山地无法实施。采用立柱避雨雾培技术后，栽培系统采用点状布局，充分发挥空间利用效应，只需有方寸之地即可安装立柱进行耕作，而且每一独立的栽培柱，类似于一小温室，同样具备避雨防虫之功效，这种立柱雾耕式的独立系统在运行上也遵循无土栽培的养液闭锁循环原则，不会对生境造成破坏及环境的污染。另外，它是往空间发展的雾化种植模式，与被利用山地的土壤无关，只是利用山地的空间，有光照、有水源的山地即可进行立柱雾耕栽培系统的构建，所以陡坡、砾石坡、荒芜及生态退化的地块也可以构建立柱雾耕系统，对原生生态起到很好的修复作用。以下就避雨防虫立柱雾培的技术优势、构建技术及营养液与栽培技术作详细阐述，以供山区农民参考。

第一节　避雨防虫立柱气雾栽培的技术优势

创新模式是否具技术与产业发展优势，对于农业生产来说重点考虑这几个方面，首先新技术能否带来省力与省工效果，因为传统耕作的主要生产成本就是劳动力，所以省力化是技术革新的关键。采用立柱雾培后与传统山地耕作相比，可以减少70%的用工，如整地、除草、施肥、灌溉这几道主要的体力劳动环节被省略。在立柱雾培生产上，只需播种移栽与收获，大大简化了生产环节。在生态文明与绿色发展的大背景下，技术创新还得体现在与环境的关系上，传统山地耕作，水土流失严重，因过度的开垦与除草管理。另外生产过程施用的农药与化肥，或多或少都会造成环境的污染，也叫面源污染，如果不科学的管理甚至会导致严重的土壤污染与退化，地下水的污染与生态破坏。而立柱雾培所栽培的蔬果作物是在一个相对封闭的营养液循环供液的系统中生长，对环境零排放，对肥水得以高效利用吸收，是一种环境友好型生产方式。另外，气雾化的无土栽培也不会产生如传统耕作的连作障碍，又是一项永久的可持续耕作模式。创新还得体现在使用该生产方式后对蔬果产量与品质的影响上，采用避雨防虫立柱雾培后，从蔬菜的生长发育来说，气雾栽培方式种植蔬果作物，普遍生长速度快于土壤耕作，是土壤耕作的1.5～2倍，如瓜果类作物其生长潜力的发挥甚至更高，达数十倍，这是当前气雾栽培最为明显的生产优势，可以大大缩短生育周期，增加年周期内的耕作茬数与复种指数。因其采用独立的根系悬空雾化供液模式，植株间不存在肥水竞争，可以灵活的实现套种与混种，也是提高利用率及产量的重要方式。立柱雾培顶处设计避雨罩，减少雨水对病害的传播，立柱外围垂面全部采用防虫网覆盖，虫害得以有效阻隔与遏制，柱体内的裸露地块也同样采用园林地布覆盖隔断，也就是蔬果的生长环境处于清洁的无土环境，完全可以实现免农药安全生产。气雾栽培再加上科学合理的营养液配方，让蔬果生长于肥、水、气最为充足的根雾环境下，其生长潜能得以激发，有关影响外观、口感、品质与营养价值的基因得以最为充分的表达，所以气雾栽培的蔬果不仅产量与生物量高于传统耕作，就是其品质与营养指标也高于常规栽培，特别是维生素C与矿物质的含量，普遍高于传统耕作，许多作物达数十倍的指标。另外蔬果的口感也可以通过营养液配方的调整得以实现，达到高品质高糖度栽培的效果，特别是瓜果类尤为如此。立柱式气雾栽培还结合计算机自动化控制，实施管理过程的数字化、精准化与远程化，不仅仅提高了管理的专业性，同时又可以结合物联网技术实现远程管理，这对边远的山地来说，意义重大。总之，避雨立柱防虫雾培是当前山地农业蔬果产业转型的重要创新模式，是一次伟大的技术与产业革命。

第二节　山地避雨防虫立柱气雾栽培基地的建设

一、对拟开发利用的山地先进行测量

山地的地形多变性与高低落差凹凸不平，不进行测量与规划是无从下手的，所以首先进行等高线的测量，并对栽培柱基坐落地处进行打样定点，用生石灰作标记。等高线与定植点的确定以柱的间距3m×3m或3m×4m作为参考，尽可能形成纵成列横成排的定点布局（图8-1）。

图8-1　山地立柱雾培布局

二、基座的建设

立柱雾培的落地处叫基座，基座一般用砖砌成六面体，深为0.2m，边长为

0.65～0.8m，以立柱能合缝嵌入为宜，基座最好用水泥粉刷并刷上防水涂料，基座近下坡的边侧设一回流口并预埋回流管，方便营养液回流。在建设基座时，基座以外的植被与土壤可以保持原貌，尽量减少对原生态的干扰破坏，达到栽培系统的独立性效果。

三、雾培立柱的安装

雾培立柱是蔬果支撑与生长的载体，它必须具备固定支撑及为根系创造避光环境的功能，还得辅助增加避雨与防虫措施；所以雾培立柱由顶罩、柱体钢架、栽培板、避雨膜、防虫网组成；柱体钢架设外柱与内柱组成，内柱是直径1.2m，边长0.6m

图8-2　六面体栽培柱组成

的六面体柱（图8-2），外柱为直径约为2.4m的六面体钢架，用于防虫网的围护安装。从结构来说钢构则为内柱与外柱相套，内柱与外柱之间的空间则为蔬果的生长空间，相当于构建一个柱式小温室。其中栽培柱钢构建设采用预制组件安装方法，选择20#热镀锌钢按设计的尺寸冲孔加工而成，安装时只需按设计图拧螺杆即可，一般内柱直径为1.2m，高为2.4～3m；栽培板选择厚2～2.5cm的挤塑板作材料，并于挤塑板上按照间距0.1m×0.15m开设定植孔，定植孔的孔径为2.5cm，而且是从上往下作斜角45°开孔，以防柱内营养液弥雾从定植孔外漏而污染定植板；定植板宽0.6m与柱体边长尺寸相符，扣合后再作固定或密封接缝处理，于接缝处打泡沫胶，也可以用松紧带、包装带来绑缚固定定植板（图8-3）。

柱体的顶罩部分用卡槽固定安装避雨膜，四周围挂的防虫网采用塑料卡扣固定安装，六面体柱中的一个面其防虫网开设出入口，方便人员管理，网的黏合处采用搭扣布黏合，确保扣合后密封性良好，防止虫害入侵（图8-4）。

图8-3　定植板扣合及固定

图8-4　防虫网防护

四、营养液循环系统安装

气雾栽培就是营养液通过管道以喷雾的方式为柱内空间造雾，让根系均匀受到细雾的喷洒，解决肥、水、气的供应问题，所以营养液循环系统得由以下级件组成，分别为动力水泵、过滤器、强磁处理器、营养液杀菌器、主管、侧管、支管、毛管、喷头、回流口、回流管、营养液池等组成，形成喷雾供液回流循环的闭锁系统，做到液不外漏，雾化均匀的效果。其中过滤器为垫式过滤器（比网式过滤的滤化效果更好），强磁处理器为800GS以上磁通量的强磁套装在主管上，用以解决营养液结晶、结垢造成的喷头堵塞。喷头的安装为在柱体内于柱顶处四角均匀安装4个喷头，再往下每隔1m悬挂2个喷头，即每柱安装6个喷头就可达到雾化均匀的效果（图8-5）。营养液池建于山地最低洼处，方便营养液的回流。在布设供液主管与回流主管时，一般都采用沿山势纵向布局。

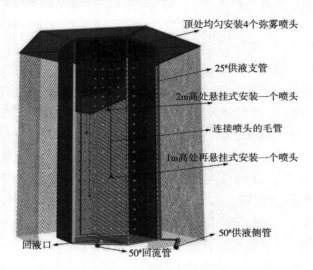

顶处均匀安装4个弥雾喷头

25#供液支管

2m高处悬挂式安装一个喷头

连接喷头的毛管

1m高处再悬挂式安装一个喷头

50#供液侧管

回液口

50#回流管

图8-5　喷头安装

五、计算机系统的安装

用于气雾栽培的计算机控制系统主要功能是对环境参数的采集及对水泵作出的弥雾间歇与喷雾时境的控制，还有对营养液水位及EC值的监测。环境参数采集的传感器有气温传感器、液温传感器、集成智能叶片传感器（检测微环境湿度及叶片水膜）、光照传感器、营养液水位传感器、营养液浓度的EC值传感器等。通过传感器的信息采集，由计算机智能专家系统决策发出执行指令，从而确定什么样的气候环境下，需要多大的弥雾的强度，确保根系表面的水分不失水也不积水，以创造最佳的根雾环境，实现肥水气的最优化满足。通过计算机控制实现科学化、精准化、自动化管理，是山地立柱雾培高效化生产的重要保障。

第三节　育苗与移栽管理

　　无土化气雾栽培育苗与土壤栽培育苗不同，必须采用海绵块方式育苗，不宜土壤直接播种育苗，否则会携带虫卵与病害。育苗的方式可以采用营养液流水培育苗，于室内建设立体多层式的育苗架，育苗架采用超市货架的万能角铁组装，装成宽60cm，层高30cm的货架，可作6～8层设计。骨架安装完毕后，再用工程塑胶板制作苗床，床高为10cm，保持床底水平与不渗漏；再于每层端头

图8-6　海绵块人工光育苗

安装一营养液入水管及在床的尾处安装一回流管，利用小型的直流水泵进行定时的循环灌溉，让营养液薄薄的一层从海绵块底处流过，海绵块吸水后即可促进种子萌芽，萌芽出根的小苗可以从海绵块底处吸收营养（图8-6）。在室内育苗必须于每层架上方安装LED补光灯，光强度达到3 000 lx以上。一般叶菜类二叶一心时移栽，瓜果类3～5张真叶移栽。采用海绵块育苗，菜苗的根系与海绵之间形成根团，移栽时不伤苗无缓苗，而且采用室内的补光育苗，苗期稳定不受外界气候影响，实现稳定供苗。移栽时只需把海绵块塞入定植孔即可，叶菜类从移栽至采摘，无需其他管理，只需做好营养液调配管理即可。果类移植后，还需进行拉蔓与整枝工作，管理与常规的植株管理相同。

第四节　营养液的调控管理

一、营养液配方的拟定

　　立柱雾培适合所有的蔬果、花卉以及药材等经济作物，在配方的拟定上可以采用通用配方或者专用配方，通用配方适合大多数作物的栽培，专用配方可以获取更高的产量与品质保障。以下就几款常用的配方为例作介绍，供生产者参考。

（一）适合大多数瓜果与叶菜的日本园试配方（表8-1、表8-2）

表8-1　日本园试配方大量元素组配

元素种类	NH_4^+-N	NO_3^--N	P	K	Ca	Mg	S
浓度（mg/L）	18.6	224.2	41.2	312.8	160.3	48.6	64.1

表8-2　日本园试配方化合物组配

序号	元素种类	用量（g/t）
1	四水硝酸钙	944.8
2	硝酸钾	808.9
3	磷酸二氢铵	153
4	七水硫酸镁	493
5	螯合铁	19.231
6	一水硫酸锰	1.538
7	硼酸	2.86
8	五水硫酸铜	0.079
9	二水钼酸钠	0.025
10	二水硫酸锌	0.151

注：剂量的理论EC值为1.9mS/cm

（二）适合大多数瓜果与叶菜的美国霍格兰配方（表8-3、表8-4）

表8-3　霍格兰配方元素组配

元素种类	NO_3^--N	NH_4^+-N	P	K	Mg	Ca	S	Fe	Zn	B	Mn	Cu	Mo
浓度（mg/L）	234	26	31	235	48	200	64	2.5	0.05	0.5	0.5	0.02	0.01

表8-4　霍格兰配方化合物组配

序号	元素种类	用量（g/t）
1	四水硝酸钙	1 270.3
2	硝酸钾	628.3
3	磷酸二氢铵	115.1
4	七水硫酸镁	486.8
5	螯合铁	19.231

（续表）

序号	元素种类	用量（g/t）
6	一水硫酸锰	1.538
7	硼酸	2.86
8	五水硫酸铜	0.079
9	二水钼酸钠	0.025
10	二水硫酸锌	0.151

注：剂量的理论EC值为1.9mS/cm

（三）丽水市农业科学研究院自主研发的叶菜配方（表8-5、表8-6）

表8-5　丽水市农业科学研究院叶菜配方元素组配

元素种类	NO_3^--N	NH_4^+-N	P	K	Mg	Ca	S	Fe	Zn	B	Mn	Cu	Mo
浓度（mg/L）	165	15	50	210	45	190	65	4	0.1	0.5	0.5	0.1	0.05

表8-6　丽水市农业科学研究院叶菜配方化合物组配

序号	元素种类	用量（g/t）
1	四水硝酸钙	1 048.2
2	硝酸钾	527
3	磷酸二氢铵	185.7
4	七水硫酸镁	456.4
5	螯合铁	30.8
6	一水硫酸锰	1.538
7	硼酸	2.86
8	五水硫酸铜	0.393
9	二水钼酸钠	0.126
10	二水硫酸锌	0.302

注：剂量的理论EC值为1.7mS/cm

（四）丽水市农业科学研究院自主研发的瓜果类配方（表8-7、表8-8）

表8-7　丽水市农业科学研究院瓜果类配方元素组配

元素种类	NO_3^--N	NH_4^+-N	P	K	Mg	Ca	S	Fe	Zn	B	Mn	Cu	Mo
浓度（mg/L）	140	0	50	352	50	180	168	5	0.1	0.3	0.8	0.07	0.03

表8-8 丽水市农业科学研究院瓜果类配方化合物组配

序号	元素种类	用量（g/t）
1	四水硝酸钙	1 060.7
2	硝酸钾	102.5
3	硫酸钾	696.1
4	磷酸二氢铵	185.7
5	七水硫酸镁	507.1
6	螯合铁	38.5
7	一水硫酸锰	2.461
8	硼酸	1.716
9	五水硫酸铜	0.275
10	二水钼酸钠	0.076
11	二水硫酸锌	0.302

注：剂量的理论EC值为2.2mS/cm

二、营养液的管理

在栽培过程中营养液的EC值及pH值会发生变化，这是由于吸收阴阳离子的不平衡造成的。对于大多数蔬果作物来说，适宜的pH值范围为5.5～6.5，当pH值波动大，超过7.3以上，大多数作物会出现缺铁症，表现为新叶黄化；如果pH值降低至4.5以下，则会影响钾、钙、镁等元素吸收，同样造成缺素症；对于pH值的管理分为调酸与调碱管理，当营养液pH值过高时，则用磷酸进行调整，如果pH值过低时，则采用氢氧化钾进行调整。EC值的管理就是因矿质元素与水分吸收之间的不均衡，所以会导致浓度的变化，气雾栽培的营养液管理幅度比水培大，范围在0.8～3.0，当营养液浓度低于0.8时，重新注入新配制的营养液，如果高于2.8时，则注入清水。气雾栽培的营养液管理较为粗放，一般4～6个月彻底清洗一次营养液池，以免残留液过多或者残落的有机污染物过多而影响营养液配方的准确度。

三、营养液的制冷与加温

传统蔬菜栽培用覆地膜的方式来提高地温，促进早春早期生长与发育，而气雾栽培为了提高与改善根系温度则可以采用营养液加温或者制冷。对植物生理来说，根系温度的变化比地上部分温度的变化更为敏感，夏日很多不耐高温的植物大多因为土壤温度过高，而导致地上部分叶片气孔关闭，让植物进入光休眠。早春或冬季由于液温过低，而影响根系生长与吸收的活力。通过营养液温度的人为干预达到生长上最为高效的调控效果。据实践表明，根温影响1℃，相当于空气温室提升或降低3～5℃的生长促进作用。所以采用液温干预法，是最为节能与高效的调控技术；如夏日栽培小青菜（上海青），通过营养液制冷，把液温调至17～23℃，则可培育出株型大、产量高的反季蔬菜（图8-7）。制冷或加温的方式可以采用旧空调加纯钛蒸发器改装，达到双向可加温与可降温的调控。对于地下水丰富的地区，也可以利用地热资源来影响根温，因为深井的水温一般终年稳定至17～18℃，遇夏日高温季节可以白天切换成喷清水，夜晚切换成供营养液，到冬天寒季可以白天供应营养液，晚上切换成地下水。这种实行地下水与营养液交替切换供液的方式，可以达到良好的节能效果，虽然对营养液的吸收会有所影响，但与根温相比较，调控液温更为重要。

第五节　采收及保鲜包装

气雾栽培蔬果产品外观、品质、口感都优于普通栽培产品，为充分提高产品附加值，体现精品农产品的市场优势，气雾蔬果产品必须适时采摘，而且要结合预冷包装及保鲜技术，解决采后失水与衰老问题。叶菜的水分含量是重要品质指标，特别是气雾栽培蔬菜含水量丰富所以水分蒸腾也快于普通地栽产品，另外，气雾栽培蔬菜活力强，其呼吸也较地栽产品旺盛，要延缓失水及衰老必须进行采后处理。刚采摘的蔬果体温较高，呼吸强度大，必须先把采收的蔬果放至保鲜库进行降温处理，待体温降至5～10℃时进行包装，一般选择气调膜进行净菜或者单株包装，包装后再进入保鲜库把温度降至1～2℃；在这种温度下一般叶菜可以贮放2周以上，瓜果可达1个月以上，为蔬菜的周转运输及产品的质量维持提供保障，也起到上市的调节作用。

避雨立柱防虫雾培是一种全新的山地耕作技术，但同样也适合平原发展（图8-8），是一种投资省、生产技术简单的实用新技术，适合当前菜农转型升级，提高效率与效益的创新耕作模式。特别是山地农业的发展，采用该技术可以实现非破坏的植入式保护性开发，不管是经济效益及生态效益都优于常规栽培，是未来振兴山区经济，发展绿色生态农业的重要生产模式，具有广阔的发展前景与市场空间。

图8-7　高温天气的小青菜反季栽培

图8-8　平原立柱雾培应用

第九章 管道化及桶式气雾栽培在屋顶果园构建上的应用

屋顶果园是都市农业重要组成部分，而都市农业是未来农业发展的重要方向与趋势，利用都市环境发展农业生产，具有管理生活化体验化业余化，是人们亲近自然感受田园的重要生态元素，受广大市民的欢迎与认可；未来学家认为，未来都市的所有空间都可以用于食物生产，人们不必再从边远的农村获取农产品，让食物更加新鲜与安全健康，而且没有现在因农业生产所致的环境污染及生态危机；但用当前的土壤耕作无法实现，受到耕作方式的诸多局限，如建筑物的承重问题，施肥、管理、除草、打药等生产活动的繁琐问题；必须开发一种适合所有市民参与，而且无需繁琐管理及经验的新型耕作模式，同时又不会造成城市污染与可持续性问题。一种新型的栽培方式可以有效解决上述问题，让都市的白领、企业老板、老人小孩等无农耕经验的人群都可以热衷参与的创新技术，就是管道化及桶式气雾栽培技术。这种技术无需搬土、无需除草施肥管理，而且可以更为高效的生产与生长，更是都市人的园艺体验及老年人的嗜好，通过园艺体验可以缓减都市人群压力，达到园艺疗法的效果，是都市人体验田园感受生态绿色的重要生产、生活、生态元素。与传统屋顶果园菜园相比，具有构建简单，管理省力，作物生长快速，不受旱涝影响，而且清洁化的环境减少病虫滋生，实现免农药生产，是都市市民的耕读乐园及绿色食品的来源，在未来都市农业的发展中具极其重要的作用与意义，以下就该模式的构建及管理技术作详细阐述，供广大都市农业的爱好者参考。

第一节 新型耕作模式的技术原理

管道化水培目前在都市及农业生产上已得以较为普遍的应用，特别近年在全国各高新园区的示范园中都可以见到，但大多数用于叶类蔬菜的种植，适栽品种不多，无法满足市民的种植需求；而且管道化水培用于阳台屋顶，因夏日屋顶气温过高，会导致栽培管内液温过高，导致蔬菜缺氧烂根，而且管道化水培无法实施果树的栽培与正常生长。

　　管道化气雾栽培的营养液供给方式与管道化水培不同，不是采用水流循环方式供液，而是采用管内弥雾的方式供液，根系生长悬空于管内或桶内空间（图9-1、图9-2），可以充分摄取氧气，而水循环的水培，根系供氧不足，就出现烂根或者根活力受抑制，无法正常生长。管内弥雾的气雾栽培方式，充分满足植物对肥、水、气三要求的需求，几乎适合所有植物的栽培。果树栽培意义更大，因为果树对于土层要求更厚，屋顶果园的搬土工程很大，同时也受屋顶承重的限制。采用管道或桶作为栽培载体，并结合管内弥雾的供液方式，屋顶整体承重轻，而且管道方便安装与架设，甚至于护栏上都可以架设用于果树栽培。肥、水、气三要素充分的满足与供给，果树的生长速度快于土壤栽培，而且清洁的环境减少病虫滋生场所与传播途径，有利于减农药或免农药生产。管道化的营养液循环系统，根系与营养液处于闭锁的空间内，水分的蒸发少，基本是植物100%的吸收，对于水资源缺乏的都市意义更为重大，其用水量只需常规土壤屋顶果园的5%～10%，也是一项极为省水的栽培模式。通过屋顶果园构建，实现屋顶的快速覆绿，对防止屋顶老化，降低夏日室内温度起到很好的微气候调节作用，如果城市屋顶全部栽培生物量大的果树，实现真正的森林式城市，可以提升都市生态文明的程度，减少城市热岛效应所致的火炉现象。

图9-1　管内弥雾图示

图9-2　桶内弥雾

第二节　管道化及桶式气雾栽培屋顶果园的构建

光照充足、通风良好，供电供水的阳台及屋顶都可以实施气雾栽培果园的建设。空旷平整没有其他建筑障碍的阳台或屋顶可以采用管道化气雾栽培建设果园（图9-3），零星非规整高低起伏的阳台或屋顶空间更适合采用桶式气雾栽培方式构建果园（图9-4）。

管道式气雾栽培果园通常采用大口径PVC供排水管、城市排水纹波管等管材构建，桶式气雾栽培可以选择带盖的塑料桶、铁桶及其他材料的桶、箱或容器。按照屋顶阳台实际情况及栽培果树的株行距要求进行栽培管布管或设置桶箱等栽培容器；管道栽培一般选择Φ200～500mm的管材作为种植管，桶或箱选择直径或30～100cm，高度30～120cm桶或箱作为栽培容器。

管道栽培于管中线处按一定的距离开设喷头接入孔，孔径为3～5cm，再按照种植果树的定植间距开设孔径为8～10cm的定植孔；桶或箱栽培于盖中心处开设孔径为8～10cm的定植孔，桶或箱的底处开回流或连通孔，边侧开设营养液支管供液口。

营养液循环系统安装，包括营养液供液首部、供液管道系统、回流管道系统。供液系统首部由营养桶或池、水泵、过滤器、强磁处理器、营养液杀菌器组成；供液管道系统由主管、侧管、支管、毛管、喷头组成；回流管道系统由回流孔、回流支管、回流侧管、回流主管组成。如采用桶内或者管内循环方式的无需回流管系统安装，只需把栽培管或者桶底处设连通孔，用管道进行连接让各桶与栽培管之间构建连通器式的营养液流动循环即可。

控制系统安装，面积小的屋顶或阳台，可以采用简易的多时段编程的时间继电器控制水泵启闭频率；面积较大更为专业的控制采用由空气温度、空气湿度、光照强度等气候传感为输入信号的智能控制。

图9-3　屋顶管道化果园　　　　　　　图9-4　桶式气雾栽培果园

第三节　品种选择及栽培技术

果树品种选择。气雾栽培适合所有果树品种，按照各地气候选择适栽品种，如有温室条件或制冷条件可以实现南果北种或者北果南种。

营养液池可以用砖砌池也可以用不锈钢水塔、塑料桶或箱等容器代替，如屋顶阳台等栽培场所有低于回流管的空间则可以把营养液池建于该处以方便回流，如果屋顶阳台没有低位空间则采用桶内或管内循环以解决回流问题。

配制营养液的原水选择。配制营养液的用水，在都市环境下大多采用自来水作为配制原水，但有些地区自来水采用漂白粉消毒，水中溶存大量的氯离子，会对植物的根系造成伤害，就必须先把自来水静置几天后再用；也可以用屋顶收集的雨水使用，但必须对该地区的雨水进行水质检测，测定水中的钙镁离子含量与pH值，在配制营养液时作为参考，以计算出标准的栽培配方。

营养液配方的制定及EC值与pH值管理。适合大多数果树栽培的配方叫通用配方，其元素组配如下（mg/L）：N-P-K-Ca-Mg-S-Cu-Zn-Mn-Fe-Mo-B=260-31-235-200-48-64-0.02-0.05-0.5-2.5-0.01-0.5。按照理论组配制定生产应用的化合物组配配方，如所用水为纯水或自来水，其生产配方（g/t）为：四水硝酸钙1 270.3g、七水硫酸镁486.8g、硝酸钾628.3g、磷酸二氢铵115.1g、螯合铁19.2g、一水硫酸锰1.54g、硼酸2.86g、五水硫酸铜0.08g、二水钼酸钠0.025g、二水硫酸锌0.15g，如按照上述化合物组配，其营养液理论浓度为1.9mS/cm，苗期管理控制在0.8~1.2mS/cm，随着树体生长及开花结果，营养液管理范围控制在1.2~2.5mS/cm，在整个栽培过程中最佳的pH值范围控制在6.0~7.5。如果所配的原水为雨水或井水，在制定配方时必须减去原水中所含的离子浓度，才可计算出准确的生产配方。

移栽定植与树体管理。通常果树移栽季节在早春季与晚季，该季节为根系生长高峰，移栽受伤根容易愈合及催生新根；气雾栽培果树与土壤栽培稍有不同之处就是必须清洗根系的泥土并且进行根系修剪，剪去过长的与受伤的根，而且采用重度的根系短截修剪，以刺激气雾环境下快速长出新根，实现土根至气雾根的转变。植株定植的固定采用套管固定法，即于定植孔中先插入一20~30cm口径的PVC管，再把树苗套入并用海绵块或者喷胶棉固定即可（图9-5）。气雾栽培屋顶果园因清洁的环境与良好的通风透光，病虫较少基本无需防治，另外因根系营养供应均衡，也大大减少修剪量，为了控制树体，可以每年或隔年进行根系修剪即可（图9-6），为省力化的果园管理模式。

营养液温度及浓度的干预管理。如有条件可以于营养液池中安装制冷与加温设备，通过营养液温度的干预达到促进或延迟生长的效果，或者起到夏日抗高温危害及冬季防寒的效果。如果临近成熟期可以通过提高营养液浓度来实现糖度的提高，达到高盐高糖的栽培效果。

在阳台屋顶环境进行气雾栽培也会遇到停电问题，但果树具发达绵长的根系，每株果树都会有部分根系浸没于管底或者桶底中，同样具类似水培的抗停电性，不像根系较小的蔬菜，其根完全悬空，遇停电植株很快会表现失水萎蔫，必须配备备用电源或发电机，而气雾栽培果树无需有此顾虑，也是它能够实用于屋顶的关键。

病虫害的管理。屋顶果园病虫害也同样会有，特别是趋光的蛾类，为了达到免农药栽培的效果，屋顶栽培果树可以采用人工捕捉或者灭虫灯之类，也可以采用生活中的一些小窍门进行防治，如香烟过滤嘴的浸出液稀释10～15倍可以防红蜘蛛，栽培一些辣味素高的辣椒，捣汁后对水也可以杀虫，或者用烟叶汁。如果为了使用方便，可以市购荷兰进口的生物肥皂防治，这些方法都可以达到安全绿色免化学残留的防治效果。

图9-5　定植管定植方式　　　　　　　　　图9-6　根系修剪

第四节　管道化及其桶式气雾栽培果树的前景与意义

　　这种新型的果树栽培模式，打破了传统概念的果树栽培常识，它实际上可以在都市的任何环境构建果树栽培系统，但对于都市来说，屋顶具有光照充足的优势，更利于果树的生长，也有利于产量与品质的保障。利用新型栽培模式，不仅仅是屋顶果园的生产意义，它对于家庭小孩的科普教育来说更是意义重大，其间涉及植物生理学、矿质学说、工程构建学等，可以通过DIY，启发学生智慧，激发对自然科学的兴趣和爱好，起到很好的启迪教育作用。对老年人更是一项园艺疗养的健康体验，通过屋顶果园的轻巧劳作与亲近，可以调整身心，减缓压力，或者起到医治城市综合征的效果。屋顶果园采用气雾栽培技术，可以起到屋顶的快速覆绿作用与速生早产，大多数果树次年就可以投产（图9-7、图9-8）；而且是可移动的果园，更增加趣味性，熟时可以整树搬挪进室内采摘，又起到室内美化的效果与即时新鲜之体验。对于一些北方果树实现南方栽培，可以搬挪整树至冷库，实现人工休眠的调控效果，达到苹果与大樱桃等北方果树都可以在热带及亚热带地区栽培，其观赏与体验及趣味性更强。管道化与桶式雾培因栽培的植株都具独立性，彼此间不存在争水夺肥现象，为充分利用屋顶空间，早期可以于桶或管道上套种瓜果类，任其攀爬生长，解决早期屋顶的裸露问题，可以当年构建，当年屋顶全部覆绿。屋顶果园的建设对于推进城市的生态文明建设意义重大，通过家门口的栽培体验，唤醒人们对生态的崇敬之心，激发大家都参与到城市的生态文明建设中，它既是一种田园的体验和生态的优化，同时更是美好生活向往的重要组成元素，在自家屋顶就可体验采菊东篱下的田园意境。总之气雾栽培果园技术在屋顶及都市环境的应用，将会彻底改变未来城市的发展方向，彻底改变人们对农业高科技的认识及热情的激发，对于乡村振兴全民参与来说具积极的教育与推动作用。另外，就该技术的普及来说，也极具商业价值与推广意义，对于深居钢筋丛林中的人们，是一抹人人向往的绿色风景。

图9-7　葡萄翌年挂果状　　　　　　　图9-8　柠檬翌年挂果状

第十章　室内垂直农业——人工光型层架式气雾栽培工厂建设及应用

植物工厂1957年源于丹麦，建造了世界上首座植物工厂，其实它的前身还更早，就是人工气候室。到20世纪80年代日本发展极为迅速，其数量目前为止也应属全球最多的国家。而我国近几年发展如雨后春笋，植物工厂的数量已位居全球第二。严格意义的植物工厂为室内的补光栽培，再结合其他环境因子的精准化、自动化控制，达到作物管理的精准化、生长发育快速化、产品质量安全化、空间利用立体化的效果。目前各科研院所及企业应用的植物工厂大多为闭锁式，有集装箱改造的、有废弃工厂利用的，也有重新采用建筑材料建设的，包括工厂的外围设施、栽培设施、环境调控设施、计算机自动化控制系统等，达到了作物生长环境的最优化、数字化、精准化模拟。但也存在建设成本高，运行耗电大的实际问题，无法在生产生活及商业上普及应用。大多限于高新农业园区示范或者科研科普展示平台的建设，其生产性与商业盈利性较弱。另外，当前国内国际所建设的植物工厂大多以水培为主，栽培的品种也大多限于叶菜，而叶菜中又以生菜居多。如何实现设施投资的节省化及栽培品种的多样化、技术构建的实用化、应用范围市民化，需要对植物工厂的构建及技术进行精减，让它成为未来都市人的自家菜园式的体验平台。以下就改良简化版的植物工厂作详细介绍，让更多的市民了解及掌握与应用。

第一节　经典植物工厂的构建及简化版植物工厂的改良

所谓经典型植物工厂，就是工厂完全闭锁，温、光、气、热、肥、水等进行精准化人工模拟，为作物创造最佳的生长发育环境；如隔热性良好整齐整洁的厂房、商业化标准化的栽培架与栽培床、按照不同作物进人工光的精准化的设计与调控、专用配方在层架式水培上的应用、温湿度及通风管理的科学自动调控，甚至物理杀菌及人工补施二氧化碳技术的结合等。闭锁型经典植物工厂因为各方面都按照作物生长理想化模式进行环境创造及模拟，所以其可控性非常高，包括生产周期与出产日期的精准可测性、产品品质与个性需求的可设计性，都实现了标准化、流程化、精准化、可控化的效果；但同时也使植物工厂的建造成本大大提高，每平方米造价达数千元，影响该技术的实用化与普及化推广。在实际生产中不能以最优化与最理想化作为构建植物工厂的思考出发点，还必须重点考虑商业化的成本与市场的接受普及程度。植物工厂的蔬果产品最终必须商业化走向市场，对市场来说较具弹性，产品的出产日期无需如经典植物工厂所述可预测到天数甚至小时数，对产品的安全性来说，也没必要做到无菌免洗。从现实思考出发，对蔬果产品来说安全性是首位，其次是口感及外观，没有必要进行每个环境因子、每个构建元素的精准化与标准化建设。当前实用化与低成本化，是植物工厂建设重要的出发点，只有这样才能让该技术普及至都市市民与被商业生产者运用。

采用简易化半开放式植物工厂，可以大大节省投资，减少能耗，构建工厂更为便捷，无需专业人士与专业管理即可建造与生产管理，这是植物工厂普及化走进家庭让市民接受的关键。系统复杂度越高其投资成本也越高，管理的专业要求及维护成本也就越高，如何找到成本、盈利、实用的交汇点，是技术改良与简化所思考的关键点。简化版的植物工厂，不管是厂房的要求、栽培模式、设施材料、调控设备等都需考虑成本及易购性与替代性。从实用低成本出发，如栽培架采用超市万能角钢组装，栽培床采用市购的工程塑料板替代自制，补光灯可以是普通日光灯也可以选择专业的LED补光灯，栽培模式以营养液管理较为粗放的气雾栽培为主要模式，栽培规模上以小型家庭式为主，适当结合盈利性的特色作物（如人参、金线莲等药草）。植物工厂的定位与用途也是影响成本的重要因素，如科研性的需求与家庭应用的不同，自家菜园与商业化、产业化的要求不同，用电时间与性质也影响能耗成本，如农用电、商用电、工业园区用电、高峰电、低谷电其电费成本也有较大差异，栽培场所的开窗通风情况，栽培架布设的密度等也与建造的硬件设施及运行成本相关。栽培的品种选择也与成本相关，一般选择足月生产型的叶菜为主，长周期的瓜果相对成本较高，因为无商品性枝蔓叶片的构建浪费了大量无效的生物量。通过模式改良、材料替代、建设的自制性，大大降低植物工厂的投资成本，为家庭菜园式及迷你式植物工厂的建设应用开辟全新的发展路径。

第二节　人工光层架式气雾栽培工厂的建造工艺

室内植物工厂栽培目前大多采用层架式，笔者曾对多种模式进行尝试构建，如纵向双面受光的"垂直高效的模块化补光型植物工厂"（图10-1）、单层补光的"围合型雾培植物工厂"（图10-2）、冰箱式迷你型植物工厂（图10-3）、单层补光的塔架式雾培工厂等（图10-4），这些模式都具较高的光效，但建造工艺相对复杂，以下就以层架式雾培植物工厂为例作详细介绍。

图10-1　垂直高效的模块化补光型植物工厂

图10-2　围合型雾培植物工厂

图10-3　冰箱式迷你型植物工厂

图10-4　单层补光的塔架式雾培工厂

一、栽培架及雾培床的建设

通过栽培架建设实现植物工厂的多层次立体化利用，通过雾培床建设为作物的根系创造避光的生长空间。实用化的方案一般选择市购的超市万能角钢进行组装，万能角钢具灵活性大，角钢上有很多穿螺丝的孔，安装时可以因需要调整层高，另外价格便宜获取方便。培育床建造的板材可以选择工程塑料板，或者铝箔挤塑板，可以按照尺寸进行灵活的切割装配。培育床的连接缝处采用焊接或打泡沫胶与玻璃胶方式自制处理，做到床体无渗漏即可，并在培育床的一端开设回流口（图10-5），实现营养液的回流循环。

　　栽培架层高一般设计为60～100cm，层高60cm的用于生菜、青菜等小株型叶菜栽培，高层架的用于茄果等高秆作物栽培，层高可以因栽培品种的不同进行灵活设计。培育床深为20～30cm，宽为60～120cm，每层作物的地上部分生长空间则为30～80cm（图10-6）。栽培架的底层一般用于营养液池建设，方便回流循环。

图10-5　回流口开设

图10-6　栽培架架式

二、营养液循环系统的构建

　　气雾栽培是以朝根系喷雾的方式给作物供应肥水，悬空的根系可以获取充足的肥、水、气需求，而且营养液实现喷雾回流再喷雾再回流的循环供液模式，是一种零排放的栽培方式。营养液的循环由营养液池、水泵、隔膜气压罐、过滤器、主管、侧管、PVC球阀、支管、喷头、回流口、回液管组成（图10-7、图10-8）。

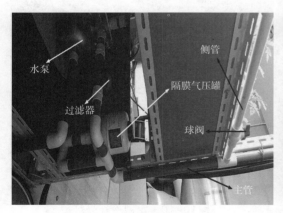

图10-7　供液系统安装

图10-8　回流系统安装

　　气雾栽培水泵一般选择磁力泵，具噪音小、无振动的优点，适合室内应用。隔膜气压罐的作用主要是起到稳定水压的作用。过滤器为垫式过滤器，主要是滤除营养液中杂质以防喷头堵塞；喷头为十字弥雾雾头，由4个小喷头组成，并且每组喷头配有止滴阀与稳压阀，以达到弥雾系统关闭即止，无滴漏，喷头远近同压力的效果，喷头的安装间距一般为45～60cm；管道系统选择PVC管构建，回液管采用伸缩管，并且采用层层回流回液的方式，即从培育床上逐层回流至底层的营养液池。

三、人工光系统的改进与安装

最早的植物工厂采用钠灯作为光源，后来替代以荧光灯为主，直至21世纪大多数植物工厂则被LED灯所取代；LED灯具有比其他光源更为节能，寿命更长，光效可控性更好的优点。LED补光灯的光谱一般按照红蓝比（3～5）：1比配，其光照强度种植叶菜类一般达3 000～5 000 lx即可，栽培瓜果类则需达到5 000 lx以上的光强。光照时间的调节因栽培不同的作物而定，一些对于光周期敏感的作物栽培时必须充分考虑其特性，通常叶菜类补光时间可达16～20h，瓜果类则以12～16h为宜，也可以按照该品种的自然生长所需的光周期进行模拟补光（图10-9）。

为了让LED补光灯光效更好、寿命更长，以及减少对环境的放热，由丽水市农业科学研究院研发的水制冷型补光灯可以有效解决该问题。虽然LED为冷光源，其光效大大优于荧光灯，但如果自身的散热处理不好，不仅会影响使用寿命，而且会加速光衰而影响光效。水制冷型LED补光灯，就是在封装灯管的铝基板背面引入水流，通过水流带走热量，携带热量的水排放室外，以减少灯体发热所致的环境温度升高问题（图10-10）。对于室温较低的冬季则可以利用排放潜热作为工厂环境加温的热源。当前一些植物工厂则依赖于空调系统实现室温的精准稳定控制，就会出现能耗上的恶性循环，如LED不断放热，空调需不断制冷，虽然可以精确控制温度，但其能耗大大提加了生产成本，是当前植物工厂栽培蔬菜成本高的主要原因之一。

图10-9　LED补光灯安装

图10-10　水制冷补光灯

四、控制系统改进与安装

当前用于植物工厂专业化建设基本都采用计算机控制系统，实现各参数的精准化控制，包括传感器、变送电路、智能决策模块、执行强电。与植物工厂环境相关的参数及营养液循环调控，都可以采用计算机系统得以实现精准化控制，但控制参数越多成本也就越高，在实际应用中，可以省略很多参数，部分以人为的经验管理取代，实现建设成本的降低。如在都市环境的室内，环境温度可以通过空调系统实现，补光时间及水泵的启闭可以通过时间继电器完成，对气雾栽培来说上述3个方面的调控基本可以满足生长的要求。对于都市环境的室内耕作，构建家庭菜园而非专业性生产与科研用途时，可以省略计算机控制系统的投资。

也可以安装微控制系统，该系统是计算机控制系统的简化版，同样具传感器、智能决策、强电执行功能，但相对调控参数减少，控制成本降低，适合于适度规模的都市耕作（图10-11）。以智能叶片与光照传感为主导的微控制系统，其中智能叶片为集成传感器，包括空气温度、空气湿度、叶片水膜、根系温度。光照传感器为外置传感器，放于室外，主要对自然光照时间与强度进行检测，实现室内的补光时间与外界同步，达到适季适栽的效果。也可以补光时间与外界光照传感器采集的光信号时间进行倒置补光，以实现反季栽培与低谷用电栽培，或者光照传感器采集的时间与强度在室内实现同步控制，达到对外界环境的同步模拟效果，通常用于科研。最简单的控制模式就是时间设定法，按照作物栽培需要进行黑期与光期的人工设定。智能叶片所采集的数据作为根系弥雾方式的决策信号输入，如根雾的间隔时间及弥雾强度（喷雾时间），让根系环境及地上部分的生长环境有较大的变幅，无需像经典植物工厂进行各参数的窄幅精准控制，以达到节省能源，减少设备投入的低成本效果。如室温的控制让其变幅范围在15～30℃，这样就很少启动空调达到节能效果，湿度的控制范围在55%～85%，只需结合适当的门窗通风即可实现，又减少了加温与除湿方面设备的投入。通过控制简化，控幅放大以及配套设备的减略，大大降低植物工厂投资的成本，有望成为都市居民都可以接受采纳的投资范围及运行成本，这将是该技术普及应用的关键。

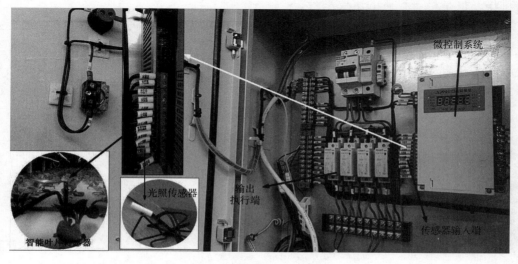

图10-11 微控制系统安装

五、定植板的开孔

用于植物工厂的定植板,当前应用最广就是泡沫板、挤塑板,也有采用塑料板、铝箔挤塑板。实用与低成本的材料还是以挤塑板居多,市购的挤塑板要求密度43kg/m³,厚度2~2.5cm为宜,宽度定制或切割成与培育床相同尺寸即可。定植孔按照间距10cm×15cm开设,种植大株型的作物可以隔孔定植或者早

图10-12　定植板及反光处理

密后稀二次移栽定植。现在市场上还可以采购到的铝箔挤塑板,也是很好的定植板制作材料,这种板成本也不高,其性能又优于普通挤塑板,因在挤塑板的板材上进行铝箔包贴,这种材料更方便清洗同时又具反光效果,可以改善植物工厂漫射与反射光的光效(图10-12)。

第三节　育苗与定植管理

植物工厂的室内耕作模式相比较于露天土壤耕作与设施温室栽培,其环境更为清洁,相关参数可控性更强,基本没有病虫为害,让植物工厂的管理变得极为简单。对叶菜类只需播种、育苗、移栽与收获即可,对瓜果类较之于叶菜类只需增加整枝修剪、保花保果措施即可,是适合都市白领、老人、小孩皆可参与的体验休闲型耕作,也是科普科研的重要平台。

植物工厂的育苗一般采用海绵块育苗,海绵块为带孔穴的小方块,可以进行人工播种,面积大的植物工厂可以结合自动播种育苗(图10-13)。把播种后的海绵块平置于培育床内,进行喷雾及流水管理即可。利用植物工厂的根雾设施及水循环系统,平置于床内的海绵块有充足的水分、营养及光照的保障,叶菜类一般一周即可移栽(图10-14)。瓜果类在设施温室大棚通常3~5张真叶移栽,在植物工厂内可以做多次移栽,长出子叶即可移栽至叶菜栽培的定植板上进行气雾栽培育,待植株长至15~20cm时再进行二次的稀疏定植。

草花类的植物工厂栽培与叶菜育苗定植类似,先进行海绵块播种育苗而后

图10-13　自动播种机

定植管理；对于木本的花卉或者果树及药材，如果是快繁的无性自根小苗则可以清洗基质后直接移栽；如果是市购的大苗，在移栽前必须对种苗进行去根与催根处理，也就是对苗木进行根系的重修剪，再把植株根基部埋于珍珠岩或沙为基质的苗床中，通过浇水或喷雾管理，一般7～10天后即催生出白嫩的新根，此时即可进行移栽定植于植物工厂系统中；如果直接把陆生培育的苗木移至植物工厂的雾培系统，会出现气生根发育不良或者后期原陆生根与气生根之间的维管连通不畅的问题；对于人参（图10-15）、三七、金线莲、铁皮石斛等药草则可以直接进行小苗移栽或者组培苗清洗培养基后移栽。采用气雾栽培式的植物工厂构建，与传统的水培型植物工厂相比，该模式几乎适合所有植物的室内工厂式栽培，大大拓宽了植物工厂的生产应用范围，对该产业来说具变革性的意义与产业价值；特别是药用植物的室内栽培，其经济效益与投资回报可以达到商业可应用的推广价值，将大大加快植物工厂的都市化与商业化进程。

图10-14 海绵块水培育苗

图10-15 人参植物工厂雾培

第四节 营养液配方及调控管理

植物工厂的硬件设施完成建设后，栽培过程中关键技术就是营养液配方的拟定换算及调配管理。配方分为通用配方与专用配方，一般植物工厂的栽培为了达到最佳的生长发育效果，大多选择专用配方。以下就选择较具代表性常用于植物工厂栽培的几种经济作物，如生菜、草莓、黄瓜、甜瓜、番茄、人参、青菜，给大家作简要的介绍，以供生产科研者参考应用。植物工厂栽培与温室设施栽培不同，植物工厂所用的原水一般为城市自来水，大多符合饮用水标准，其水质中所含的钙镁离子较低，在配方换算时，只需知道理论配方，再换算成生产配方直接应用即可，自来水中原含的元素可以忽略不计；但如果是地下水，就必须先进行水质检测，换算时必须扣减原水中所含元素的量，才可以达到生产标准配方的要求。

一、生菜、草莓、黄瓜、番茄、人参、青菜配方的元素组配（表10-1）

表10-1　七种常见品种专用配方的各元素理论组配

元素种类 浓度（mg/L） 品种	硝态氮 N-NO$_3^-$	铵态氮 N-NH$_4^+$	磷 P	钾 K	镁 Mg	钙 Ca	硫 S	铁 Fe	锌 Zn	硼 B	锰 Mn	铜 Cu	钼 Mo
生菜	158	22	50	210	45	190	113	4	0.1	0.5	0.5	0.1	0.05
草莓	128	0	58	211	40	104	54	5	0.25	0.7	2	0.07	0.05
黄瓜	140	0	50	350	50	200	150	3	0.1	0.3	0.8	0.07	0.03
甜瓜	215	0	86	343	85	175	113	6.8	0.25	0.7	1.97	0.07	0.05
番茄	140	0	50	352	50	180	168	5	0.1	0.3	0.8	0.07	0.03
人参	168	14	31	313	24	80	32	0.6	0.05	0.5	0.5	0.02	0.05
青菜	200	0	80	213	74	261	33	4.9	0.25	0.7	1.97	0.07	0.05

二、生产配方的计算

表10-1的配方为各元素的理论组配，在生产上无法进行元素的称量，必须换算成化合物的组配才可以用于生产上的配制。如果所用的水为反渗透处理的纯水或者饮用水，可以按照表10-1的比配换算成化合物组配就可以直接应用于生产；如果原水为地下水，必须先对地下水进行水质检测分析，扣减原水中所含的元素量，再进行换算化合物组成，方可配制出准确的适合该水质的生产上可应用的配方，以下就以植物工厂栽培最为广泛的品种生菜为例，进行生产配方的组配计算，供生产与科研参考。

（一）原水为纯水或饮用水的配方换算

按照表10-1的生菜配方进行化合物组配的计算，其结果如表10-2所示。

表10-2　采用饮用水或者反渗透纯水为原水的化合物组配

序号	元素种类	用量（g/t）
1	四水硝酸钙	1 119.6
2	硝酸钾	182

（续表）

序号	元素种类	用量（g/t）
3	硫酸钾	311.2
4	磷酸二氢铵	184.8
5	七水硫酸镁	456.4
6	螯合铁	30.769
7	一水硫酸锰	1.538
8	硼酸	2.86
9	五水硫酸铜	0.393
10	二水钼酸钠	0.126
11	二水硫酸锌	0.302

按照上述比配制的营养液理论浓度为1.8mS/cm。

表10-2化合物组配的实际元素含量与表10-1生菜的理论元素比配的计算误差如表10-3所示。

表10-3 化合物组配的计算误差

元素种类	理论比配（mg/L）	实际比配（mg/L）	误差（%）
$N-NO_3^-$	158	158	0
$N-NH_4^+$	22	22.514	2.3
K	210	210	0
P	50	49.767	-0.5
Mg	45	45	0
Ca	190	190	0
S	113	117.031	3.6
Fe	4	4	0
Zn	0.1	0.1	0
B	0.5	0.5	0
Cu	0.1	0.1	0
Mo	0.05	0.05	0
Mn	0.5	0.5	0

上述配方计算以硫（S）为自由度，±误差控制在10%以内，其化合物组配可用于生产配方使用。

（二）使用地下水作为原水的配方换算

同样以生菜配方为例，其换算如下。

（1）对所使用的地下水进行水质检测，重点测定水中的Ca离子、Mg离子浓度，以及水质的pH值。如新疆哈密地区某农场地下水的水质，采用原子吸光分光度法检测，该水质中钙（Ca）离子为79.48mg/L、镁（Mg）离子为19.67mg/L、钾（K）离子为9.74mg/L，水质的pH值为7.65。

（2）根据表10-1生菜的配方，进行元素的减扣调整，减去水质中所含的钙（Ca）、镁（Mg）、钾（K）离子的量，其中钙（Ca）离子调整为110.52mg/L、镁（Mg）离子调整为25.33mg/L、钾（K）离子调整为200.26mg/L，其他离子比配不变。

（3）根据调整后的元素比配，进行化合物换算，其结果如表10-4所示。

表10-4 采用地下水为原水的化合物组配

序号	元素种类	用量（g/t）
1	四水硝酸钙	674.2
2	硝酸钾	523.0
3	磷酸二氢铵	184.8
4	七水硫酸镁	256.9
5	螯合铁	30.769
6	一水硫酸锰	1.538
7	硼酸	2.86
8	五水硫酸铜	0.393
9	二水钼酸钠	0.126
10	二水硫酸锌	0.302

按照上述比配配制的营养液理论浓度为1.3mS/cm。

（4）上述生产配方的计算误差如表10-5所示。

表10-5 化合物组配的计算误差

元素种类	扣减后的理论比配（mg/L）	实际比配（mg/L）	误差（%）
$N-NO_3^-$	158	152.431	−3.5
$N-NH_4^+$	22	22.514	2.3
K	200.26	202.255	1

（续表）

元素种类	扣减后的理论比配（mg/L）	实际比配（mg/L）	误差（%）
P	50	49.767	−0.5
Mg	25.33	45	0
Ca	110.52	190	0
S	113	33.814	−70.1
Fe	4	4	0
Zn	0.1	0.1	0
B	0.5	0.5	0
Cu	0.1	0.1	0
Mo	0.05	0.05	0
Mn	0.5	0.5	0

上述配方计算以硫（S）为自由度，除硫（S）元素外，其他元素±误差控制在10%以内，可用于该水质的生产配方。但在使用该配方时，当pH值为碱性时，以稀硫酸作为调酸试剂，以弥补硫（S）元素的不足。

三、营养液的调控管理

植物工厂技术中，除了硬件设施的科学设计与保障外，营养液配方的选择计算及栽培过程中营养液的调控管理是技术的关键；调控管理主要是pH值与EC值管理，因作物吸收离子的非均匀平衡性及生长过程中水分吸收蒸发与矿质离子间的不等比与不稳定性，都会导致营养液pH值与EC值的波动变化，只要波动变化在许可范围则无需调整，如果超出许可范围就会导致缺素病，或者造成对根系的伤害等生长发育障碍。

大多数蔬果的pH值最适宜范围为5.5～6.5，如栽培过程中营养液的pH值超过7.3以上时，就易出现铁（Fe）素缺乏症，表现为新叶整叶黄化；如pH值低于4.5，则会出现钾、镁、钙的缺素症，甚至出现根伤害。

气雾栽培式的植物工厂其营养液浓度适宜范围较水培变幅更大，一般EC值调控于0.8～2.8mS/cm皆可适应，在管理时低于下限即配入新营养液，高于上限即对入清水稀释。大多数品种苗期EC值宜在0.8～1.2mS/cm，进入旺长与发育阶段EC值则调为1.2～2.5mS/cm。但草莓例外，草莓为低耐盐品种，适合低浓度营养液栽培，苗期至开花前EC值调控于0.4～0.8mS/cm，开花至挂果期调至1.2～1.8mS/cm，过高的浓度则容易导致根系伤害甚至根腐与茎腐现象。

第五节　植物工厂在生产及都市农业上的应用

　　植物工厂占地少空间利用率大，比较适合都市环境狭小空间的利用。同时它也是室内农业的主要模式，受外界气候因子影响较小，在任何环境下都可以构建工厂化的耕作系统。植物工厂采用营养液耕作，特别是雾培技术的结合，基本适合所有经济植物的室内耕作，实现植物的跨气候带跨区域栽培，改变了传统农业的地域性。采用植物工厂式的生产方式，减免了重体力的传统耕作环节，让它成为都市体验与休闲的平台，将成为未来人们生活中重要的组成部分，就如农耕时代的自家菜园，未来就类似冰箱、洗衣机等家电配置于千家万户。虽然当前植物工厂耗电大、成本高，但随着能源技术的发展，该瓶颈将会突破，另外，也可以充分利用城市夜间的低谷电进行补光，或者改进后的植物工厂将采用光纤传导与聚光技术，把部分太阳光导入室内作为补充光源。植物工厂的室内耕作模式，彻底解决了病虫为害所致的农药残留问题，生产出安全绿色健康的免农药蔬菜。通过植物工厂式不依赖于土壤而且是闭锁的生产方式，实现环境的生态安全生产，减少传统农业对耕地的污染与破坏，让耕地及生态得以修复。在肥、水、气、温、光、热充足的环境下，所有作物的生长实现可控化高品质生产，大大改善蔬果产品的商品性与营养性，让人们吃到绿色健康而且口感好的蔬果产品。全面普及实现蔬果的都市化植物工厂式耕作，让蔬果采收到消费终端变得直接，减少长途运输所致的营养损少及品质变劣；同时也大大减少运输所致的能耗成本与尾气污染，对于促进生态文明节能减排意义重大。采用植物工厂模式耕作，可以充分利用都市的闲置空间，如地下室、阳台、车库、居室一隅、废弃的工业厂房等可利用空间，让都市处处填充绿色，处处生态盎然。

　　对于土壤耕作与设施农业无法发展的特殊环境，可以采用植物工厂构建技术，建立蔬果生产基地；如极寒冷的南北极地、不宜耕作的海岛、常年高温干旱的沙漠、潜艇与远洋船舰、未来的空间站、隐蔽的军事基地、防空洞等环境与场所都可以进行植物工厂式生产为人们提供蔬果保障。这些无电力供应的离网地区可以采用风能、太阳能、潮汐能等绿色能源进行发电自给，是重要的生态生活支撑系统。

　　随着未来能源技术的突破，特别是核裂变的普及与核聚变的进展与应用，当能源成为极为廉价资源时，生产成本将大大降低。植物工厂必将成为未来都市及生产的主要耕作模式，也是农业种植业工业化时代的真正到来，特别是这种低硬件成本、低耗能的植物工厂将成为每户家庭蔬果保障的重要家庭装备，就如当前家用电器一般普及到每户家庭，将大大推进生态文明及可持续城市的构建，是耕作技术的全面革新与农业生产生活化与生态化的伟大进步。

第十一章　形形色色的垂直农业新模式

空间利用型的垂直农业在科研及生产中形成形形色色的模式，其含盖的范围及生产生活上的应用可以说是非常的广泛，特别是泛农业时期，垂直农业可以涉及农林牧副渔、山水林田湖及农村都市各领域各场所，都可以通过科学设计创造出适合种养循环原理、空间合理布局、垂面充分利用的多元化复合型垂直耕作模式。在近10年的垂直农业发展实践中，丽水市农业科学研究院走在行业的前列，大胆尝试通于创新，形成数十种垂直农业技术模式，并在生产与科研示范中广泛推广应用，以下就对产业或生态影响较大的几种模式进行介绍。

第一节　水域利用型的垂直农业——水车温室

水上农耕为什么也属于垂直农业，因为水体养殖为第一耕作空间，水上利用为第二耕作空间，采用浮体技术，水上照常可以构建温室，进行立体栽培，同样形成了水上水下多层次的垂直纵向利用模式，水上所创造的耕地同样发挥垂直农业的创新应用。这里介绍的水上农业与常规的漂浮水培或浮筏栽培不同，它利用浮体技术又创造了相对独立的水上耕作平台及垂直农业利用空间，是数倍于常规耕作的高效模式。由于温室内的栽培还结合水体的水循环，拓展了对水体的水质净化功能，就如同水母对水体实行生物净化一样，所以该模式也可以叫水母温室型垂直农业。

一、水车温室的创新来源及生产生态意义

（一）水车温室的创新来源

其实水上城市或者温室，并不是近代科学的伟大设想，在圣经中就有诺亚方舟的故事记载，上帝指意诺亚建造一艘高约12m，长120多米的大船（图11-1），带上地球上的生灵，拯救即将发生的大洪灾。这虽是圣经的故事，但它给人们以思路与启示，也给人们生态破坏气候变化，物种终将灭绝与危机的警示。目前人口越来越多，气候变得越来越难预测，对生产生活及人类社会的发展都带来破坏性的影响。冰川融化气候变暖物种灭绝已成为不争的事实，如何应对，将是一个综合而复杂的科学问题，有移居外星的伟大遥想，也有面对现实的应对方案，当然移居水面

图11-1 诺亚方舟

也是其中之一。因水面占地球的70%，它的开发利用远远大于陆地，不管是从海洋获取食物，还是能源与资源的开发，都给人类敞开着一个巨大的开发远景。水上居住、水上生活、水上生产、水上农耕等，也是不难实现的。

水体上建温室在设计设想上早有建筑学与设施农业的专家涉足，但真正有系统化的研究建设及应用，目前尚属空白。如荷兰设计师利用聚氨酯泡沫作为浮体的矩形水上玻璃温室（图11-2），还有美国建筑设计师设计的水上蜂窝形温室（图11-3）及法国设计师设计的百合状水上购物中心Lilypad（图11-4），俄国建筑设计师设计的水上酒店（图11-5）。这些设计构想众多停留在设计创新上，还没有真正的运用，在农业结合上的运用更是空白。

图11-2 泡沫浮体的水上玻璃温室

图11-3 水上蜂窝形温室

图11-4 百合状水上购物中心

图11-5 水上酒店

　　水车温室在结构上也可以叫浮动温室或者叫水上温室，它具有在水上漂移随水位升降的动态特点，具有不占陆地拓展水域的优势，是未来人们获取可耕作空间与再造陆地的一种新型技术模式。当前气候变化，海平面上升，陆地将会变得越来越少，生存与生活的空间必将面临着挑战，水上城市的方案在建筑业上已有许多科学家、建筑师曾都有过设想，构建漂浮的城市，再造人类生存空间，为应对未来气候变化而构画出宏伟壮观的水上城市蓝图。

　　就说水上农耕，更是较切合实际的发展思路，如现在沿海地区，常因土壤的盐碱化及淡水资源的缺乏而使农业生产受到影响，如果建立水上温室，进行无土耕作，利用海水蒸馏淡化处理作为生产生活用水，利用海浪或者风力发电满足能源需求，运用深海水的低温与蓄热进行温室气候的调控，既是一种可行的方案，又是一种节能生态可持续的技术路径。采用鸟巢温室构建技术用于水上漂浮农场的建设具有以下优势：可以抵抗强大的风袭，因为球体构造具有最小的迎风面，利用鸟巢结构空间大而且耗材省的优势，可以大大降低温室的自重，有利于水面的漂浮，运用铁丝网水泥造船技术构建基板，构建可操作的耕作平台，采用海水的太阳能蒸馏技术获取最节能的淡水资源，再利用立体化的雾培技术进行农作物的工厂化生产，用最少的淡水资源获取最大的作物生物量。同时又可以运用水域气候的优势，缓冲剧烈的气候波动性，为农作物的周年生产提供保障，同时也不会像陆地一样招恶劣气候的影响而减产无收。更具创新的是，其实它又是一个可漂浮的拟船农场，可以沿海岸搬移。

　　水车温室型垂直农业的构建，可以为沿海城市提供蔬菜、瓜果等食物，可以为海军提供最方便的后勤服务，可以为孤岛的农业耕作开创更广的发展空间，是一项利国利民的好思路，也是一项应对气候变化保障食物安全供给的战略措施。

　　温室技术是一项古老而又创新无止境的类建筑农业设施技术，从最早古代皇家庭院的油纸温室到后来的云母晶片温室及近代的玻璃温室与目前普及的塑料大棚温室。但这些温室基本都是基于陆地的开发与利用，用于种植养殖及组培等。对于温室调控技术的研究目前也已成为体系化技术，但调温最为节能的还是以水为载体的调控手段与方法。而这里提出的水车温室，就是耸立于水环境中的漂浮温室，但取名水车，是因为它不仅仅是温室的功能，还是具搬运水的功能，其中水是运用，车是功能，就如水车一样，可以源源不断的汲取江河、湖泊、池塘等水体环境中的水，另外还可以获取水体蒸发的清洁冷凝水，水车温室又是水雾的收集器，可以从空气当中搬水。

　　丽水市农业科学研究院在温室的设计创新上于2008年成功开发鸟巢温室以来，已在生产生活上得到广泛的推广应用，具有丰富的设计与建造经验积累，对于张拉力学温室的研究应用已达国际领先，相关技术与产品远销20多个国家与地区，深受生产科研部门的欢迎和认可。而水车温室的建设，在结构上必须采用整体张接结构以解决水上与海上的强风问题，在这方面丽水市农业科学研究院有多年的技术积累。

为了解决承重问题，气雾栽培技术可以达到最低的栽培承重，用于水上温室栽培，大大减少负载，为水车温室的低成本浮体构建奠定基础。另外雾培技术用水省，可以收集雾水或者海水蒸馏收集的水作为营养液栽培用水，为海上农场建设成为可能。水上温室型的农耕也可以说是日本人工植生浮岛技术的延伸与提升，日本早年研究的植生浮岛就是为了用于河道水的水质生物过滤之用，以筏式的方式建设浮体，再与浮体上构建拟自然的生态系统，配以草与树木，并与水生生物及陆生生物（鸟及昆虫）共生，达到水质修复与可持续水处理的效果。而改进后水车温室系统，除可以构建水陆共生的生态系统外，还可以用于农业生产及稳定的温室环境，达到更高的修复效果与生产效能。通过早年丽水市农业科学研究院对于水生诱变技术的研究，已为实现任何植物的水生栽培奠定基础，可以构建任何植物都可以水生栽培的水域植生生态系统。可以在水上种植乔灌木，用大生物量的植物代替小生物量的湿地及水生植物。在这方面的研究已有近十年的技术经验积累及成功运用案例。

从水塘生态来说，水车温室融合鱼菜共生技术，它可以净化水质，提高养殖效率，同时又达到农场的有机循环耕作效果，是一举多得的项目。在鱼菜共生技术研究运用上，丽水市农业科学研究院也有近十年的研究运用经验，融合到水车温室运用上，构建大型的鱼菜生态系统成为可能。

当前对于水体修复的研究，美国以碎石湿地结合园林或者森林大生物量植物的方式，已取得很好的应用效果，同样在水车温室上也可以结合轻型陶粒基质，构建大生物量的人工湿地系统，使漂浮的水车温室真正发挥水车的搬运与净化功能。利用城市污水构建城市生活机器，让污水成灰水成为可重新循环利用的生活用水，在这方面发达国家早有研究，也可以利用该原理，结合到水车温室上，让水车温室成为河道及水体的真正清道夫，在技术上可以成功引用。

（二）水车温室的生产生态意义

水车温室型垂直农业的应用，其意义非同小可，不仅仅是种植或者养殖，而是一种水上微生态系统，它作为生态功能融入水体大生态环境中，可以起到净化水质，把水中富营养化的矿质污染转化为作物生物量，为人们农耕所运用。以下就水车温室开发意义作如下阐述。

1. 拓宽耕作空间

地球是一个水球，大多数被水体覆盖，水域的开发可以说是无止境的。耕地的再造在当前来说意义重大，一是人口增加，食物需求不断增大；二是城镇化后，耕地日渐减少，而人为的开垦又会严重破坏生态，水土流失及荒漠化日渐严重，所以很多地方又提倡退耕还林政策。按照现在人口增长速度，估计在2050年，地球人口将达80亿～100亿，这些增加的人口食物如何保障，就用传统的耕地模式估计难以解决，必须往空间拓展，往水面开发。因为空间与水面是无限的，以前爱因斯坦曾说，如果太阳光的有效辐射充分利用，地球人口再增40倍，还可以解决食物问题，这是多么巨大的潜力。当前太阳光被地球生物固定能量约为1/8 000，如果开发海上及空间，这又将是数倍的效率。拓宽非耕地作为耕作，走空间与水域路线，估计可以为人类再创数百年的人口增长空间，甚至是无极限的增长。

2. 优化温室环境

水车温室一般建于水上，有水作为生态元素比其他任何自然元素都要好，因为水的比热是土与石头的3～5倍，在水体环境保护下所构建的小气候环境有类似海洋性气候的效果，温变波动小，更利于温室内温度的稳定。而且不管是夏日降温与冬季加温，都可以利用水体深水的水进行调节，如夏日可以汲取深水进行温室屋顶的喷淋降温，方便于温室外形成降温水幕，冬季可以引深水的水进行温室内循环加温与蓄热。水的汲取方便，而且取之不尽，用水来构建相对稳定的温室环境，是当前最为节能的技术路径。

3. 有利于安全生产

水车温室的耕作全部采用轻型的无土栽培技术，生产环境无土壤而清洁，减少病虫滋生场所，可以达到少农药或免农药耕作的要求，生产出安全放心的农产品。如碎石与陶粒结合的基质培，还有采用管道化系统的水培及立体雾培，这些系统的结合，确保安全生产的有效实施。对于无重金属及工业污染的水质可以直接结合鱼菜共生模式进行作物生产，对于污染严重的水，可以引进材用林的湿地耕作模式，构建水上森林，起到浮岛的高效过滤净化效果。

4. 净化水质，保护生态

水车温室与植物耕作复合后，形成一个具强大水体修复功能的人工湿地系统，如漂于水上的浮岛，起到对水体综合修复治理的效果。水车温室沉水部分，为水生的动植物微生物构建了一个立体复合的水下生态系统，在水车温室设计时，浮体的基座部分可以结合人工水草技术，为水生生物的滋生及微生物的繁殖创造巨大的表面积，作为水下软体动物、微生物、藻类的栖息场所，充分发挥水生生物的自净化作用。另外温室内部的种植系统，可以利用水循环技术，结合各种先进的立体化耕作模式，创造数倍于温室面积的耕作表面积，通过根系的生物过滤作用，让水体得以循环净化。充分发挥水上与水下的生物修复功能，让水体水质得到生态净化。

二、水车温室的构造及技术关键

水车温室是集成温室技术、现代农耕、生态生物、能源科技、可持续耕作、计算机控制等为一体的多学科系统工程，是基于现代科技融合生态理念，关注生态环保与低碳生产生活的新概念、新思路及新农业。它的功能复合了农业耕作的基础功能，延伸了污水处理的新功能，又有美学的融合，让它成为一个既有水上景观，又能高额产出及强大水处理功能的可持续人工生态系统。它可以利用太阳光能源及水，实现永续零排放耕作，就如未来的生命支持系统一样，可以独立完成生产、生活与生态的三大需求，很有可能成为未来农业发展空间拓展及水质处理的重要技术。

为了让读者对水车温室的构建及垂直化设计有全面了解，以下就667m²水车温室的构建为例作详细的结构与应用说明。

（一）温室部分

温室由水上与水下两大部分组成，水上温室的要求必须符合水面经常会遇到的灾害天气如大风大浪，摆动涨落，对温室的强度有较高的要求，另外由于是水上温室所以还得选择轻型结构，减少承重。另外作为水上漂浮设施，离网供电是其重要的特点，所以温室除了上述要求外，还需结合光伏温室技术，融合太阳能发电，实现电力的自给，最好再结合风力发电进行互补。漂浮温室虽然于水上，但有净水要求的耕作，还可配套取水技术，可以收集雨水或者空气中获水，解决高质量水的需求问题（图11-6）。温室设计围绕上述问题进行创新设计。

图11-6 水车温室

1.温室结构

水车温室外型采用截半的半锥体结构，因为自然界锥体为沙漏的自然落体形态，科学与实践证明，它具有更强的建筑抗性，如埃及金字塔，在狂风及沙暴环境下依然耸立，这与它的自然落体形态有关。但在无任何风障的水面，建筑不宜过高，可以作截半设计，减少风阻，另外再于温室顶处设一倒锥体钢构，用于雨水收集及安装太阳能发电板。倒锥体收集的雨水可以用于对水质有较高要求的气雾栽培。另外如果建于海上，因为海水的咸度无法满足无土栽培要求，只要在年降雨1 000mm的地区，收集水基本可供耕作需求。所以倒锥的雨水收集设计，于海上或者污染水域、淡水紧缺处特别重要。另外发电板装于倒锥处，比安装温室外围挡光更少，让温室有更好的光效。

钢构建设采用外三角内蜂窝的鸟巢构造，实现双层空间桁架的复合高强度效果，同时也方便冬季覆内膜形成具50cm的双层膜保温效果。温室基座钢构与甲板平台连为一体，温室半径为15m，占地706m²，浮体甲板平台半径为17.5m，占地962m²。采用温室钢构与甲板基座连为一体的方案可以大大提高水上的抗风性。甲板基座同样采用厚0.5m的三角蜂窝式的空间桁架结构，但对于材料选择上，如果建于海上，基座管材必须进行镀铝处理，减少腐蚀。

温室出入口门宽为2m，高为2.4m，设为玻璃推拉门，门与连接陆地的筏排对接，筏排宽为5m，长为30m（具体尺寸以实际而定），筏排两侧安装平板朝天的太阳能发电板，中间为过道，筏排下方用化工桶制作浮体。

2. 温室功能

总体来说温室建于水体上，环境气候的缓冲性较好，有水体作为保护，能产生类似微海洋气候效果，冬季可以提高环境温度，夏日可以利用大水体及深水进行降温。在温室微环境气候调控上，可以利用水体底层深水抽至温室顶处进行喷淋降温，冬季可以将深水循环至温室内进行加温。水车温室在水的利用上具陆地温室所不可比拟的调控优势，而且是节能低耗的调控措施。

在水体上进行农耕或者湿地公园建设，虽然有丰富的水资源，但如果内部进行立体化的无土栽培，特别是雾培，对水质有较高的要求，所以温室还需增加雨水收集功能及雾水收集利用，雨水收集可以于温室顶处的倒锥结构部分作为大的收集漏斗，雨水直接进入温室内直径5m的水体，温室内水体采用钢构建设，立柱顶高5.8m与倒锥回流口连为一体，基座采用水泥喷浆建设成深1.2m的水体。另外于温室外缘基座也可以设收集槽或管，加大集雨面。

除了雨水收集外，建于江河、湖泊、水塘等水体上的温室，还有一大优势，就是水面常有起雾天气，如果收集雾水，也是解决优质水供应的一种方法，在温室甲板基座上设两环高3m的雾水凝露收集网，内环收集网设于半径15m处，紧贴温室地缘一周，外环收集网设计半径17m处，两环收集网之间留出宽2m的环绕过道，用于观光与管理通道。两环雾收集网总长为188m，高为3m，总面积为564m²，以每平方米起雾天气收集5kg水，两环收集网可于夜晚及早晨收集约2.5t水。空气中的雾通过网变成雾滴，雾滴变大后随网下滴至网基处的收集管槽，然后集中回流至温室内的蓄水池，用于无土栽培所需。

安装太阳能发电板的倒锥部分，可覆发电板总面积为166m²，采用太阳能发电膜覆盖，可达166×60=9 960W，约10kW，基本可满足温室内各电机的用电需求，实现水车温室的离网（离电网）运行。

该设计在通风上，可以利用底层进风，集雨锥出风的方式，通风距为15m，在自然情况下就可以达到良好的通风效果，无需主动的动力通风配合。

（二）甲板基座部分

基座犹如船只的甲板，需有一定的排水量。即系统总吨位，它由温室设施重量、基座甲板自身重量、植物生物量、人员及生产活动过程中变化的重量，在设计时以实际重量的1倍作为排水量设计，以减少沉落风险。

1. 基座钢构及甲板处理

基座采用三角蜂窝网架结构模式，利用25#热镀锌管为材料，如果海水区，还需进行镀铝处理，以提高耐腐性。基座半径为17.5m的钢构圆盘，面积为962m²，采用空间桁架结构，上层为三角网架，下层为蜂窝，上层网架铺铁丝网后采用泡沫水泥进行喷浆处理，构建轻型的基座地面。

2. 浮体选择及数量

浮体材料采用废旧化工桶，于基座的窝蜂口内作立式捆绑固定，化工桶浮体作三环布局（图11-7）。每个化工桶的排水量约为200L，三环排化工桶浮体总数量为432只，总计排水量为86.4t。

3. 沉水阿科蔓生物系统

阿科蔓是一种新型的水质处理材料，它通过纤维高科技的编织，能形成巨大的表面积，纤维材料表面及织物空隙就成为水体中微生物及藻类巨大的滋生与栖息场所，一般每平方米阿科蔓可创250m²的表面积。通过阿科蔓材料，让水体的微生物形成巨大的生物膜，实现良好的生物转换，把污染有机物矿化分解，促进水生生态的良性循环，同时也为水车温室的耕作提供可吸收的矿质离子。另外阿科蔓也有缓和水流冲击的作用，让水车温室更加稳定。在阿科蔓水草的生物处理下，可以形成富集生物的水下生态环境，硝化细菌、反硝化聚磷菌等细菌在表面积上大量滋生，从而又促进相关藻、软体动物及鱼的生物群形成，形成水车温室下水体的高效生物滤化与净化效果。

阿科蔓安装于化工桶浮体之间（图11-8），该水需阿科蔓材料500m²，可创造微表面积125 000m²，发挥其强大的生物处理功能。

图11-7　化工桶浮体　　　　　　　　图11-8　沉水阿科蔓

（三）栽培设施

水车温室栽培设施一般采用轻型栽培模式，所选择的栽培植物可以是农业生产的各种经济作物，也可以是高生物转化率的林业树种及药用等植物，如果水质无重金属污染的可以生产农产品，如果有严重污染的水体可以种植经济林或者花卉园林植物。栽培设施以无土栽培模式集成的方式构建，有陶粒式基质培、立柱式雾培及立柱式海绵培，还有温室外甲板地缘一周的槽式基质培（图11-9）。以下就各种设施建设作详细说明。

1. 露天人工湿地型的槽式基质培

该区建于甲板基座地缘最外环一周，采用发泡水泥建成宽0.4m，深0.4m的种植槽，槽内铺设陶粒或者碎石，最好以陶粒为佳，容重轻减少负载，外环总栽培线长为102m，为露天种植区，主要用于栽培多年生的果树或者园林树种，最好是周年常绿的树种，可以全年发挥生物净化的过滤功能，达到高效的生物转化目的。如南方的枇杷、柑橘等，也可以种植速生紫薇或者杨树。于种植槽表面铺设灌溉管，用太阳能水泵循环灌溉，通过碎石或陶粒基质过滤后回流至大水体（图11-10）。

图11-9　栽培设施布局

图11-10　陶粒基质培

2. 温室内地缘一周的槽式基质培

该区也为槽式基质栽培，但于温室内可以用于瓜果的种植，于水车温室地缘一周建宽与深0.4m的环弧种植槽，可以用木板也可以用发泡水泥建设，槽内同样铺设陶粒基质，共有栽培线总长为82m，以种植番茄为例，株距0.6m计，可栽培番茄136株，以单株年产量10kg计，可年收番茄或其他瓜果1 360kg，以栽培高效益的黑番茄为主（图11-11）。循环方式同样采用水体的水经由灌溉管再流经基质形成开放式循环。

3. 海绵基质的立柱式栽培

海绵作为立体栽培基质具有以下几大优点，一是材质轻，方便立体化构建；二是海绵表面积大，更利于有益微生物的滋生，促进硝化与反硝化的过程；三是对作物根系来说又具良好的保水性与透气性（图11-12）。采用开槽PVC方管，用海绵条折叠式卡入栽培，作物种苗卡于海绵缝中即可，操作方便。海绵立柱培同样采用大水体的水进行开放式循环种植，类似于鱼菜共生模式（图11-13）。每柱高度为1.8m，作二环排布局，排距为1.2m，柱间距为0.8m，柱顶处环状布设灌溉管即可。外环共95柱，内环为85m，总栽培线长为324m，海绵基质柱式培，以种植小株型的农作物叶菜为主（图11-14），以间距0.2m计，可栽培叶菜1 620棵。

图11-11　黑番茄栽培

图11-12　海绵立柱培

图11-13　定植方法

图11-14　栽培效果

4. 立柱式雾培

前面介绍的几种模式全部采用水体污染水进行开放式循环灌溉栽培，其功能侧重于水质处理。而气雾栽培的立柱种植方式，主要用收集雨水或者雾水进行种植，达到高效化农业生产目的。

立柱雾培共作三环排设计，排间距与柱间距皆为1.8m，三环排共布设栽培柱66根。雾培柱采用口径0.6m，长3m的波纹管制作（图11-15），每柱栽培表面积为5.652m²，总栽培表面积为373m²，如果以栽培小株型作物，如叶菜、草莓、花卉等，以间距0.15m×0.1m计，可一次性栽培24 868株。该项目的三环栽培柱，一环用于叶菜种植，一环用于草花生产，另一环用于药草种植。柱与柱之间连为一体，实现柱内循环式供液，达到零排放高效生产的效果。该区如果就以叶菜种植计，可日收获叶菜70kg以上的产量。

5. 鱼菜共生模式

中心立柱式水体主要用于雨水收集，也可以结合养鱼，构建鱼菜共生系统（图11-16），于柱体上设计三环管道化水培系统，用于花卉蔬菜的种植，如果要对雨水进行再次的净化处理，可以于管内栽培水培花卉，如果用于农业生产可以栽培瓜果，以绿化整柱体，当然也可以独立构建管道雾培方式，产生更大的生物产量。

图11-15　波纹管立柱雾培

图11-16　鱼菜共生系统

（四）自动控制系统

温室环境及栽培控制，全部采用丽水市农业科学研究院自主研究的各种智能化设备与产品，实现管理数字化、精准化，还可以结合物联网技术，实现远程监控及管理。控制系统分为环境管理及栽培管理（图11-17、图11-18）。

环境管理采用光照、温度、湿度传感器，进行温室大环境的气候调节，栽培管理，结合智能模块化的专家系统，如雾培管理系统、水培基质培管理系统等，配以EC传感器、pH值传感器、溶氧传感器、叶片水膜传感器（图11-19）、水温、水位等传感器，实现温室环境及栽培过程的数字化自动控制（图11-20）。

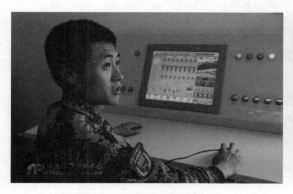

图11-17　物联网控制系统

图11-18　控制界面

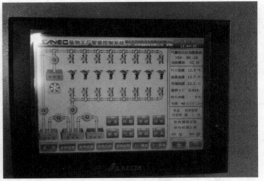

图11-19 智能叶片传感器　　　　　　　图11-20　自动控制参数界面

（五）技术关键点

1.采用整体张拉力结构解决水体温室的抗风问题

水车温室作为漂浮温室，需要解决抗风、抗浪及漂移震动对温室的结构影响问题，所以在温室建设上用常规的矩形或者线性温室难以达到理想的力学效果。运用整体张拉力，把温室与基座连为一体，并结合平衡受力的原则，构建起既省材又轻巧牢固的温室及基座结构，所以采用圆弧及锥体结构，以形成在海浪或者强风环境的整体抗性。

2.运用离网技术解决能量及水分的自循环问题

漂浮的水车温室与陆地常常分离，不方便架设电线，处于供电的离网状态，另外纯净淡水的需求也不方便运输，必须利用自身系统得以解决。该项目汲取水与电的离网解决方案。其中电采用太阳能发电也可以结合风能发电，或者两者复合供电。清洁水的获取也非常重要，用于生活与要求较高的雾培用水，采用雨水收集净化及雾收集净化的获水模式，实现清洁水供应的系统自给。

3.采用立体化、现代化耕作技术，解决耕地减少问题

漂浮的水车温室比陆地温室投资更大，如果降低建设成本，采用高效的空间利用方式也是间接降低设施成本的有效方法，通过立体设计，提高3倍以上的耕作效率，也相当于降低3倍的建设成本及能耗成本。立体化设计充分利用轻型基质（海绵及陶粒）构建垂直立体化的基质型耕作系统，再结合高效生产的雾培技术，实现耕作表面积的数倍提高，这是水车温室能否服务生产与生活成本控制的关键。应用立体化耕作系统实现高额产出及高效净化，构建起生产、生活、生态三结合的实用可持续发展模式。

4.如何高效发挥水车温室的生产功能与生态功能是系统的核心与关键

在温室内部布设、模式设计、品种选择上，通过科学合理的规划，让作物在同样光效下有更大的产额，让过滤植物有更高的生物转化率，这是系统高效运作的技

术保障。如何构建自净功能强大，水下生态高效合理的基座微生态环境构建，直接影响水域治理效果及耕作效率。通过阿科蔓人工生态模拟，扩大水下环境生物膜表面积，通过微生态环境构建，形成高效的污水矿化机制，也促进温室内作物的高效快速生产，形成水上水下联动的生产与治理模式。

5. 运用先进耕作模式及自动化技术解决劳动力问题

漂浮的水车温室在大水域治理中经常处于远离陆地的环境下，如何减少人工干预及操作，将影响它的运用前景，尽最大化的实现少人工甚至是无人自运作，必须结合自动化技术，远程控制物联网技术，通过耕作模式创新，让每一系统都能与计算机接口对接，让温室内外的运行情况实现实时的监控管理。有机结合计算机自动化及物联网技术，通过这些结合，最大化程度实现系统的自运行、自循环、自生产、自净化等，以提高系统的自组织运行能力。特别是水上林地生态系统的构建，完全可以实现无人化的拟自然运作，就如浮岛一样，能实现生态自构建、自组织、自循环。这将成为未来水域治理的重要利器，同时也是水上宏伟的景观。

第二节 树木垂直化耕作的"空气树"技术

树木包括都市绿化树、农村的风水树及果树生产，这些树木培育成大树发挥景观效果或者挂果投产成园，都需数年甚至数十年之久，而且早期的叶面积系数小，空间利用率低，单位面积生物量小，通过空气树技术实现垂直空间的快速绿化，既可快速打造城市景观又可以使果园实现早期丰产，是树木垂直化耕作的重大创新。

一、空气树的创新思路及应用价值

（一）空气树的创新源泉

"空气树"概念的提出源于2010年上海世博会的西班牙马德里展馆，其中空气树就是该展馆重要的呈现项目。它应用钢结构技术，建设一个巨大的圆柱式层架形钢构，再于每层架上摆放容器培树木，结合太阳能板发电实现智能灌溉，可以迅速实现巨大空间的绿化，也就是由众多空中布局的容器培园林树木组合成巨大的空间绿植，具速度快、无生态破坏的优点。传统大树移栽除了成本高以外，还存在对生态的破坏，如一株大树从山林搬至都市，需带巨大的土球及严格的技术把关才能成活，搬移的方式对原生态造成破坏，如果导致大树死亡更是对生态的严重破坏，即便成活了，也无非是把大树从甲搬至乙地，对地球整体的生态贡献率还是等于零，无生态增益作用。而西班牙的空气树可以无需搬挪大树，可以在城市的都市环境下利用钢构技术创造空间平台，采用容器培树木实现快速的城市空间绿化，是新增的生态绿植，而不是大树移植的破坏式绿化美化，所以该技术可以作为未来都市迅速创造绿化空间的重要技术手段，但这种模式的空气树构建，缺乏天然美感，是概念化的树，与自然的大树在形态外观与美感效果上差异较大，只能作为未来城市绿化技术的补充。另外，因该树巨大的圆柱形钢构建造，占地面积较大，大面积的都市绿化应用受到地面条件的制约，还需要研发改造出占天不占地的空气树技术。

新加坡2012年6月竣工的超级树（英文名：Solar Supertrees），位于滨水湾花园，为树形钢结构，高度在25～50m，被称之为"超级树"。其技术为钢结构打造树形钢架，利用太阳能与风能发电实现电能自给，再于树形钢构的肤表种植空气植物，如空气凤梨、附生植物、蕨类植物等。这些植物无需以土壤为栽培，可以用轻型的少量人工基质作为附着，打造出浑然一体的伞形绿植巨树，但这种模式品种单一，绿植后叶面积系数小，生态贡献率（光合作用吸收二氧化碳的能力）不如自然的大树，而且造价不菲，对于乡村与都市绿化的应用推广较难，同时也失去了树的自然性及艺术性，更多体现于现代科技的建筑性。

（二）空气树在美丽乡村建设上的应用

基于上述研究成果及概念的启发，新型的"空气树"创造性形成了树形仿生雕塑不失自然之美，种植采用木本植物雾耕技术的融合，建成由众多栽培单元聚合成型的仿自然而胜自然的艺术化景观树，达到自然与美及现代科技的有机融合。其中雕塑技术的融合可以刻画出树干百年的沧桑感，创造出诗画田园的美景，又起承载与激发乡愁的情愫。而且中空的树干又为树木等植物的栽培创造根雾环境，以雕塑树为载体的雾培植物可以实现快速生长覆绿的效果，实现短时间空间全覆绿，短时间创造出枯藤老树昏鸦的效果。采用雾培技术无需西班牙空气树的基质承重，也突破了新加坡超级树的品种局限，更为重要的是，树体生长快速而且实现可追溯的自动化管理。采用该技术可以在都市乡村的任何地方建设出心目中的艺术景观大树，为诗意田园及非破坏性的生态构建作贡献。

大树资源不仅仅是生态贡献，它的美学与人文贡献是常规城市绿化无法实现的，而百年大树移栽成活率低，造价极高，一直是乡村与都市的稀有生态资源；而美丽乡村及具历史人文的生态文明城市的建设，更需百千甚至千年老树的点缀，采用艺术造型现代耕作的空气树技术，可以在任何地域及气候环境下实施人工造树，让美与生态共存，让人文与乡愁的承载共存，让现代与自然和谐共存，为美丽乡村及生态文明城市的建设增添亮丽的风景。

当前，乡村城市的美化绿化与生态宜居环境的打造大多采用花海铺面，绿化与园林景观布点的方式，城市与园林元素较多，甚至一些地方全部采用外来的绿化美化树种，破坏乡村原生态，同时又失去特色与个性，建设成清一色无个性的重复乡村，违背特色小镇建设"特"字总要求。枯藤老树昏鸦，小桥流水人家，是城里人对农村生态向往的写照，而老树这种稀有的村落资源，更是美丽乡村重要的元素，如何让村落的老树永久保存，勾起人们的乡愁与儿时记忆。除了老树的保护修复外，还可以结合现代科技进行人工快速再造。"空气树"技术，它可以按照园林景观设计的要求，快速造型与速生培育出心目中造型嶙峋骨感，形态似百年或千年老树的"空气树"，而且干径粗细及高低错落之变化可以随心打造，为美丽乡村生态宜居环境的构建起到画龙点睛的作用，是现代科技与生态自然的有机融合，对于生态退化的乡村，应用空气树技术，迅速打造出具历史印迹与园林风格的美丽乡村景致，可以用于村庄的风水树打造村落和农家院的生态庇荫及生态造景，还可用于乡村行道树及广场美化绿植。

二、空气树的构建及应用与产业前景

以下就空气树建造方式及相关技术作简要介绍。

（一）空气树的构建技术

1. 雕塑化树体骨架的构建

当前用于园林绿化及美化的雕塑技术已非常普遍，包括人造假山及人文景观的打造雕塑，这些作品的共同之处就是内部中空，中空的内部可以作为植物的气雾栽培根域空间利用，树与假山就成为气雾栽培的载体与平台。在雕塑树或假山的三维空间上按设计需要开孔定植相关植物即可，构建起树干逼真、枝叶真实而且可快速生长开花或挂果的真假融合的大树，不管在外观还是功效上与真树相同，关键是可以实现快速构建，无需数十甚至上百年的培育周期，其成本大大降低，而生态生产效果又优于普通的树木绿化与栽培。雕塑树建造有用玻璃钢材料与水泥材料两种，树的形态与大小可以按场地及景观设计去构建，树干的纹理可以采用拓印的方式处理，达到以假乱真的效果。也有采用铁丝网或网架钢构技术再结合水泥喷浆法形成树体骨架，包括基座根蔸造型、树体主干塑型及一二三级分枝的构建，形成中空的以钢丝钢构喷浆为承重的仿生树；其中涉及喷浆技术、力学构造、分枝造型、表现艺术化纹理与色彩的外理，达到外观逼真、骨架牢固、内部中空的技术效果。分枝造型可以因不同的树种自然形态为依据，有主干形、开心形、纺锤形、塔形，或者经历风雨雷电百年沧桑的枯木式艺术造型，一般雕塑工程按拟完成的树体庞大程度来定，巨大化的树型可以雕塑至3～4级分枝，末端分枝由真实的植物生长构建，普通株型完成二级分枝的雕塑即可。在骨架实施人工塑形基础上，栽培后枝叶的造型，植物会在空间布局中通过影撑现象自然调整枝叶的生长角度及长势，与真实树相同，同样体现出符合自然规律的生长构型与风格。钢构树是树上树的构型模式，一株树由众多的雾培单株组成，雾培单株是整体雕塑树的全息与分形。

2. 中空树干内置弥雾系统的安装

树干内弥雾系统的安装与日常管道化气雾栽培安装类似，较粗的主干部分，可以如山地立柱雾培安装，其他分枝部分则与管道化雾培类似，每间隔0.6m安装喷头。管道分为主管、侧管、支管，喷头安装于支管上，支管一般采用黑色的20～25#胶管，柔性的胶管便于管道布设；主管上连接水泵，过滤器，如果是多植株片栽，每一植株接入一侧管，侧管上连接支管；喷头与支管之间采用毛管连接。管道的安装有3种方式：第一种是所有管道都布设于中空的树干内，这种方式遇到喷头堵塞时相对麻烦些；第二种是安装于树干外，于安装喷头处把毛管穿孔入树干内，维护时把毛管外拽拉出喷头即可；第三种是在雕塑时即把管道预埋设于树干或树枝内。也可以采用超声波雾化器（即加湿机）直接往树干内以鼓风的方式供雾，这种方式相对成本较高。水泵的安装一般选择磁动力泵，以减少对环境的噪音。

3. 树木等植物的定植技术

为达到树体快速覆绿效果，于雕塑树的肤表实行均匀开设定植孔，结合光生态位原理采用螺旋式空间布设定植孔，以达到各定植单元（或叫人工枝组）光效的最优化。必须对植物的光需求特性及自然树体构建模型进行研究，达到最佳的仿自然而胜自然效果。定植孔的孔径一般为5～10cm，开好定植孔后再套接一相似口径的PVC管段，作为定植管，定植时把种苗套塞入定植管并用喷胶棉塞紧固定。如春季定植只需把种苗的根系作适当短截修剪直接移栽定植即可，如果是生长季节定植，根系修剪后先作适合的催根，长出白色薄壁组织不定根后再行定植移栽。定植后虽然每一小植株就如一小枝组，其肥水获取的机率相同，但由于植株处于不同的光生态位，每一小植株类似于枝组，彼此存在影撑现象，自然会调整植株的生长方向与分枝的角度，由丛多的小枝组聚合成一株巨树，其树形同样实现类自然生长。从全息理论说，大树树型是枝组的全息，由众多枝组聚合成天然的树型，达到仿天然人工造树造景效果。在定植移栽时，一般大植株移栽最好先进行催根处理，以确保成活率，大植株移栽可以实现更为快速的造型。

4. 营养液循环技术及配方的调控技术

营养液循环由供液与回流组成，如果是单树定植，则于树侧埋设一营养桶，建成地下式，表面覆盖铺设草坪做好隐蔽处理，供液由水泵、过滤、主管、侧管、支管、毛管组成，回液则于树基部的根蔸处开设一回流口安装回流管，实现回液的收集与回流即可。如果是观光果园整片丛植，即与常规气雾栽培的布管安装类似，由一个营养液池统一供液与回流。

如果雕塑树是园林绿化树种则采用日本园试通用配方即可，如果是果树类的巨型雕塑树，为了获取最佳的品质，最好采用相应的专用配方。用于营养液配制的原水可以是自来水也可以收集雨点水进行过滤后使用，或者就地钻井采用地下水作为营养液配制的原水。

5. 传感器及微芯片控制技术

空气树在应用时可以大树独立栽培，也可以作为乡村行道树成行种植，或者公园式丛植与片植，或者景观果园的成片种植，不管哪种模式，每小气候环境必须配一套传感器（智能叶片），采用微计算机控制系统进行实时的环境检测与控制，并采用手机联网实现远程的智能化管理，智能叶片为叶片水膜、根系温度、叶片温度、叶片湿度及光照的集成传感，树干内的根雾控制由传感器采集参数再通过智能模块决策执行，实现管理的智能化自动化与远程化。

6. 供电系统及停电应急解决方案

乡村与都市的空气树造景，大多数离电源较近可用电网供电，对于电力供应不便的边远地方，如景观型水果采摘园建设，除了电网供电外，拟配合太阳能光伏发电或风力发电实现风光互补结合，再配以光伏蓄电池即可；对于一些美丽乡村建设的公共体育运动广场，还可以开发运动型趣味化供电模式，如利用跑步机的运动能转化为电能进行供电，或者路压发电技术；对于独木造景的雕塑巨树，可以于中空的喷浆树干内设置竹节式的蓄水缓冲装置，以解决停电时的供水问题，构建成类似水气培的耕作模式，或者简易方式于每定植孔处挂一小蓄水桶以解决停电问题。

7. 组合造景技术

雕塑树式的空气树技术，在技术原理上属于管道化气雾栽培的变种模式，可以在一株巨树上定植任何植物，实现多品种的组合混栽，以达到一树多花、一树多果、一树多彩、一树多种的效果，可以广泛地应用于树木、果树、花卉、药材、蔬果及粮食作物等。通过组合造景与混栽，创造出奇异绝伦的壮美景观。

8. 中空枯死树木与濒死老树的复绿修复技术

部分古老村落，村口大多都有风水树，有些上百愈千年，部分成为中空的枯木，一些临近树种的生命极限出现老树回萌，出现大量枯枝。对这两类树采用气雾栽培植入法，进行绿色修复，中空的枯树可以利用原树干造型为载体，进行雾耕结合再造；对于出现大量枯枝的大树，可以用雾耕法进行雾培复壮及枝组单元的嵌入修复，重构老树与枯树的生机。

（二）空气树的应用与产业前景

这种雕塑造形以空间化雾培快速覆绿的空气树技术，具有广泛的应用空间与市场前景，特别是在乡村振兴生态宜居环境打造及都市绿化的巨树景观建设上，具有其他技术无可替代的优势。

首先，空气树创造的巨树效果，其成本大大低于常规的搬大树绿化造景。乡村造景景观树或风水树种通常树体越大，其售价及移栽的造价成本就越高，有达几十万或者数百万的大树古树；而采用雕塑速成的"空气树"技术，只需1/20～1/5的成本，树越大成本效益越明显。采用雕塑树技术打造的空气树对于干旱少水地区更为实用，只需地栽用水的5%～10%，并且不受高温干旱影响，树木周年郁郁葱葱，生态效果优于常规绿植。一些古老的村落在人们记忆中都有村口的风水树或者图腾树，而这些老树大多已进入树体老化生长衰退或枯木状态，采用空气树技术进行再造或者修复，其社会效益和生态效益巨大，可以起到村落历史文化的再造效果。当前不管都市还是乡村美化，大树造景都是采用移栽方式，这种方式对于宏观的生态贡献表现为零和效应，破坏了甲地丰盈了乙地；而采用空气树技术可以实现就地覆绿再造，不存在大树移栽对原生生态的破坏；同时可以短期实现空间的绿化美化及景观效果的打造，更带来现代科技创新的启智效果与科普价值。对于美丽乡村及生态宜居项目建设或者都市景观打造，采用空气树技术，可以实现诗意般的乡村及生态化文明古城打造的效果，给人们带来乡愁的依恋与古城的风韵，是一项革命性的美丽乡村与都市生态景观再造技术。

当前乡村的凋落，不仅仅体现在经济上，还表现在生态文明上，通过风水树再造与修复，起到百年甚至千年文化传承的效果；也可以结合乡土树种的开发，可以让乡土树种快速融入村庄空间，迅速达到占天不占地的巨树覆绿效果，为生态宜居提供速成的解决方案。在一些农村庭院庇荫大树打造上的应用，乡村老宅大多数具较空阔的院落，于院落中心建设空气树大树，为衰退的老宅瞬间焕发生机，起到承接悠久的历史感，可作为民宿开发的造景手段。通过打造百年千年古树胜景，利用雕塑与艺术化技术手段，构建百年千年古木群，为美丽乡村的休闲旅游打造亮丽风景；也可用于乡村旅游许愿树的打造，许愿树大多为参天遮庇的巨木，如香港的许愿村每年迎来大量游客，采用空气树技术，可以建成树干嶙峋更具历史人文承载感的人造大树，是农业旅游的重要引流项目；结合休闲采摘，速成建设成龄果园，再结合不同果树的组合，达到一树多品种的采摘效果，空气树技术特别适合观光果园的速成打造；用于城市行道树的速成打造，可以降低建设成本及养护成本，同时又能快速营造出历史文明古城的效果。

"空气树"技术的开发具有广阔的应用前景与市场空间，首先在美丽乡村与生态宜居环境的建设上，这种占天不占地的无土化、省水化、空间化、速成化、绿化美化新技术，具有其他常规绿植技术无可比拟的景观艺术效果与实用价值，在不破坏原生生态的前提下，实现参天古木与风水树的快速造景，而且作为永久的类生态建筑设施保持树木的葱郁生长；在乡村广场及都市公园的绿化、行道景观树的应用、院落造景、村口风水古木与许愿树的打造上都具有其他技术无可比拟的成本优势、生态优势与实用性及灵活性，可以随心所欲造型，快速打造出田园诗意般的古木丛林与绿化美化景观。

从空气树的树形雕塑、枝组化雾培系统构建、智能化产品的应用、乡土树种开发及长期的营养液供应，形成一个全新的产业链，是景观绿化领域的全新革命，形成一个千亿元甚至万亿元产业规模的新兴行业。

第三节　空间利用型果树的伞式钢构树气雾栽培法

纵观世界果业的发展，栽培模式与技术创新不断涌现，特别是21世纪，以追求品质至上的时代，更是技术创新的助推器。在人均水果占有量少的20世纪，栽培技术大多以产量的提高为研究目标，而随着社会发展、生活水平提高以及果品的大流通，实现了水果市场的多样化供应格局，市场的竞争驱动，让果业的发展从数量产量型开始转向质量特色型的改变。20世纪为了追求早产丰产，提出矮化密植的栽培模式，所以当前大多数果园都还是以密植法建园，特别是我国果业的发展，一直保持精耕细作的田间管理模式。从树体的培育来说，因品种不同而创立了众多整形修剪方式，甚至有"一把剪刀定乾坤"的说法，说明树形管理及修剪对产量的重要性及技术要求的多样性。对肥料的管理推行挖大坑开深沟重施有机填埋肥的方式建园，并结合不同的果树发育阶段进行阶段的追肥或吸肥调控补充。对水的管理从漫灌到喷灌再到现在的精准滴灌，现在又提倡肥水同灌技术，以及一些少水的干旱地区还形成了调亏灌溉方式。对于病虫的防控管理，有20世纪提出的生草栽培以培育果园天敌构建果园生态，以减少虫害的生态理论与模式，还有最近几年高品质栽培推行的避雨栽培，特别是南方多雨地区的葡萄种植，以实现减药生产。为了实现生殖生长与营养生长的平衡，达到高产优质的效果，又提出了控根容器栽培及限根栽培等理论与模式。为了适应高效机械化修剪需要，又提出了超高密植与篱壁栽培方式，以适应篱剪的需求或者草地果园式的台刈管理。总之，在土肥水管理、树体管理、病虫草防控、品质及产期管理上都形成了技术体系繁多、管理手段多样化的精耕细作生产方式，让生产与科研者无所适从，往往顾此失彼，影响我国果业整体生产水平的提高，也难以构建绿色安全高效的可持续发展体系。针对上述问题，一种新型栽培模式应运而生，就是伞式钢构树气雾栽培，它实现了管理环节的系统化改造与创新，而且达到了占天不占地的空间化快速建园效果，并且结合防虫避雨等措施，构建起全新概念的省力化、精品化、无害化生产体系。

一、伞式钢构树气雾栽培理论及优势

首先气雾栽培技术在果树栽培上的应用，解决了肥、水、气三要素的最优化调控，大大加快了果树生长速度，实现快速建园早期丰产的效果。气雾栽培在果树上应用，把管理从繁重的中耕、除草、施肥、灌溉、土壤改良等工作中得以解放，再结合伞式钢架实现类似棚篱架式的统一树体管理模式，让整枝修剪技术变得统一而简单，适合非专业人员参与，也实现了高品质管理的要求，再结合熟期的防虫避雨

措施，实现了果品的高品质安全生产效果。通过伞式钢构树气雾栽培改造，彻底改变传统技术体系与田间管理作业模式，让果树的生产变得简单，不再是园艺工作者的专利，是大众普及化的省力化产业，适合所有人群的参与，为果业的健康可持续发展注入全新的动能。

自2005年始，丽水市农业科学研究院陆续进行了桃、葡萄、枣、柑橘、猕猴桃、樱桃、果桑、无花果、枸杞、香蕉、番木瓜、百香果、苹果等常见果树的气雾栽培种植研究。总体表现生长加快、开花挂果提前、品质提升，还可以结合产期调控进行抑制及促成栽培。4年生的葡萄干径相当于10多年土壤耕作的效果，桃树小苗移至雾培环境后翌年挂果（相当于快繁小苗至成熟只需18个月），在马来西亚热带地区雾培种植结合冷库人工破眠，成功实现热带地区的落叶果树种植。通过近10年的果树气雾栽培尝试，已为新型模式的创新推广提供基础，以下就伞式钢构树气雾栽培的理论与优势作简要介绍。

（一）肥水气最大化供给实现植物生长潜力的最大化发挥

气雾栽培或者水气种植，果树的根系大多数悬挂于根雾室中，采用喷雾的方式间歇为根系供应营养，根系直接获取矿质元素及水分的同时，因根系与空气直接接触，创造100%的摄氧环境，为根系营造最直接的肥水供应方式及最充足的氧气供给，从而使根系氧气代谢旺盛，能量转换效率提高，加快对肥水的代谢吸收，也促进了根系生长激素及细胞分裂素的高效合成，与地上部分构建起正反馈式的互作机制，从而实现树体的超快速生长。另外根雾环境下，根系可以无阻力无限延伸，充分发挥根系可以无限制分裂的特性，又进一步促成了地上部分的快速生长。

（二）不定根系为主体的气生根构创造数倍于土壤耕作的吸收根表面积

雾培环境下，果树的根构发育一般以不定根形式的水气根发育为主，这些根系数量多而且纤长柔细，如头发般具有强大的吸收表面积。而土壤栽培的根系往往需构建多级分支的骨架根，再于根系的末端形成吸收根，根系的总吸收表面积小，限制了根系生长及地上部分发育。不定根形式的水气根可以直接高效无级次的吸收运输水分与矿质营养，就如高速公路般的高效吸收。为树体的快速发育创造了根系的生理与形态基础，不定根形式的水气根构造，具有数倍于土壤种植的吸收根系，这是生长快速的重要原因。也是雾培环境下，植物强大生态适应与自组织发育的表现。在土壤环境下，根系为了克服土壤阻力往前穿行生长，让根系组织机械化骨架化与细胞的厚壁化，而无阻力的根雾环境下，根系较长时间保持薄壁细胞组织状态，根系洁白柔嫩，根系活力强，表现为水气根有数倍于陆根的根尖伸长区，这是根系活力的重要表征。

（三）根系形态的适应性转换处理

为了加快不定根式的水气根根构形成，加快在雾培环境下生态适应性自组织发育，移栽果树时必须对植株进行前处理，直接快繁的不定根性质果苗除外（快繁苗可直接移栽）。土壤环境培育的种苗或者大树转移雾培，都必须去除陆生根系，在高湿弥雾环境及珍珠岩苗床上进行催根处理，去除陆生根系时，保留根系基部，有利于新生根系的发育。待植株基部长出新的薄壁组织新根时，方可移栽气雾栽培的根雾环境培养，实现陆生与气生的转变，通过前处理的植株方可在雾培环境下正常而快速的发育。陆生根的植株直接移至雾培环境，虽然也能长出新的水气根，但会出现陆根与气根之间的后期不亲和脱落现象发生。

（四）独立网架式钢构树构建，实现张拉力的最大化发挥

土壤种植果树大多依赖果树原生树体的骨架构建形成生物承重力，在生物承重构建过程中，植物发挥自身智能传感本能，特别是细胞的重力感应，让受力部位的组织细胞发生相对应的增生及改变，促进相应机械组织、厚壁组织及木质化的形成。而采用网架式钢树作为支撑承重的枝蔓绑缚环境下，这些自组织调整发育的特性将退化，就如水葫芦没有浮力感应后，叶柄处的葫芦形海绵组织将退化成如青菜的叶柄。树体骨架构建过程中因钢构的绑缚作用，而使枝条的特化发育停止，节省更多的能量与物质用于枝叶花果的生长，为超大枝冠的构建创造条件。更多的营养分配于枝冠扩大及产量与品质的提升上，为优质丰产奠定基础。

（五）小株型丛植及高压催根营养接力，实现短时间丰产园相的构建

果园的早期丰产，在于最短的时间内形成丰产的园相，完成一定的叶面积系数，也就是提高单位面积的光合产额。所以传统土耕方式通常采用密植法来实现，甚至是超高密植的草地果园方式来构建丰产园相。而采用钢构树雾培后，可以通过树墩根雾室的丛植来实现，因为根雾供液方式，即使丛植一墩的植株，其相互之间也不会有养分及水分的争夺发生，规避了传统密植果园植株间的争肥现象。通过钢构树的单墩丛植，可以短时间内覆盖钢构网架，达到与土壤密植耕作相同的效果，但单墩雾培丛植减少管理对象及用工，按照每钢构树占地50m²计，亩管理对象只需12墩。而且生长的枝蔓如果能用网架的网格式绑缚，可以实现生长后期的枝枝连理或者树树连理，丛植的树体可轻松愈合为一株大树，这也是丛植方式短期构建大树的优点。

如果单墩独栽种植，还可以通过高空压条催根方式，为树体创造更多的肥水供应点。高压催出不定根后，再于不定根处分挂雾培桶，实行营养接力。大大加快了母株的快速发育，也解决了钢构大树基部输送养分及水分过远的问题，也为构建更巨大的钢构树创造了矿质营养及水分远距离输送的吸收代谢问题，未来有望实现一

亩种植一棵果树的可能。通过丛植及营养接力，可以让果园以最快的速度形成丰产园相与树相，为早产、丰产、优质奠定基础。

（六）高冠稀植创造良好的林下环境，实现土地的高效利用

钢构树展开面积约为50m²，树体高可达4～6m，而且枝蔓全面采用网架式绑缚处理，为冠下空间创造良好的通风及透光条件。构建起就如原始森林式的生态群落，林下照常可以进行蔬果药草的耕作，实现果树占天不占地，蔬菜药草照耕不误。而常规土耕果园，分枝低通风差，枝叶伸展无规则，树体矮化光照不良，再加上种植密度影响，很难进行林下空间的蔬果耕作。采用该方式，树下空间可以用于其他任何一项农业用途，除蔬果耕作外还可以发展养殖业与菇业。高冠稀植方式，可以最大化利用高处空间，腾出的地面空间作为他用，大大提高了土地利用率，是未来立体垂直农业的一种简易而实用的模式。

（七）覆膜及网纱防虫，结合实现促成与免农药生产

钢构树网架具强大的张拉抗性与承重性，可作为树体的辅助设施使用，可以以钢构树作为支撑架，于树体上方卡覆薄膜，形成每树一温室的效果，早春覆膜可以提前开花结果，雨季覆膜可以避雨提高糖度，高温季节覆纱网可以防鸟害与虫害，大大减少了病虫鸟为害，实现少农药或者免农药生产。

（八）结合人工异地破眠或者冷藏处理，实现促成与抑制的产期调控种植

雾培果树根系洁净而无团土，可以轻松下架移挪。对于落叶果树需休眠的品种，可以提前下架集中移至0～7℃的冷库环境进行人工破眠，满足品种固有的需冷量要求后，再移回根雾环境，并覆上保温膜，进行促成栽培，提早成期熟，实现反季生产。也可以分阶段延后移回根雾环境，让生长发育相应后延，实现果品的分批采收上市，起到很好的产期调控效果。冷藏后延的方式也叫抑制栽培，可以让同一品种不同阶段上市，避开同品种上市高峰期，这也是土壤耕作果园无法实现的技术优势。

（九）零排放的循环耕作，减少面源污染及管理用工

雾培果树采用营养液闭锁式循环供给，对外界无排放，无污染，解决了土壤耕作肥料的面源污染问题。另外营养液循环耕作，可以阶段性调整营养液浓度与配方，实现肥水的精准科学供应。雾培耕作无需整地、除草、施肥、灌溉等工作，大大节省管理用工，比传统耕作减少70%用工。

（十）类平棚及篱架种植，优化光照均衡树势，有利于高糖优质生产

钢架网架绑缚整枝的方式，类似于果树的篱架与平棚架生产，展开的网架如平

棚，直立的树体如篱架，钢构树模式就是篱棚架复合的架式。果树的篱棚架生产是提升品质的重要技术措施，在果业发达的日本及美国早有应用，我国浙江萧山农场引进日本的平棚架果园，种植的黄花梨品质极佳，单果售价达15元之高。篱棚架适合所有果树的生产，不管是常绿还是落叶都具良好的效果。钢构树为复合的篱棚架模式，光照充足，枝蔓分布均匀，透风透光良好，是优质果品生产的重要技术措施，而且采用钢构的网架比铁丝拉线的更为牢固稳定，产量的承重性更大，效果优于传统的篱棚架。

（十一）林下原生态保护，构建生态多样性，有利于免农药生产

山坡林地果园开发，目前大多采用筑梯田的方式构建，对山坡及林地的原生态破坏严重。而采用根雾墩的钢构树种植，亩种植株数少，只需6～10墩，建设果园时，只需实施定点处基座的鱼鳞沟式剖土，90%的坡地不受影响，而且对于原生生态几乎无任何破坏，果树的树体通过网架可以生长于原生态杂树木的上方，光照毫无影响。通过果树覆绿后，进行原生态的自然修复重构。原生态环境的保留式建园，可以利用保持物种多样性，利用物种相生相克减少对果树病虫为害，可以少用或不用农药，生产出类似野果而品质优于野果的仿生种植效果。真正把生态优势转化为产品的产量与品质优势。

（十二）钢骨架支撑增强树体的抗风性

钢构树骨架采用张拉网架结构，强度大抗风性强，果树枝蔓采用绑缚整枝方式，枝条遇强风也少有摩擦摇动，减少强风造成的枝叶损伤，减少病害。对于有强台风侵袭的沿海地区，钢构树是重要的抗风设施，可以于强风区建设果园，扩大适耕面积。绑缚效果除了抗风外，枝体枝蔓的有效枝率提高，几乎没有无效的徒长枝存在，而且枝蔓发育更趋中庸，枝条发育充足健壮，也增强了树体本身的抗性。有骨架高强度支撑，也方便采摘，方便管理人员攀架操作。

二、伞形钢构树栽培系统的构建及定植

钢构树气雾栽培果园是未来果树设施化与空间利用的新型模式，采用该技术解决常规果园建设的土质限制问题，在盐碱地、荒坡地、岛屿等非耕地环境都可以构建，以下就钢构树果园的建设工艺与步骤作详细介绍。

按照拟栽培果树品种不同及栽培场地的空间大小不同来确定伞形钢构树的展开直径与高度，按照亩布设的钢构树数量来确定间距及每树的直径与高度。伞形钢构树为双曲面三角网架结构，双曲面由上曲面和下曲面构成，上曲面直径大，用于果树植株生长时枝梢的平面绑缚，双曲面细腰下方的下曲面用于根雾室的建设。

设计出符合拟定高度与直径的伞形钢构树施工图，并作数据处理，整理出材料种类与长度清单；以直径8m、高4.5m的钢构树为例，先制作CAD图。再利用

CAD软件功能，选择图中线条，并从属性栏中查看线条长度，长度的精度保留小数点后四位数取值，同一长度赋予一编号，在图纸上标注，形成的钢构树装配的编码图（图11-21）。整理不同长度与编号数据，形成表11-1的材料清单供厂家加工。加工方式采用冲床冲孔的方式，加工长度以孔中距与材料单长度相符即可，冲孔孔径为8.8mm，加工好的材料随手画编号标注。加工材料时选择20#或25#热镀锌管材为钢构树建造材料，利用冲床按照清单进行材料加工，材料长度误差控制在0.5~1mm范围，以材料的孔中距计。

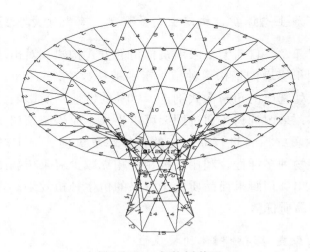

图11-21 钢构树装配

表11-1 钢构树材料加工清单

序号	长度（m）	数量（根）	编号
1	0.702 5	6	13
2	0.851 4	12	9
3	0.93	6	11
4	0.947 5	18	6
5	1	6	15
6	1.044 2	24	2
7	1.288 7	18	1
8	1.320 5	12	4
9	1.340 5	12	8
10	1.354 9	12	12
11	1.359 7	12	14

（续表）

序号	长度（m）	数量（根）	编号
12	1.411 5	12	5
13	1.438 9	12	10
14	1.483 9	12	7
15	1.550 6	12	3

按照施工图进行钢构树的伞形骨架装配（图11-22），安装工具采用电扳手及套筒配件，装配的螺杆为直径8.8mm与材料孔径相符，每螺杆配相应的螺帽与垫片。安装次序按照装配图从顶处往下逐层安装。

骨架装配完成后对钢构树树墩处作水泥喷浆处理，建成用于果树定植的根雾室（图11-23）。即于基座层的钢构三角网架上先作铁丝网或遮阴网类的网质材料包缚，再作水泥粉刷或喷浆工艺处理。根雾室采用水泥喷浆法建设，具有基座稳固且抗风的优点，同时也利于温度稳定。建成基座根雾室后，再于根雾室内铺设防水布或土工布复合膜，操作时小心划破以免漏水，铺膜后于底处开设一排水孔，并利用卡箍及密封圈与回流管之间作连接处理，做到不漏水。于根雾室室缘一周环状安装弥雾供液管，于管上每间隔0.6m，安装一弥雾微喷头，用于供液时造雾，以达到雾化无死角为准。

图11-22　安装完毕的伞形钢构

图11-23　根雾室的建造

定植前先于根雾室上扣置定植板，定植板采用厚0.025m的挤塑板按根雾室形状裁制而成。如只作单株定植，则于定植板中心位置开孔，一般果树栽培早期定植孔大小为直径5~10cm，随着树干增粗，日后再行扩大。如果采用多株丛植，可以于定植板四周均匀开孔，按丛植的株数开设定植孔。定植种苗时如果为了更利于植株固定，也可以把种苗先用大口径PVC管作为定植管套干再行定植，利于PVC管保持树苗直立与稳固。定植前，如果是小苗定植，只需对根系作适当短截处理再行定植，如果是转植原来土壤中栽培过的大苗或大树，得先进行定植前的催根处理。催根就是把原来土壤栽培过程中形成的陆生根全部从根系基部剪除，再把植株根兜埋于潮湿的珍珠岩基质中，并通过弥雾或喷水保持叶片水分充足不干枯，大多数果树品种一般经由15～20天即长出白色新根，待根系长至3～5cm时再转移至气雾栽培环境种植。对于单株定植的果树，待长至一定高度时进行摘心促发分枝，然后把分枝均匀引缚至钢构树网架上随钢构伞形绑缚整形。如果是丛植则把每株树主干均匀绑缚网架上，再行分枝绑缚整形，最后形成平棚架式树形（图11-24）。

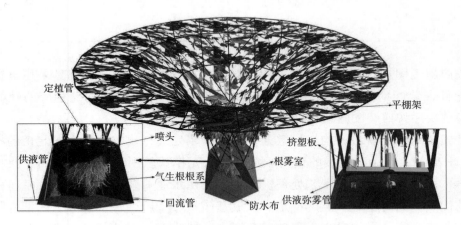

图11-24　伞式钢构树气雾栽培法构建图示

三、树体培育及营养液管理

（一）树体及病虫管理

伞式钢构树雾培法种植的果树，其树形管理全部采用绑缚式造型，即把生长出的所有果树枝梢均匀绑缚于网构网架上，让枝梢沿着钢构树曲面网架作二维平面式延伸生长，让每部位光照均匀，通风良好。绑缚式造型，就是抽发的新梢见枝即绑，让枝梢全部平面化均匀绑缚于网架曲面上，达到类似篱壁及平棚架整形的效果，即让枝梢随曲面作二维布局，形成平棚架式树形，让树体各处光照一致通风良好。以下为火龙果钢构树栽培（图11-25）。

充分利用钢构骨架，于伞顶处覆膜避雨与边围挂网防虫，通过避雨达到糖度提高，通过挂网减少虫害及蜂鸟对果实的为害，实现熟前不用药以确保果品安全，是实现果树高糖度少农药栽培的有效处理方法。也可以周年覆膜挂网，或者于熟期前一个月处理。如通过对杨梅熟期的避雨挂网处理，平均糖度与普通栽培相比，提高3°～5°，同时使杨梅延长熟期7～10天，雨季采摘率提高到90%以上，综合效益是没有覆膜的近10倍。

图11-25　火龙果钢构树

避雨防虫也是柑橘类完熟栽培的重要手段，可以比普通熟期延长2～3月，大大提高糖度及果实的化渣性，又达到了保树保鲜甚至跨年度采摘的效果。避雨及防虫网的结合将是未来果树高品质栽培不可或缺的技术措施，是高品质安全生产的保障。

（二）营养液配方及管理

通过丽水市农业科学研究院十多年的果树雾培研究与生产应用表明，果树类的气雾栽培在营养液配方拟定及管理上较之蔬果药类气雾栽培要求要低，适应性更广，是多年生果树耐瘠性或耐肥性在气雾栽培上的具体表现，所以常见的美国霍格兰配方或日本园试配方基本可以满足果树对肥水的需求，但是为了追求更高的品质或者生长效率，生产或科研上还是推荐采纳专业配方为宜，甚至细化到不同生长发育阶段采用不同配方，这是肥水管理精准化的未来发展方向。

以下以葡萄为例阐述专用配方的调配及阶段管理。

按照葡萄生长特性及生产实践制定以下专用配方，因葡萄不同的生长发育阶段需肥特性不同又分为开花期以前、开花至果实膨大期、果实膨大期之后3组配方，下述配方中微量元素采用通用配方。

1. 开花前配方

大量元素理论组配（mg/L）：N-P-K-Ca-Mg-S=114.9-25.0-170.8-67.9-24.7-32.5。按照该元素组配制定生产应用的化合物配方，其配方（g/t）为：四水硝酸钙387.2、七水硫酸镁250.5g、硝酸钾438.8g、磷酸二氢铵92.9g、螯合铁19.2g、一水硫酸锰1.54g、硼酸2.86g、五水硫酸铜0.08g、二水钼酸钠0.025g、二水硫酸锌0.15g。按上述化合物组配，其营养液理论浓度为0.9mS/cm，pH值控制在6～7。

2. 开花至果实膨大期配方

大量元素理论组配（mg/L）：N-P-K-Ca-Mg-S=110.2-34.1-237.5-76.4-29.6-53.8。按照该元素组配制定生产应用的化合物配方，其配方（g/t）为：四水硝酸钙450.2g、七水硫酸镁300.2g、硝酸钾298.6g、磷酸二氢铵126.7g、硫酸钾271.9g、螯合铁19.2g、一水硫酸锰1.54g、硼酸2.86g、五水硫酸铜0.08g、二水钼酸钠0.025g、二水硫酸锌0.15g。按上述化合物组配，其营养液理论浓度为1.2mS/cm，pH值控制在6～7。

3. 果实膨大期之后配方

大量元素理论组配（mg/L）：N-P-K-Ca-Mg-S=107.1-41.0-276.3-67.9-27.6-60.3。按照该元素组配制定生产应用的化合物配方，其配方（g/t）为：四水硝酸钙400.1g、七水硫酸镁280.0g、硝酸钾430.5g、硫酸钾129.4g、磷酸二氢钾180.2g、螯合铁19.2g、一水硫酸锰1.54g、硼酸2.86g、五水硫酸铜0.08g、二水钼酸钠0.025g、二水硫酸锌0.15g。按上述化合物组配，其营养液理论浓度为1.2mS/cm，pH值控制在6～7。

以下为常见各类果树的专用配方供生产参考（表11-2）。

表11-2　各类果树的专用配方

浓度（mg/L） 元素种类 品种	硝态氮 N-NO₃⁻	铵态氮 N-NH₄⁺	磷 P	钾 K	镁 Mg	钙 Ca	硫 S	铁 Fe	锌 Zn	硼 B	锰 Mn	铜 Cu	钼 Mo
柑橘	100	0	44	71	11	82	16	1.9	0.24	0.3	0.46	0.06	0.04
大樱桃	207	0	55	289	38	155	51	6.8	0.25	0.7	1.97	0.07	0.05
火龙果	150	0	40	225	40	210	60	5.0	0.2	0.6	2.0	0.1	0.05
蓝莓	71	53	31	117	27	92	118	1.4	0.3	0.6	0.6	0.1	0.07
杧果	259	0	53	297	45	164	60	4.9	0.25	0.7	1.97	0.07	0.05
树莓	130	0	16	118	24	100	32	1.2	0.05	0.5	0.5	0.02	0.01
苹果	170	0	43	137	61	180	80	6.8	0.25	0.7	1.97	0.07	0.05
果桑	120	20	62	234	48	80	160	3	0.1	0.3	0.8	0.07	0.03
百香果	210	20	40	312	48	156	64	4.9	0.25	0.7	1.97	0.07	0.05
猕猴桃	196	14	31	234	48	213	64	3	0.1	0.3	0.5	0.07	0.03
椰子	112	0	22	184	24	80	64	3	0.1	0.3	0.5	0.07	0.03

在栽培过程中，营养液的pH值保持在5.5～7.0，营养液EC值保持在1.2～2.8mS/cm，近果实成熟提前一个月，提高营养液浓度，以达到高盐高糖的效果，可保持在2.4～3.0mS/cm。在上述的果树种类中，蓝莓的pH值必须保持在4.5～5.5，属于喜酸品种，另外EC值也不宜超过2.2mS/cm，属于不耐盐果树。

果树实施气雾栽培后，可以通过营养液液温的调控来达到生长促进与提前萌芽与成熟的效果。如无倒春寒地区，早春可以提前1～2周进行营养液加温，以达到促进萌芽的效果；如果于高温夏季，果树常会出现因高温所致的光合午休现象，可以通过营养液制冷，保持养液温度18～21℃，以解除午休起到光合促进作用。如果有地下水的地区，夏日高温季，可以实施白天根雾地下水清水，夜晚供应养液的方式管理。

四、伞式钢构树雾培的应用前景与生产意义

伞式钢构树雾培彻底改变了传统果树的建园方式与管理模式，而且是一种环境友好型安全绿色可持续发展的省力化标准化果园生产体系，是果业转型升级的重要替代技术，更是高品质栽培的重要手段与法宝，总结该技术的推广意义及价值体现如下。

（1）果树采用气雾栽培后，不受土壤环境局限，在任何有光照、有水有电的

地方就可以种植果树，可以用于盐碱地、沙漠、岛屿、都市无土壤环境等非耕区进行果树栽培。另外，对于山地果园的开发也无需平整梯田，直接于种植处定点建设雾培钢构树即可生产，可保持原山地的植被与生态，对生态环境无任何破坏。

（2）果树采用气雾栽培后，肥水以营养液的方式闭锁式循环利用，是一种最为节水与省肥的栽培模式，用水量只需传统土壤栽培的1/10，适合淡水资源匮乏地区建设种植果树，另外循环零排放的肥水供应模式，也减少了肥料对环境及地下水的渗漏污染，实现环境保全生产。

（3）果树采用气雾栽培后，可以按照不同果树需肥特性及生长发育阶段不同进行矿质元素供给的精准化调配，最大程度满足生长发育、品质提升及产量提高的肥水需求，这是土壤栽培无法实现的。为培育高产优质的果品提供最专业的矿质元素需求保障。

（4）果树采用气雾栽培后，可以减免中耕除草、施肥、灌溉等工作，减免了70%的田间管理用工。

（5）气雾栽培是一种根系悬空、营养雾化供应的方式，让根系处于肥、水、气三要素最充足的状态，果树的生长速度是土壤栽培的3～5倍，大多数果树次年就可以投产或丰产，大大提前了挂果投产期。

（6）枝梢采用平面绑缚后，每部位枝叶及果实可以获得最充足而且均匀一致的光照，实现果实大小及着色的均匀化发育，并且糖度普遍提高。另外，枝梢及树体与钢架绑缚的整形方式，在强风条件下减少枝梢之间的摩擦受伤，可大大减少病害的发生。

（7）利用钢架作支撑，可以实行周年或熟前一个月覆膜及防虫网，减少果实雨淋及熟期飞虫、鸟与蜜蜂为害，可以减少病害和提高果实糖度及改善果品外观。

（8）大多数果树，通过营养液温度的调控，可以达到提前或延后7～10天成熟期的效果，错开集中上市季节，提高经济效益。

（9）采用丛植定植法，即每钢构树定植数株果苗，让钢架快速覆绿，达到早期丰产的效果，最多每墩钢构树可一次均匀定植6～12株果苗，整形绑缚时可以采用交叉固定树干及枝梢，最后会于交错点连理愈合，达到合木生长的景观效果。

第四节　山地果园的分根雾培法改造技术

山地果园具有通风良好、光照充足、温差大的优势，是栽培高品质水果的生态条件，当前山地果园开发都是以坡度小于20°的缓坡丘陵为主，坡度过大不方便管理，同时也会因耕作造成水土流失。但对于垂直农业来说，大坡度垂直化利用率高，坡壁效应明显，温差更大，光照利用更为充分，但同时存在土层薄，除草施工等用工大，而且保持土壤墒情及灌溉都较难。为解决山地果园耕作繁琐及水土流失严重的问题，可以采用分根雾培法得以解决，通过分根雾培法也可以释放更多大坡度的山地，充分发挥垂直农业效果，而且分根雾培法体系的构建，实现了最大程度的生态修复与保护，建成的分根雾培法果园，无需施肥除草与灌溉，减少对资源及生态的破坏。以下就分根雾培法果园的改造与建设作详细介绍。

一、传统果业存在问题及创新技术的融合

果业的发展方向，走精品化与省力化及可持续的绿色发展道路，是世界各国进行果业改良升级的重要方向与趋势。但大多数的改良都是在原有基础上的小微创新，没有从耕作制度与模式上进行全新大胆的变革创新，也就是仍是稳态模式的改进，不是颠覆性的革新。

在节水灌溉上，20世纪90年代开始，就进行的果树的调亏灌溉理论的研究及实践，以实现最大的节水化与以高产优质为目标的水灌溉技术研究；在灌溉的方式上，有精准化的滴灌作为理论体系支撑，实现容器式栽培滴灌式管理的新型栽培模式，实现果品品质的可控化生产（如美国的甜橙容器化栽培）；还有通过地膜制水，膜下埋设暗管灌溉的方式实现肥水的科学可控管理，达到品质与产量提升的目的（如韩国济洲岛的柑橘栽培）。这些肥水管理模式都离不开基肥与追肥的季节性阶段性管理，生产工艺与环节还是较多，体现生产操作的繁琐性，可以节省部分用工，但程度有限。

在树体管理上的创新，大多数还是以树形及修剪方式的创新为主导，不管是纺锤形、开心形、单干直立形，还是当前最为先进的篱壁式修剪法，都是以树体最大化的光照优化及枝组间平衡调控为原则进行树形及修剪管理的创新，新型的调控手段大的技术突破与构想较少。

在品质的控制上，一般都以避雨制水为主要方向，实行高糖度栽培，特别是南方多雨地区，避雨将是未来果业改良与发展的重要技术措施。

在病虫害与草的管理上，始终存在一个矛盾，在原有的耕作体系与模式中难以大突破；如病虫害的管理基本以农药防治为主，无法采用相生相克的生态机制进行有效控制。自然界的野果，病虫害少是有生态多样化的平衡机制在起作用，实行相生相克共生互作机制，在杂草丛中可以为天敌的培育创造栖息场所，与果树虫害之间形成动态平衡机制，不会对果树造成大的为害，这是自然界野果病虫害少的主要原因；而现代化的土壤耕作果园，必须铲除杂草，否则会与果树之间争夺肥水，形成肥水不良竞争，所以中耕除草也就成为传统果园管理的主要劳力投入。除草与病虫害管理成为当前水土流失及产品安全的主要问题，也是果园生态多样性难以构建的模式限制。

针对上述问题，一种全新的果园耕作的革新技术应运而生，就是分根雾耕技术再结合无人机打药的新型耕作模式，其中分根雾耕技术的融合，解决肥水管理的繁琐性，又实现了矿质元素不同阶段的精准化科学配方管理。雾培的气生根作为主要

的肥水吸收根，原有的土壤根成为部分水分与少量土壤中微量元素的吸收根，雾培气根成为解决肥水管理方案的主要源头。无人机打药的结合，解决打药防虫治病的繁杂用工。

对于原来土壤栽培的果园，不管是平地果园还是山地果园，雾培的融合将彻底改变传统的耕作模式，肥水供应体系的创新，实现了配方化精准化的管理，为果品品质管控提供技术支撑。土壤种植因受土壤因素影响，无法实现矿质元素精准化的配比，而雾耕的营养液配方化管理，可以按照果树生长发育的不同阶段进行配方调整，实现分阶段的配方精准施肥。另外，对于无果园灌溉设施保障的基地，或者遇到干旱季节，由雾培根的气生根高效吸收水分，而且是零排放的循环供水，实现了比传统土壤耕作达90%的节水效果，解决山地果园干旱的生长限制。吸收根（雾培气生根）与固定根（原土壤陆生根）的分离模式，果园滋长的杂草不存在与树体争肥夺水的问题，可以任由果园杂草滋生，但要以不影响通风透光为前提；也可以结合管道化打药系统的构建，形成肥水管理病虫害管理的全部自动化智能化，可节省果园管理的70%用工，只需日常的看护与巡视。作为季节性的采收与修剪，可以集中雇用劳工，实现人均管理果园至少50亩的生产效率。

采用分根雾培改造技术，将彻底改变当前果园管理的耕作制度，实现了水气根与陆根的共存，实现了肥水的精准供应，实现了生态多样化重构的生草管理，是果树种植方式的革命性创新，不管在生产效率还是产量品质的提升上，都构建了科学精准的技术支撑体系，为果树的产业转型发展提供创新发展的动能。

分析果树传统生产方式与业态，阻碍果业转型与加快信息化进程的主要因素，还是传统种植的技术手段落后，未能适应科技创新成果的应用。土壤种植的果树无法进行精准化的肥水管理，无法应用计算机控制技术实现自动化管理。土肥水草的管理还得依赖人工，只有进行大胆创新，把无土栽培技术融入，特别是气雾栽培技术的结合，才可以实现肥水的自动化管理及杂草的免耕利用。传统果园的施肥灌溉除草及中耕，是果园管理主要的劳动力成本，占用大量的体力劳动比例；特别是山地果园，基肥的运输填埋，全部依赖体力劳动的支撑，削减体力劳动降低果园管理成本是技术创新的关键。另外，从生态贡献角度来说，果园的建设虽能达到较高的碳转换，创造类似林地的生态效果，但山地果园的梯田化耕作，也同样加剧水土流失，以及施肥打药造成的面源污染，在技术创新上还必须构建肥水零外排的管理体系，那就是雾耕技术的融入。它不仅仅节省了肥料投入，又大大降低土壤改良用工与肥料渗漏蒸发造成的土壤地下水及大气污染，雾耕技术的科学融入，是解决肥水减量零排与省力化的关键技术。有了雾耕技术的融合，草的管理就可以实现生草免除，又有利于果园生态系统重构的多样性，实现果树与杂草的共生互作，利用生态之间的相生相克机理，实现病虫的生态控制，达到病虫害减少的目的。无人机打药技术的融入，又减少了人工打药的劳力支出及带来的农药中毒等安全隐患。通过雾耕改造及无人机打药的结合，果园的管理唯独剩下修剪整枝及采摘管理，让果业生产成为省力化、精准化、信息化、智慧化的新型产业，让更多白领与工商人士投身到该产业中，实现果业振兴与满足人们对果品高品质的需求。雾耕植入技术与无人机打药结合作为果园提升改造的关键技术开发及应用，将会彻底改变果园的生产方式与管理模式，是一项革命性的创新成果，将在未来的产业振兴中发挥积极作用，将为生态文明的建设作出重要贡献。

二、山地果园与平原果园的分根雾培法改造方案

分根雾培法有两种技术方案与路线，对于山地型果园则采用埋桶法构建，对于平整的平地果园采用铺设管道法构建。以下重点以山地果园为主，介绍分根雾培法构建的技术方案。

（一）雾耕融入技术工艺

原生土壤耕作的果园，不管是成年的投产树还是幼树，皆可以于植株的边侧进行打洞挖埋塑料桶或者其他容器，如果山地果树，可以于树体的下坡处定点打洞（使用机械化打洞机操作），对于密植的平地果园可以采用边侧开沟埋管的方式进行雾培根的诱导改造。以埋管或桶为根雾室，并配套安装营养液供应管道及安装弥雾喷头，如果是埋设桶必须于桶底安装回液管，如果是密植果园的开沟埋管模式，可以于管末端统一安装回液管。埋设的方式有利于根温的稳定，也可以是地上式安装桶或雾培诱导管，只需把土壤的部分根引入桶或沟管，进行气根根系的诱导即可。营养液供应系统由供液管、根雾室或沟管、弥雾喷头、供液管道及水泵、过滤、强磁处理、营养液杀菌器、自动化控制等组成（图11-26）。气雾耕作的供液与回流系统及控制的安装与常规雾培相同，这里不另作介绍。

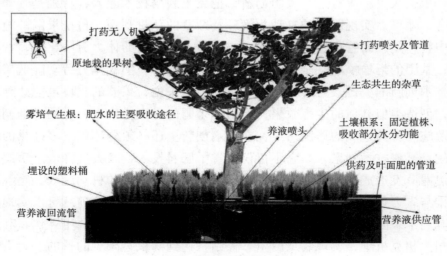

图11-26　系统构建

（二）果树气生根的诱导

这种改造的技术体系，也叫分根栽培，部分于土中形成陆生根，部分分根于雾化的营养液的环境中。操作时先扒开需诱导气根部位的土壤，引出部分较粗壮的侧根作为诱导根，对诱导根进行清洗短截修剪并用杀菌剂消毒处理与浸泡生根剂，然后把诱导根引入预埋的桶或管道中。在气雾环境下，诱导根经2～3周培育即可形成大量的不定根形态的气生根，开始发挥气生根的肥水吸收功能。被分生的根系，充分利用植物的向肥性与向水性，在气雾环境下呈爆炸式生根，逐渐成为树体主要的肥水供给来源，原来生长于土壤中的根系主要起植株固定作用，构建吸收根与固定根分离的生长模式。管道化雾培改造与前面所述的管道培类似，只需把诱导根引入定植孔即可，可以于管内形成大量的水根与气根，以取代植株的肥水吸收功能。

（三）适合果树栽培的营养液配方

果树的营养液配方同样分为通用配方与专用配方，通用配方以日本园试配方在生产上应用较多，关于果树的专用配方国内与国际研究较少，专用配方是按照不同果树的需肥特性及不同生长发育的需肥要求进行科学比配，目前柑橘与葡萄已有专用配方，大多数果树都是以通用配方被应用于生产。配方的制定也可以根据不同种类果树的灰分分析为基础，再遵循阴阳离子平衡与元素间均衡比配原则进行自主调配研发。根据笔者多年试验，日本园试与美国霍格兰配方基本可以确保各类果树的正常生长；但莓类除外，如蓝莓与草莓，必须采用专用配方，才能正常生长。大多数果树的pH值管理范围都在5.5～6.5，莓蓝的pH值得保持4.5～5.5；EC值的管理范围，大多数果树在0.8～2.6，但一般不管什么果树，在临近成熟期时可以采用较高的浓度，以达到高盐高糖的管理效果，EC值可以提高至2.5～3。在具体应用中，为了提高糖度，在果实成熟期，可以适合提高配方中钾元素含量，但必须通过比配的科学计算，也不宜随意添加。

（四）激素与农药混入法实现高效调控

以营养液供应系统为基础的分根雾培，与土壤栽培相比，肥水的吸收更为高效，一些内吸性的杀菌剂或者杀虫剂及与生长发育相关的调控用激素都可以混入营养液中，通过根系吸收达到树体全面均匀无盲区的吸收效果，一是可以减少用药量；二是减少对环境的污染，达到部分药剂应用的省力化与精准减量化效果；三是提高了防效与调控效果。为实现生长发育的精准化调控，特别是内吸性强的激素，可以通过根系吸收，实现省力化的树体调控，如多效唑的混入法应用，达到矮化效果，以减小修剪量；或者是生长激素的混入处理，以提高坐果率，减少树体保花保果的管理用工。一些内吸性的杀菌剂或者杀虫剂，通过混入营养液法供应的方式，减少喷洒所致的面源污染，特别是一些虫体小的红蜘蛛，可以达到更好的防效，但在果树的成熟期不宜使用。

（五）果园生草品种的选择与应用

通过果园的分根雾培改造后，草与树之间的争肥夺水问题得以有效解决，理论来说可以适合所有低矮杂草的生长，因为传统果园生产需人为选择浅根浮根植物以减少对果树的肥水竞争。通过分根雾培后，草种的选择范围扩大，深根杂草也不会对果树生长造成不良影响，因肥水供给途径改变，所以在果园生草上可以人工栽培特定草种，也可以在原生态杂草基础上铲除高秆影响果树光照的杂草即可。构建果园杂草的生态多样性，有利于天敌的栖息，可以减少果树虫害。在观光果园建设中，可以于树下种植景观效果好的地被类花海植物，目前景观效果好且植株呈匍匐生长的芝樱为佳。人工选择的草种当前有百喜草、白三叶草、鼠茅草、黑麦草、紫花苜蓿、长毛野豌豆等，原生态蓄留的草种如狗尾草、虮子草、马唐草等。果园生草栽培日常的管理，只需进行定期的刈割即可，以防杂草生长过高影响光照。

（六）离网果园的电力自供系统的配套

山地果园大多远离电网，营养液供应的水泵用电必须结合光伏或者风能发电，再结合蓄电池构建离网供电解决方案。果园的分根雾培改造，因果树根系较为庞大，气生根生长到一定程度就转化为水气根，都有部分根系处于桶底或管底，皆有营养液的浸没，对停电缓冲性大，再加上陆生的固定根同样发挥吸水辅助功能，既使遇到较长时间的停电也不会对果树造成较大的生理伤害。对于供电的稳定性不如纯雾培的要求高，这也是果园雾培改造实用化的关键。

通过分根雾培法改造，可以让一些土层薄坡度高的山地得以果园的利用开发，更能体现垂直化果园的效果，结合自然生草法，又无需松土除草，解决了陡坡水土流失问题。对于高温干旱与缺水的果园，通过分根法改造解决了夏天的干旱问题，使果园的用水量大大减少，只需传统耕作用水量的5%～10%，可以实现降水量小的旱区果园开发。由于根区肥水充分供给，再结合高温天气的营养液制冷技术，有效解决夏日中午果树的高温午休现象，达到提高光合效率的作用。分根雾培法结合生草栽培，再结合无人机防治及内吸性农药与激素的根系混入法使用，与传统果园管理相比，可以节省70%～90%用工，大大降低果园管理成本，实现人均管理果园50亩的省力化栽培效果。对于产业升级及生态安全绿色生产意义重大。

第五节 空间无限利用型的气雾克隆栽培技术

垂直农业从某种角度来说也就是空间利用技术在耕作上的应用，空间由纵向空间与横向空间组成，如高大的乔木就是纵向空间发展模式，而一些棚架的藤本植物则属于横向空间利用模式，这些在垂直农业的生产应用与设计上都显得极为重要。从单株植物来说其生物学特性都具一定的限定性，如树木都有一定的高度限制，不可能无限的往高处生长，横向发展型的植物也同样，具一定的生长半径局限。这里所指的空间无限利用型，就是从理论来说，通过该技术可以实现单株植物的无限生长，利用无限生长特性来充分利用垂向与横向空间，构造垂直农业的利用效果。以下就空间无限利用型的气雾克隆技术作简要的介绍，让大家对这种新型的技术有所认知。

一、气雾克隆技术的启示

克隆植物是指在自然或人工环境下可以通过自身营养器官分化发育形成遗传上与母株相同的新个体，而且新个体具相对独立的生理功能与形态特征，但与母株间一直保持着生理整合效应的植物，称之为克隆植物，自然界生态群落中有很大部分种群都是以克隆植物方式存在，在生态群落中占据重要的生态优势，可以在短时间内获取空间与生态的资源，比非克隆植物有更大的生态优势。

克隆型大生物量的植物如毛竹，整片竹林就是一个由地下茎鞭连贯为一体的一个巨大的植株，所以从生存的策略来说，克隆植物在生态群落建设中有强大的竞争力，南方大多竹林生态，其他物种很难成为优势种群，整片由毛竹覆盖。克隆植物的生理整合性就是各代克隆分株之间及与母株或基株之间都有相互的物质能量信息交流交换，当分株处于劣质资源或者环境胁迫时，可以由周边的分株供应营养，所以在竹林系统中，一些很瘠薄的土层照常能长出硕大的笋鞭，这是克隆型植物生理整合功能的体现。克隆植物比非克隆植物有更强的生态适应性，当环境胁迫到一定程度时，克隆植物也会以开花结籽的方式保留后代，通过种子传播逃离劣势生态环境，在新环境建立新的根据地与生态种群，如毛竹如遇连年干旱与贫瘠胁迫就会以开化结籽的方式保存后代。从某种角度来说，克隆植物更是植物进化过程中的早期模式，有性繁殖是进化过程中为适应环境所形成的新模式。克隆植物在自然界中占50%或更高的群落优势，大多数的杂草之所以如此旺盛滋长就是其克隆植物的扩张优势体现。

克隆植物在水平扩张上是非克隆植物无可比拟的，有些植株绵延至数公顷之广，如果生态环境不受限也可以说是无限的生长。而当前非克隆植物的很多植物其实同样具克隆的特性，无非是环境的不适应，让这种特性没有表达而已，在热带雨林环境，很多植物茎干上长出气生根、板根也是克隆性的体现。在农业生产上高压繁殖也是类似自然界克隆植物的人工再造。大多数乔灌木或藤本都具克隆性，如果把该特性用于农业生产，可以实现经济树种类或者瓜果藤蔓类植物的克隆生长模式。

自然界克隆植物的寿命有两个概念，即基株与分株寿命，分株与非克隆植物一样有自己的形态及生理功能，能独立完成生活史，寿命与非克隆植物相似。然而与非克隆植株不同的是，克隆植物的基株，即遗传学个体，实际上具有几乎不死的能力，衰老几乎不是它死亡的原因，这是因为它具有克隆性，在自然条件下通过无性繁殖方式不断复制自己，因此克隆植物的基株可以存活很多年，具有很长的寿命，人类现有关它们寿命的研究数据估计是它们寿命最低估计。克隆植物基株寿命因种而异，有些物种可生存1 000年，如柔毛草；有的种则有可达10 000年以上寿命，如美洲越橘。

克隆植物明显具有比非克隆植株长得多的寿命。克隆植物的克隆性是其基株长寿的直接原因。克隆植物分株的寿命与非克隆植物寿命相当，而基株死亡的前提是所有分株的死亡。在克隆植物的生活史中，一方面，同所有构件生物一样，分生组织在分化形成不同器官的同时，还形成多个新的分生组织，构成许许多多构件，这个过程源源不断；另一方面，这些构件又以一定的规律组合成具有生理独立性、能够独立完成生活史的分株，这个过程同样是源源不断的。伴随着老分株的死亡，新的分株产生。不断产生新的分株，不断地持续着基株的生长，延续着基株的寿命。

虽然分株的寿命小于基株的寿命，但许多分株的寿命也相当长。因此，克隆植物的基株常常能够保有大量的分株，从而具有很大的生物量，很少有人估计过具体克隆植物基株的生物量，但它们无疑是世界上单个遗传学个体生物量最大的生物之一。

在农业生产上结合高压繁殖技术或者高压雾化催根技术，在种植的母株上不断的在其分枝上进行间隔性的高压催根，再进行雾化营养供应，构建起类似自然界克隆植物的生理整合代谢模式，可以对种植的母株（基株进行）多级性的延伸克隆，构建起类自然克隆植物的模式，实现小生物量经济植物的巨大化无限级种植，未来可能实现果树种植一亩或者更大面积只栽培一株基株的生产方式，不管在观光及生产上意义重大。当前在红薯气雾栽培空中挂薯及南瓜的挂桶雾化催根上得以应用，是营养接力的方式种植，与自然界克隆植物一样，构建起多级构件间营养互送的生长方式。

该领域研究虽然刚刚起步，但在未来园艺植物的生产应用上，前景看好，而且在理论与实践上都已有相当成熟的技术手段与经验积累。未来完全可以实现当前许多非克隆植物的克隆化种植，实现基株寿命的延长及克隆生物量的巨大化发育。为垂直农业的空间利用提供技术支撑，未来一高楼的表面就是由一基株培育出的无限克隆体，并且可以生长至无限的高度，数百米高的摩天大楼表面的覆盖可能只需一株植物完成。

二、超级钢构树在气雾克隆栽培上的具体应用

超级钢构树设施主要用于超级植物的栽培，其树冠超乎数倍、数十倍甚至数百倍于常规植物，要实现植物的超级生长，必须最大程度地满足植物肥水吸收及光合代谢的生理生态需求。但植物巨型化或超级发育后，随着树冠的扩张，不同部位的枝、叶、果等组织所处的生态位与生理代谢都将发生变化。离根系越远，肥水输送距离也就越远，由叶片蒸发所需的动力因不同的植物品种具一定的生理阈值限定，而由导管

内壁产生的阻力也随距离的增大而增大，水分吸收在重力及导管阻力的综合作用下，自然就限定了植物的生长高度或者输送距离。另外随着植物的生长，分枝级数不断增加，离跟蔸距离也越来越远，而决定植物生长除了肥、水、光合等营养代谢外，生长激素也是影响生长的重要因子，而根系是生长激素合成的重要器官，离跟蔸越远输送至冠形末端的激素就越少，所以大多数高大的植物末梢的枝梢其叶片就越发变小。甚至如世界上第一高树—红巨杉（高达112.7m），其树梢顶处的叶片与极端干旱沙漠环境的植物叶片越发相似，就是离根系越远的叶片，叶形越小，甚至退化，一是水分缺乏，二是激素水平降低。研究发现，世界第一高树，在土壤水分即使充足的前提下，水分从地面运输至百米高处的枝叶，需24天。这是自然界树木高度受限的主要原因，所以，地球上的树木高度的极限为122～130m，这是水分传送克服重力及导管阻力的极限，叶片得不到水分就无法进行正常的光合作用。

另外，植株过高过大后，植株干径的承重负载也是一大限制，就拿一枝能支撑自身重量的树干来说，如它的长度增加100倍，直径也增加100倍，此时植株的体积将增加100万倍，重量也同样增加100万倍，然而树干截面的面积仅增加1万倍，因此每平方厘米的截面上要增加100倍的承重，而在树干的几何形状始终不变的情况下，显而易见，这株树干能不被自身重量所压垮吗？高大的树木若保持其完整，它的粗细对高度的比就该比低的树木大，但加粗就必然加大树下部的负载，因此，树木在适应环境的生长过程中，它的高度不能不受到限制，所以树木不能无限长高的道理也就不言而喻了。

还有，从光合作用所需摄取的二氧化碳来说，二氧化碳的密度比空气密度大，表现为下沉的趋势，过高后二氧化碳浓度降低，也将成为光合作用的限制。

要构建超级树栽培系统，实现多年生树木或者无限生长型瓜果及多年生草本植物的无限生长，必须克服上述限制，在栽培系统上进行优化与技术处理。

（1）变纵向生长为横向生长。采用钢构树支撑架的方式，让植株长至一定高度后就作水平延伸生长，减少植株的承重受限与水分输送的重力限制。

（2）优化激素环境，解决生长末端激素水平低的问题，对根系环境进行温度控制，常年稳定在一定的温度阈值，调到最适合根系发育与激素合成的环境。大多数植物根温控制在17～21℃，可达到周年生长的效果，而且根据根系的生理特性，只要环境适宜就可以无限生长。根系活力的保持是源源不断提供枝梢生长所需生长激素的重要来源。

（3）克服导管阻力与重力的另一技术方式，就是采用高压根系的营养液供应，也叫气雾克隆栽培，就是在植株上不断的高压克隆出根，再于诱导的不定根根系处提供根雾环境，就像营养接力赛一样，源源不断往树冠外围及梢顶传送，也就是克隆出更多的肥水供给"源"。就像热带地区的榕树，枝干可以处处出根，而克隆栽培是采用高压引根或者靠接创造辅根的效果。高压引根与辅根都成为植物生长新的营养"源"，解决远距离单处供肥水的限制问题。

（4）克隆植物原理的应用，南方典型的克隆植物就是毛竹，一片竹林从生物学角度来说就是一株毛竹，全是采用地下鞭茎生发笋芽发育枝梢，这种地下茎生长的方式植株之间形成营养及水分的协同调控机制，所以毛竹具有强大的种群扩张力。高压或者辅根靠接的方式具类似克隆植物的生理效果，是实现植物无限生长的仿生应用。

在观光科普园及现代高科技农业园区的建设中，克隆式气雾栽培是培育超级植物的重要技术支撑，实现大多数多年生植物或作物的无限生长。未来有望培育出一亩一株树，一亩一株瓜，一亩一株花的观光效果与震撼的科普教材。

三、超级钢构树构建图解

超级钢构树雾培系统与伞式钢构树雾培构建方法类似，不同之处在于随着植株的生长冠幅的扩大，不断增加克隆的摄食点。所谓摄食点，就是在枝或蔓上进行高压催根，催根后再采用挂雾培桶或管的方式进行气根培育及营养液供给。对于高压难生根的木本植物摄食点可以采用小苗靠接植入的方式构建，逐渐发挥多点摄食的生理整合效应。具体如图11-27所示。

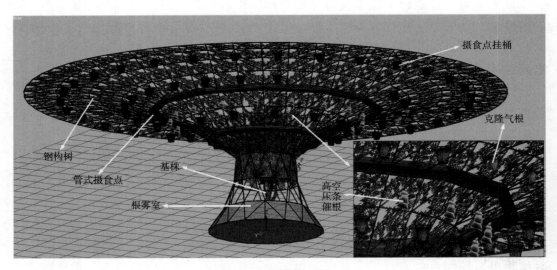

图11-27　摄食点布设

第十二章 支撑垂直农场与垂直农业 发展的温室设施技术

垂直农场与垂直农业技术是众多学科与技术的复合集成，也是复杂庞大的系统工程。其围障设施涉及到温室技术，耕作部分涉及栽培模式，系统构建涉及设施工程技术，田间管理涉及计算机自动化控制及物联网技术，能源方案解决涉及绿色能源及相变材料利用技术，栽培耕作涉及营养液技术、病虫害防治及生理生态，是系统集成、学科交叉、产业商业交融的综合产业技术体系。本章重点介绍当前应用于垂直农场与垂直农业的实用型创新温室与设施技术。

第一节 温室技术创新

垂直农场与垂直农业是空间利用型创新耕作模式，其对空间的要求高于普通设施温室，常规温室因主要采用平面耕作，所以往往高度较低，通常在3~7m，有拱棚、日光温室、联体大棚、玻璃温室等，这些都是基于平面耕作的创新利用而设计，高度与跨度有限，难以满足空间化耕作的设施需求。丽水市农业科学研究院通过近10年的研究，在温室技术创新上走出了一条全新的别具风格的温室构造与工艺，彻底改变了传统温室概念与模式，在温室的跨度、高度、形状、力学结构、建造工艺上都体现出科学性、创新性、系统性与实用性，为垂直农业与垂直农场的发展提供重要的技术支撑。

一、球形鸟巢温室

球形鸟巢温室于2008年由丽水市农业科学研究院发明开发，目前已有近10年的生产应用历史，在现代农业园区及全军农副业生产上被得以广泛推广运用。

球形鸟巢温室的外观为弧面球形，这种外观具抗风的优势，正面强风侵袭时可以绕弧面环绕而过，减小的挡风面，起化解强风的破坏作用；另外球形结构符合球体几何原理，建造相同空间体积的物理结构，球体具有空间最大化、表面积最小化的优点，空间最大化有利于内部的垂直立体设计，表面积最小化减少温室内外热交换，有利于温室温度的稳定，达到节能效果，表面积最小化也可以起到节省材料的效果，与相同空间的方形结构相比，可以节省材料30%～50%，所以球形温室应用于生产更利于微气候环境调控。

球形温室采用整体张拉力学构造，所选择的材料为短程化管材，短程化管材减小的力矩，让材料的扭剪强度增大，另外科学应用三角结构、空间桁结构与蜂窝结构，采用三种结构复合建造模式，实现力学上的最大化发挥，达到弱材料高强度效果，所以球形鸟巢又具强大的抗雪性，标准设计鸟巢构型其节点承重强度达600kg以上，这是其形成强大抗压性的原因所在，因为整体张拉的球体结构，具有一点受力整体应力的力学效果。整体张拉结构也是最为抗震的结构，遇到强震时充分发挥向心力与均匀发散化解的力学特性。

在建造工艺上，鸟巢温室全部采用短程化材料，以方便施工运输，另外其节点的连接方式全部采用拧螺杆的方式安装，建造施工便捷快速，符合推广应用要求，建造时无需土建工程与打地基，只需平地即可安装，就如锅盖扣置于大地。独特的安装工艺解决了建设的安全问题，不管多高大的温室安装时全部站地安装，先从顶处作为安装始点，结合起吊葫芦从顶处逐层往下安装，安装人员无需攀高即可完成十米甚至几十米高鸟巢的安装，这也是在安装工艺上的一大创新。

球形鸟巢温室由众多三角结构组成的球形，不管哪个角度与方向的光入射球体内，都有光线与温室的三角面板保持垂直，为温室内部空间创造大量的漫射与反射光光效，所以球体温室内的光效如影棚光效果，大大减少了栽培作物的阴阳面问题，让作物生长更为均匀。另外鸟巢温室通风采用底层进风，顶处出风的方式，利用热空气上升的烟囱效应构建短程化的通风效果，而且球体具热空气聚顶效应，使耕作层的温度大大降低。

目前用于垂直农场与垂直农业构建的鸟巢温室其跨度在30～60m，其高度在8～24m，而且为无支柱的大空间结构，为内部的空间利用创造了其他温室无可比拟的大空间，是垂直农场与垂直农业构建的重要温室围障设施。具体结构如图12-1、图12-2所示。

图12-1 球形鸟巢钢构

图12-2 覆盖后效果

二、矩式鸟巢温室

球形鸟巢大多用于观光园及现代农业园区的高科技展示，那么矩式鸟巢则更侧重于工厂化垂直农业的产业化应用。工厂化生产以追求生产高效性，布设的整齐性线性为特点，所以地缘为矩式的鸟巢更便利于管理耕作的高效性，但在构造工艺与力学上同样遵循球形鸟巢的相关原理与特点。地缘为矩式适合工厂化的线性布局与耕作特点，表面为圆弧穹顶，又能充分发挥抗风抗压等力学特点，所以矩式鸟巢是线性温室与球体温室技术的有机融合，将会成为未来立体垂直农业的重要设施。

矩式鸟巢与球形鸟巢比较，它更加适合湿帘风机的通风降温设施安装，矩式的两端头一端安装湿帘一端安装风机，让耕作层通风更为顺畅，强制降温效果更佳。用于北方地区，同样与球形鸟巢类似，可以于内蜂窝卡内膜形成双层膜保温效果。矩式的内部耕作空间与球形相比，更方便覆盖内遮阴与内保温被，适合寒季的保温操作。矩式鸟巢构造更能体现空旷的工厂化效果，同样采用无支撑大跨度构造，而且对于产业化发展来说，其土地的利用率更高，不像球形鸟巢，建成后边角地浪费较多。矩式鸟巢也适合温室间的组合连体，能够创造出比球形鸟巢更宽敞的内部空间。具体结构如图12-3、图12-4所示。

图12-3　矩式鸟巢钢构

图12-4　覆盖后效果

三、金字塔温室

提到金字塔，大家首先想到埃及金字塔，不错，金字塔温室也是来自埃及金字塔的灵感而创新，金字塔温室在结构上同样采用外三角、内蜂窝的空间桁架结构，这种结构解决了温室高旷化的力学结构问题，金字塔的四斜面全部采用该结构构型。从埃及金字塔建造来说，塔形结构更符合风沙区的强风沙要求，塔形结构也是大自然的一种原理应用，当你抓起一把沙从高处往下漏，所形成的自然形状就是塔锥形，这是符合自然力学的一种造型；金字塔能在埃及沙漠地区历经4 500年屹立如初，与其构造与外观都息息相关，这种具斜面而顶处削尖的塔形结构，当强风来袭时，强风可以滑坡而过，而且风力越往上阻力越小，就是这原理，起到了强风化解的作用。

　　用于垂直农场与垂直农业的温室，都必须具空间的空旷性，所以高大的建造首先得考虑抗风性，采用金字塔构型是实现高旷化发展的另一技术原理与技术路线。丽水市农业科学研究院在鸟巢温室的整体张拉结构力学基础上，借鉴金字塔原理，开发了边长20～50m，高度12～20m的高旷型金字塔温室，被应用于垂直农场与垂直农业的耕作空间利用上取得良好的效果。金字塔内栽培作物与普通温室相比，金字塔具有宇宙能量效应，当前科学家探访胡夫金字塔需借助机器蛇等工具，人类难以进入金字塔深处，内部有强大的宇宙辐射。从能量角度来说，金字塔就是一个宇宙能量的谐波震动腔，能量可以收集放大谐震。作为金字塔外型的物件，通常都具或多或少的能量效应，所以金字塔的用途也因其功能效应而被开发。如用于瑜珈修炼的辅助设施，可以提升修炼效果，也有用于农业温室，曾有试验报道，在金字塔温室内栽培作物生长速度加快，是物理农业的一种应用。作为现代农业观光园，引入风格外观独特的金字塔温室，构建垂直农场或垂直农业耕作系统，可以起到很好的科普观光效果。具体结构如图12-5、图12-6所示。

图12-5　金字塔钢构

图12-6　覆盖后效果

四、葫芦形及椭圆温室

　　球形鸟巢大多为单体的圆弧球体，对地块的要求为正方形地块并取内切圆建造利用，对于一些长方形地块，则可以用椭圆形温室建造，对于一边宽一边窄的地形，为了充分利用可以采用葫芦形建造，宽的一端为葫芦下肚，窄的一端为上肚，达到充分利用地块的效果；这两种温室高旷性好，适合垂直农场与垂直农业建设，其中椭圆形温室以短半轴为高度，葫芦形则以各上下肚的半径为高度，为正球形，能充分满足高旷要求。具体结构如图12-7、图12-8所示。

图12-7　葫芦形鸟巢温室　　　　　　图12-8　椭圆形鸟巢温室

五、土楼温室

土楼温室是当前设施型垂直农场的新型温室构型，科学巧妙的利用土楼高垂的外形及螺旋梯田的分层原理，是当前国内外温室构型中唯一实现耕作平台分层化布局的创新结构，温室每部分的结构同样采用三角蜂窝复合结构，构建高强度的围障墙体及顶罩。具体结构如图12-9、图12-10所示。

图12-9　土楼温室钢构　　　　　　图12-10　覆盖后效果

第二节　设施技术创新

垂直农场与垂直农业是空间化利用的新型耕作模式，栽培设施同样采用空间化立体化布局方式，而气雾栽培是最适合垂直设计的耕作技术，以下就各种适合垂直农业的设施作简要介绍。

一、梯架与塔架雾培

早期的叶菜类气雾栽培大多采用塔架式雾培（图12-11），塔架底宽为1.2m，斜面为1.8m，长度因场地而定。塔架采用20#热镀锌管组件安装，塔架两侧的腰处各均匀布设两道弥雾管，管上按照间距0.6m安装喷头，该模式存在塔尖处弥雾不均或存在死角问题，目前在生产上应用日渐减少。在塔架基础上进行改造，又形成了梯形架模式，梯形架底宽为1m，斜面为1.5m，上梯面宽为0.4m，同样采用两腰处各布设两道弥雾管方式安装，喷头间距同为0.6m，梯架与塔架相比，上梯面更适合瓜果类植物套种。最近生产上又开发了一种新型梯架，即于上下梯面处各增设一正三角与倒三角结构，用于管道的架设安装，这种架式弥雾管道安装于梯架内空间中线处，作上下两道布设，比上述的塔架与普通梯架减少两道弥雾管，安装于梯架中线区域的弥雾喷头实现360°角弥雾，而安装于两侧的喷头因受栽培板的阻挡，弥雾角则为180°，改良后的梯架喷头数量减少一半，而且不会出现根系遮挡喷头问题，弥雾更为均匀。

二、立柱雾培与立式陶粒培和海绵培

立柱雾培具占地小空间利用率大的优点，而且立柱培可以腾出更多的地面空间作为活动空间，适合示范园与观光园的空间利用。生产上应用的立柱雾培有4种构建方式：第一种是直接采用大口径PVC管或者波纹排水管作为立柱，内置弥雾进行构建；第二种是采用铁丝网围成立柱并于柱体表面包覆黑白膜的方式构建；第三种是利用20#热镀锌管作为立柱支架，再于支架外扣合挤塑板的方式构建，一般生产上普遍应用的立柱，为六面体立柱，柱的直径为1.2m，高为2.4～3m，柱之间排列的间距为2.5～3m；第四种是采用高密度的泡沫或者聚氨酯材料注塑成半弧形材料，建造时用半弧形材料扣合成立柱用于柱式雾培，这种方式建造便捷快速，在一些部队的农副业生产基地被率先采用。

立式管道陶粒培与养鱼结合构建的鱼菜共生系统（图12-12），这种模式系统稳定，水质处理好而且基质缓冲性大，菜的动态波动对水质不会造成太大影响。生产者或市民运用成功率高，适合生产性与阳台农业，栽培的品种也多，可以是瓜果也可以叶菜，而且垂直立体化利用，大大提高土地利用率。但在系统构建进管道的定植孔处理及填充陶粒等工作，建设稍为费时，在运用时陶粒中残根的处理稍为麻烦，但也不失是当前较为实用的鱼菜共生技术，可以在生产与阳台大面积推广运用。

带槽沟的立式管道海绵培与养鱼的结合模式（图12-13），该模式可以说集成了常规鱼菜共生模式的优点，规避了水培波动性大，陶粒培承重大等问题。系统稳定性好，处理水质效率高，土地利用率也高，可以说是当前最为理想的鱼菜共生模式，不管是阳台庭院还是生产大面积运用都非常的可行而稳定。从系统科学角度来说，该系统是一个效率极高的正反馈系统，鱼生长快排泄多，海绵基质滤化的固态有机物发酵效率也高，于是植物生长快，根系发达，发达的根系又促进了吸收，让水质更清洁，鱼又长得更快，是一个真正的共生共荣的协同系统（图12-14）。当菜收获时系统同样具有良好的分解矿化能力，因为海绵的表面孔隙创造了比以往其他基质更大的微生物滋生表面积，而且管为垂直布设排水良好透气富养，培育了大量的硝化转化益生菌。在菜收获时，虽然没有根系，但系统同样不会出现大的波动。

立柱式雾培与陶粒海绵培适合垂直农场与垂直农业的系统构建中，海绵陶粒培结合鱼菜共生技术较适合都市农业的阳台庭院作垂直农业设计之用。

图12-11 梯形架雾培

图12-12 立式陶粒培鱼菜共生

图12-13 海绵培鱼菜共生

图12-14 海绵培定植方法

三、钢构树及桶式雾培

钢构树灵感源于上海世博会的世博轴构造，如巨伞的构造可以创造出硕大的利用空间，较适合蔬菜树的栽培应用。蔬菜树是科技园区重要的观光科普项目，通过选择无限生长型品种，再结合营养液栽培，实现单树的超巨大化发挥，创造出瓜果作物的巨木效果，是一种空间利用型设施，可以腾出更多的空间供客人走动观光。钢构树由喇叭口的网架伞体与基部的雾培基座组成，伞体用于植物枝蔓的攀爬，基座创造根雾环境，用于作物栽培（图12-15）。

桶式雾培在生产上应用通常也是栽培蔬菜树较多，这种方式只构建根雾环境，枝叶或藤蔓的空间布局与生长还需另外辅助棚架。用于根雾桶制作的方法，有铁丝网围建法，也有直接用较大的塑料桶或者不锈钢容器作为根雾桶使用。铁丝网围建法利用铁丝网围成桶，再于网内铺设黑白膜的方式构建，围网的直径可以灵活把握。目前生产上也有采用断根容器作为雾培桶，断根容器材料市场易购，围成桶后再进行铺防水布即可（图12-16）。

图12-15　苦瓜钢构树雾培　　　　　图12-16　番茄树桶式雾培

四、沟槽式与管道式雾培

沟槽式与管道式雾培通常用于垂直农场的瓜果、果树、树木类的种植，沟槽雾培在地面施工有砌砖建槽或者就地开沟方式，在垂直农场的空间利用上，一般采用万能角钢作为材料制作种植槽的种植框，再用挤塑板材料扣合成槽，这种方式具有建设灵便轻巧，少承重，方便空间化布局（图12-17）。

管道式雾培可以采用大口径PVC管构建，这种方式可以用于屋顶果园、都市护栏、可利用空间架设；也有采用柔性的伸缩管，伸缩管具有搬运安装方便，使用灵活的优点，它的柔性特点适合变化环境的利用，如在螺旋梯田上的应用，伸缩管雾培更具优势（图12-18）。

图12-17　槽式雾培　　　　　　　图12-18　伸缩管雾培

五、X架复合耕作模式

栽培模式的创新可以优化作物生长条件，也可以让温室设施的空间得以最为充分的利用，达到设施占用率降低；同时起到减少能耗、节省土地、实现更为集约化管理的高效生产目的。把气雾栽培与种苗快繁得以立体化的组合创新，让空间分布更为合理，优化不同耕作层的光生态位，实现两者之间的生态协同共生。就如自然森林群落，撒落的种子萌芽与幼苗之生长有上层枝叶的庇护，可以减少强光对幼苗的灼伤，又营造了冠下更为适宜的温湿度环境与米筛光漫射效果，更有利于幼苗及种子萌芽的早期生长。设施化技术及创新耕作模式更利于空间的合理布局与光效的充分利用，采用X架模式，支撑起三维利用的空间，于上层V架上扣建"V"形雾培槽或架设雾培管，下层空间用于苗床建设（图12-19、图12-20）。

近年栽培设施的开发与应用发展速度很快，除了上述介绍的模式外，还有当前用于草莓种植的A架式基质槽栽培，空中的"V"形槽雾培，未来用于空间站的气囊式雾培，室内阳台的层架式管道培，以及适合阳台空间的倒挂式栽培等。模式创新将会随着产业的应用范围及功能，发生不断地更新与演变，但总的一点都是为了充分利用耕作空间，利用有限的资源以达到最佳的耕作效果。

图12-19 X架"V"形槽雾培   图12-20 X架管道雾培

第三节 能源技术创新

在工业时代煤炭石油资源是主要的能源，未来生态文明时代，绿色能源与节能减排将是时代的主旋律。农业生产的能源消耗也遵循同样的发展规律，首先发展垂直农场与垂直农业，利用都市环境发展农业生产，让农产品送达消费者手中的距离缩短，减少运输的能源消耗，这是宏观上的节能措施。但对于运行的垂直农场与垂直农业的相关环境调控与设备设施运行消能，也得通过创新以实现最小的能源投入，达到最佳的生产效果，一是可以降低生产成本，二是可以为低碳生产生活作贡献。

一、双膜与填充肥皂泡保温措施

当前丽水市农业科学研究院开发的各种类型网架温室，都是采用外三角内蜂窝的空间桁架结构，只需于寒季实施内蜂窝的卡内膜操作，即形成了双膜保温效果，双膜之间具0.5～0.8m的空间夹层，从而起到了减少辐射散热与空气对流散热的效果，以达到保温节能的目的。

以空间总体积为7 200m³的矩式鸟巢温室为例，在覆盖单膜的前提下，当外界气温降至-10℃，需保持温室内气温10℃，每小时需耗能1 210 222kJ的热量。当温室卡覆内膜采用双膜覆盖后，保持上述温度，需每小时耗能834 912kJ的热量，即每小时可以节能375 310kJ热量，换算成卡即为89 661.559kcal热量，以燃煤热风炉计，每千克标准煤可释放7 000大卡热量，即覆双膜比单膜每小时可节省燃煤12.8kg，以加温时间从晚上6点至次日9点计，15h，覆双膜可实现节煤192kg。通过换算，双膜与单膜相比，在不加温情况下可达到6.2℃的温差。

综合双膜的节能效应，寒季覆双膜产生的温室效应比单膜结合加温在成本上要划算，以厚15丝的进口膜计，该温室需1 600m²，价格每平方米4.8元计，成本为7 680元，以使用寿命4年计，每年分摊成本为1 920元。以北方气候加温天气2个月计，单层与双层膜加温比较，可节省燃煤11.5t，以每吨标准煤600元计，需增加燃煤成本6 900元，而覆内膜年成本只需1 920元，说明覆双膜是一项较为划算的辅助调控措施。

如果在双膜基础上再进行夹层的肥皂泡填充措施，基本可以达到温室内外的绝缘效果。目前，丽水市农业科学研究院在肥皂泡保温上已做了大量有效的工作，开发的肥皂泡发生器可达每小时40m³的功率，基本可以满足垂直农场与垂直农业的大型温室所需。另外在肥皂泡的稳定持久性上的研究也有较大进展，对于极寒区，采用发泡液中添加甘油的方式以解决发泡液结冰问题，同时也使肥皂泡寿命大大延长，可达2h之久，大大提高了肥皂泡的寿命，减少发生器的发泡频率。肥皂泡夹层填充技术不仅仅用于保温，在太阳暴晒的高温夏日，还可以通过肥皂泡发生技术达到遮阳及降温效果，实施肥皂泡填充遮阴，把直射强光转化为漫射光，并且过滤了热量，其效果优于常规的遮阴方式。

二、水蓄热节能保温

水是自然界所有材料中比热容最大的材料，是天然的相变物质，其比热容是土壤、沙、砖、混凝土的3～5倍，如干沙为0.19kcal/（kg·℃）、混凝土为0.21kcal/（kg·℃）、砖为0.22kcal/（kg·℃）、水则为1.00kcal/（kg·℃），其中土壤因含水量的不同而不同。高比热容是发挥蓄热功能的关键，所以在球形鸟巢温室的建设中，中心区域一般建成水体用于养殖及蓄热。矩式鸟巢的工厂化栽培则于温室内的过道两侧布设化工桶水墙，用于寒季蓄热，化工桶水墙具有成本低、建设便利、搬移灵活的优点。化工桶水墙即以化工桶为容器，桶内装水，桶表面涂黑以增加吸热性，夏季高温时可以搬撤化工桶或者排放蓄水，并于桶表面涂白色的反光涂料，实现蓄热功能的可撤性，传统土墙温室常会出现夏日高温问题，而化工桶水墙温室则可灵活取消蓄热功能。

三、地热资源的应用

大家都熟知，钻井至一定深度的地下水，其终年水温将稳定于17～18℃，利用该特性结合垂直农场与垂直农业的水培或者气雾栽培，以达到根温的高效化节能调控。对于作物的生长，地下根温调控效率高于地上枝叶环境温度的调控。通常对根温干预±1℃，相当于地上环境温度±（3～5）℃效果，如夏日高温季节对营养液进行制冷，让营养液温度保地在18～21℃，可以于气温32～35℃的气温环境下正常栽培低温型的结球莴苣或者上海青，应用该理论，丽水农业科学研究院已将气雾栽培技术在热带沙漠地区的纳米比亚国及阿联酋得以蔬菜的成功栽培。遇到冬季的寒冷天气，同样可以采用营养液加温的方式来实现节能，也就是根温升高1℃，相当于温室气温升高3～5℃的增温所带来的生长促进效应。进行营养液的加温或制冷是应对高温与寒冷天气的节能措施，比整体温室的降温或升温节省大量能源。

更为节能的措施就是利用地热，在栽培过程中通过对根区供液系统的切换得以实现，比如高温季节的蔬菜工厂，白天可以利用地下水对根系进行弥雾，夜晚切换成营养液供液；到寒冬季节，可以白天供应营养液，夜晚供应地下水。建设管道供应系统时，只需于主管处安装一个三通切换即可。

第四节 控制技术创新

温、光、气、热、肥、水的调控是垂直农场与垂直农业生产过程中重要的调控因子，为作物创造最佳的微气候环境是实现作物高效化生长发育的基础。设施化农业从某种角度来说就是研究环境可控化的农业，作物的生长发育就是在适合环境条件下基因的正常与快速充分表达的过程。控制技术有依靠传感器为输入信号凭智能决策判断并发出执行指令的电气化控制模式，也有无需依靠电气设备进行无动力的控制，所以控制分为主动控制与被动控制，被动控制精度不高但不依赖电能，这方面控制的因子与范围有限，但也有在生产上所应用。

一、主动控制

主动控制指基于传感器的智能化自动控制方式，如用于温室环境的控制，主要有湿帘风机的开与关控制、温室遮阳网的启与闭控制、温室人工补光的自动控制、寒季热风炉的加温控制、自动卷膜的通风控制、空间的自动弥雾增湿等；这些控制都得基于温度传感器、光照强度传感器、湿度传感器为基础的智能决策控制。用于栽培过程的控制，主要有营养液温度的调控、营养液水位的调控、营养液浓度EC值调控、营养液水泵循环的间歇控制等，这些控制需基于EC值传感器、液温传感器、水位传感器、根区温度传感器、叶片湿度温度及水膜传感器的数据采集。由环境调控及栽培调控构建完整的设施农业自动化控制系统，在垂直农场与垂直农业的调控中随着管理精细度要求的提高，今后还会细化更多的传感与控制，如微位移传感器、作物茎流速传感器、二氧化碳浓度传感器、pH值传感器、风速传感器、雨量传感器、基质湿度传感器、溶氧传感器等。不管什么参数控制必须基于传感器技术，方可以实现管理的数字化、自动化与精准化，所以实用低成本传感器的开发应用，是实现垂直农场及垂直农业实用化、高效化生产的关键。

二、被动控制

被动控制在农业设施上的应用研究，国内较少，丽水市农业科学研究院在被动控制的研究应用上起步较早，如用于开窗的无支力顶杆，用于揭膜通风的记忆弹簧，还有用于鸟巢温室顶通风的无动力通风器。以下就目前被应用的被动控制作简要说明。

（一）记忆弹簧在掀膜调温及无动力通风器挡板启闭上应用

1932年，瑞典人奥兰德在金镉合金中首次观察到"记忆"效应，即合金的形状被改变之后，一旦加热到一定的跃变温度时，它又可以魔术般地变回到原来的形状，人们把具有这种特殊功能的合金称为形状记忆合金。记忆合金的开发迄今不过20余年，但由于其在各领域的特效应用，正广为世人所瞩目，被誉为"神奇的功能材料"。

记忆合金在航空航天领域内的应用有很多成功的范例。人造卫星上庞大的天线可以用记忆合金制作。发射人造卫星之前，将抛物面天线折叠起来装进卫星体内，火箭升空把人造卫星送到预定轨道后，只需加温，折叠的卫星天线因具有"记忆"功能而自然展开，恢复抛物面形状。

1. 在自动掀膜上的应用

在雾培蔬菜工厂的管理上，当温室气温升高时，可以掀起边膜实行自然通风降温，所以掀膜的管理也是一项日常工作，而采用形状记忆合金制作的弹簧可以实现自动掀扣边膜，达到自动启闭的科学管理效果。那么它是如何实现呢？以下就原理及巧妙的设计作简要介绍。

（1）材料及原理。记忆金属制作的弹簧，在冷却时结晶构造发生变化，此时如有外力作用就会产生可塑性扩张，相反，当受热时其结晶构相还原，在没有外力作用时就会发生原型收缩。

（2）制作方法。选择粗度为1.4mm的记忆金属丝为材料（图12-21），制成圈径为29.4mm，卷数为15卷的弹簧式线圈（因经试验该规格应力作用最为合适）。把它一端吊缠在拱棚的支撑杆上，另一端钩绕在膜缘用于压扣边膜的且有一定重量的压膜导管上，一般压膜管的重量以1 400g为佳，可以通过延伸管长来达到该重量，实现膜的大面积掀扣动作，可以每隔一定距离装扣一根弹簧，掀扣膜的幅度可以通过调节弹簧扣绕的位置与伸缩幅度来进行调节，离棚顶越近，关与掀的幅度就越大，也可通过调节压膜导管的长度重量来调节（图12-22）。

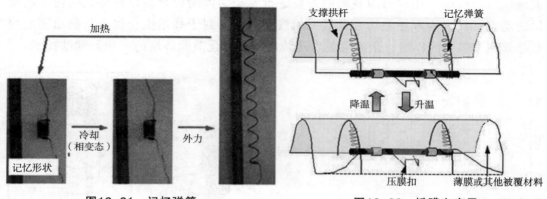

图12-21　记忆弹簧　　　　　　　　图12-22　掀膜上应用

2. 在无动力通风器挡板启闭上的应用

在免农药蔬菜栽培中，除了栽培模式（水培或气培）所带来虫口滋生场所的净化外，更重要的一项措施就是利用防虫网对于外侵害虫的物理隔绝，这种方法是最为有效，而且是被许多发达国家所采用的技术措施，但因为防虫网的覆盖使用，会使大棚环境的通风恶化，导致棚温的骤然升高。虫网的目数越大，网格越细，防微虫的效果就越好，但通风效率就越差，虫网目数越小，网格越粗，通风虽好，但有些微虫有可能还会进入。针对这个问题，生产上可利用棚顶设天窗通风的方法得以解决。这种设计，就是利用热空气上升的隧道效应，只要在棚均匀设计通风口，而且通风口处也需覆上防虫网，否则也是虫的入侵口。经这样设计的大棚，一方面可以起到防虫效果，又不会使棚内温度骤升，可以在生产上达到实用的效果（图12-23、图12-24）。

这种顶通风的模式较利于防虫免农药栽培，但在开启关闭通风口的管理上还是较为繁琐，特别是在面积较大的情况下，当然也可以采用电子控制法实现自动开启，但这难免增加了投入成本，而且电子法有时也会出现控制失灵。采用记忆金属弹簧的设计，既可实现无动力化开启关闭，又可以在远离电力供应区域的大棚设施内运用，是一种实用范围广、成本低的新方法、新技术。在小拱上的运用，上述已介绍了开启边膜的方法，但在较大的设施大棚条件下，开启顶通风更为科学与方便，所以生产上面积较大的大棚蔬菜生产区以顶通风设计模式较利于推广运用。顶通风大棚的无动力开启关闭通风的装置，在30m长的标准大棚顶部均距地安装3个无动力运风装置即可，实现自然的对流通风。

这种通风设计，不仅仅是动作的开启与闭合，而且可以通过对弹簧伸展度的调节来调控开启度，从而实现温度的精准调控，其调控范围可在0～40℃域值间调节，温度的误差在±5℃间，有类似电子控制的准确度。这种基于机械力学的高科技材料通风系统使用寿命长可达10年以上，这也是电子控制所不能比的。这种形状记忆合金能通过常温下的膨胀与收缩进行重复性的调节，具有因温度的变化自动地开关通风口的机能。用户可因栽培的需要进行希望温度的设定，以保持大棚内温度变化的动态平衡，为理想栽培创造最适的气候环境，对于栽培生长促进与病虫害的控制都起到了很大的作用，是实现免农药栽培与省力化节能栽培的一项新辅助技术。

图12-23　自动开窗用于顶通风　　　　图12-24　用于启闭板调控

（二）球形鸟巢温室的无动力通风设计

温室的通风除了影响温度外，还影响到作物光合作用的二氧化碳流通，当温室通风条件差时，作物容易得病。而且在夏季高温天气，如果没有良好的通风，温度的骤热会给作物生长带来生理压力，而严重影响生长发育，严重时会出现高温灼伤，当温室温度超过35℃时，大多数作物会出现午休现象。普通温室的通风采用掀膜透气或者排风扇主动通风，而球形鸟巢温室，它可以轻松地实现对流通风而无需太多的动力。因球形的圆顶结构，会使热空气上升聚顶，只需于温室的顶部开窗透气，于温室的下方开设入风口，就会像烟囱一样，源源不断地外排热空气。更为巧妙的是风从下窗口吹进后会在球体内产生涡旋加强效应，使风速加快，更利于顶窗的热气流外排，这种通风设计无需动力，不像传统的隧道式温室需要排风扇的动力辅助，因传统温室大多采用横向排风，而球体温室结构使自然气流作用下不需动力就可以实现垂直的纵向通风。那么窗的启闭如何去控制呢，传统的温室大多采用手动方式，或者电动功能结合，而鸟巢型温室的新设计，创新性地开发了无动力智能顶杆系统，只需每扇窗安装1～2根顶杆就可以实现自动启闭。当温度高时自动顶开窗户，当温度下降至一定范围，顶杆在弹簧作用下收缩关闭，而且更重要的是顶杆是可以调节范围的，可以设定温度值，这种无需电动力的智能系统，主要是根据乙醚或石蜡热胀冷缩的原理开发，在顶杆的尾端注入乙醚气体。当温度升高时，产生气压把伸缩杆顶开，从而实现开窗动作，当气温下降，乙醚气压消除，顶杆上的弹簧则收缩把窗户关闭，可以通过乙醚气室端的螺栓退进退出的方式来调节启闭温度。这种无动力系统具有智能化程度高而且稳定无故障的优势，特别在鸟巢温室上的运用意义重大，因为鸟巢温室顶窗通常在10多米的高处，这么高的窗户如果采用人工启闭会非常麻烦，如果采用电动，一旦停电也难以开启与关闭。

第五节　营养液技术创新

营养液技术是支撑未来垂直农场与垂直农业的关键技术，各类作物的正常生长与高产优质都取决于营养液配方的科学性。对于营养液技术的研究，目前大多数还是以植物所需的17种元素（氮、磷、钾、钙、镁、硫、铜、锌、锰、铁、钼、硼、钠、氯、硅、铝、硒）的科学比配为研究内容，不同的作物按照其生长需肥特性及不同阶段的生理需求进行元素之间比例及浓度的调整，以适应生长发育高产优质的需求。基于李比希矿质学说的具体生产应用，植物吸肥的机理都是以元素的离子态吸收，所以在配制营养液时必须以能溶于水的化合物为肥料进行配制。在具体生产应用上，大多数以无机化合物为原料，也有以发酵的有机液作为营养液，以下就营养液的研究方法及研发成果作简要介绍。

一、常用的营养液配方研究方法

营养液配方的研究方法较多，但较为科学快速确定一种作物的营养液配方，通常使用成分分析法。要制定某种植物的配方，首先选择生长正常发育良好的植株进行全株的灰分分析，一般采用原子吸收光谱仪进行元素成分测定，按照测定结果计算出各元素之间的比例关系，再从该植株所生长的土壤环境中取部分样品，确定根系周围的土壤溶液浓度。以上述两项测定为基础，确定配方的总盐浓度，再按比例关系计算出各元素的占比浓度，以此为基础确定了该作物的基础配方。以基础配方为依据开展栽培试验，栽培试验一般进行大量元素30%波动范围之内的变量试验，通过变量试验确定各元素的最佳浓度阈值，从中选择试验配方组合中对产量与品质影响度最大的比配作为生产配方应用，采用上述研究法需注意以下几方面问题。

一是根据对生长正常的植株进行化学分析的结果来确定营养液配方是否符合生理平衡要求的。这样确定的营养液配方不仅适用于一种作物，而且可以适用于这一大类作物，但不同大类的作物之间的营养液配方可能有所不同，因此要根据作物大类的不同而选择其中有代表性的作物来进行营养元素含量和比例的化学分析，从而确定出适用于该类作物的营养液配方。

二是由于种植季节，植物本身特性以及供给作物的营养元素的数量和形态等的不同，可能会影响到植物体的化学分析结果，有时分析的结果可能还会有较大的不同。例如，硝态氮可能会由于外界供给量的增大而出现大量的奢侈吸收，导致植物体内含量大幅度增加，这样测定的结果不能真实地反映植物的实际需要量。

三是通过化学分析确定的营养液配方中的各种营养元素的含量和比例并非严格不能变更的，它们可在一定的范围内变动而不致于影响植物的生长，也不会产生生理失调的症状。这是因为植物对营养元素的吸收具有较强的选择性，只要营养液中的各种营养元素的含量和比例不是极端地偏离植物生长所要求的范围，植物基本上能够通过选择吸收其生理所需要的数量和比例。一般而言，以分析植物体内营养元素含量和比例所确定的营养液配方中的大量营养元素的含量可以在一定范围内变动，变幅在 ±30% 左右仍可保持其生理平衡。

在大规模无土栽培生产中，不能够随意变动原有配方中的营养元素含量，新的调整配方必须经过试验证明对植物生长没有太大的不良影响时，方可大规模地使用。

二、丽水市农业科学研究院自主研发的营养液配方

丽水市农业科学研究院通过近15年的无土栽培研究与推广，在蔬菜、瓜果、果树、花卉等经济植物上作了广泛的试验，形成了具一定覆盖度的系列化营养液配方（表12-1），适合于各类作物的无土化营养液栽培，以下就丽水市农业科学研究院自主研究并在生产上得以验证的几款配方作简要介绍。营养液配方分为理论配方，理论配方只表述各元素的浓度比例关系，无法在生产实践上配制使用，而生产配方则是以理论配方为依据，以不同地区的水质报告为参考，计算出适合该水质的化合物混合组配，也就是说只有换算成化合物的使用量，方可在生产上操作配制。

表12-1　丽水市农业科学研究院营养液配方集

浓度(mg/L) 品种 \ 元素种类	硝态氮 $N-NO_3^-$	铵态氮 $N-NH_4^+$	磷 P	钾 K	镁 Mg	钙 Ca	硫 S	铁 Fe	锌 Zn	硼 B	锰 Mn	铜 Cu	钼 Mo
花卉类	130	0	60	300	30	100	60	2	0.1	0.5	0.5	0.05	0.05
旱作类	177	53	60	200	36	250	129	5	0.05	0.5	0.5	0.03	0.02
水生类	115	32	50	150	50	150	50	5	0.05	0.5	0.5	0.03	0.02

（续表）

浓度（mg/L） 品种＼元素种类	硝态氮 $N\text{-}NO_3^-$	铵态氮 $N\text{-}NH_4^+$	磷 P	钾 K	镁 Mg	钙 Ca	硫 S	铁 Fe	锌 Zn	硼 B	锰 Mn	铜 Cu	钼 Mo
水稻	212	37	58	80	65	317	87	5	0.4	0.7	0.8	0.07	0.05
叶类蔬菜	160	0	30	230	30	100	60	2	0.1	0.5	0.5	0.05	0.05
草莓	128	0	58	211	40	104	54	5	0.25	0.7	2	0.07	0.05
黄瓜	140	0	50	350	50	200	150	3	0.1	0.3	0.8	0.07	0.03
瓜类	215	0	86	343	85	175	113	6.8	0.25	0.7	1.97	0.07	0.05
番茄	140	0	50	352	50	180	168	5	0.1	0.3	0.8	0.07	0.03
番茄熟期	180	0	65	400	45	400	144	3	0.1	0.3	0.8	0.07	0.03
人参	168	14	31	313	24	80	32	0.6	0.05	0.5	0.5	0.02	0.05
青菜	200	0	80	213	74	261	33	4.9	0.25	0.7	1.97	0.07	0.05
结球生菜	165	15	50	210	45	190	113	4	0.1	0.5	0.5	0.1	0.05
散叶生菜	190	0	25	98	25	216	33	4.9	0.1	0.5	1.97	0.07	0.05
辣椒	320	0	103	364	96	330	174	4.9	0.25	0.7	1.97	0.07	0.05

备注：水稻为喜硅植物，在上述配方基础上添加100mg/L的硅元素

　　以上述黄瓜的元素组配为例，计算大连某地区井水为原水的生产配方；首先对井水进行钙镁离子及pH值的检测，该井水的钙离子含量为47.7mg/L，镁离子含量为16.0mg/L，pH值为7.06。按照上述黄瓜配方的理论组配进行生产配方的调整如表12-2所示。

表12-2　按地区水质进行黄瓜配方的调整

元素种类	N	P	K	Mg	Ca	S	Fe	Zn	B	Mn	Cu	Mo
理论组配	140	50	350	50	200	150	3	0.1	0.3	0.8	0.07	0.03
生产组配	140	50	350	34	152.3	150	3	0.1	0.3	0.8	0.07	0.03

　　上述列表中的生产配方为理论组配扣除原水中的钙镁离子含量所得，再按照生产组配计算营养液配方的化合物组成，在计算配方时一般都是以硫为自由度，因为作物对硫的适应范围较广，最低值为16mg/L，最高值可达1 440mg/L；通过计算适合该水质的化合物配方如表12-3所示。

表12-3 适合该地区水质的化合物组配

序号	元素种类	用量（g/t）
1	四水硝酸钙	932.2
2	硫酸钾	786
3	磷酸二氢铵	183.4
4	七水硫酸镁	344.8
5	螯合铁	23.077
6	一水硫酸锰	2.461
7	硼酸	1.716
8	五水硫酸铜	0.275
9	二水钼酸钠	0.076
10	二水硫酸锌	0.302

按照上述比配配制的营养液理论浓度为1.9mS/cm。

表12-3化合物组配的实际元素含量与表12-1的元素比配的计算误差如表12-4所示。

表12-4 化合物组配的计算误差

元素种类	理论比配（mg/L）	实际比配（mg/L）	误差（±%）
$N-NO_3^-$	119	110.561	-7.1
$N-NH_4^+$	21	22.344	+6.4
K	350	350	0
P	50	49.392	-1.2
Mg	34	34	0
Ca	152.3	158.198	+3.9
S	150	188.945	+26
Fe	3	3	0
Zn	0.1	0.1	0
B	0.3	0.3	0
Cu	0.07	0.07	0
Mo	0.03	0.03	0
Mn	0.8	0.8	0

上述配方计算以硫（S）为自由度，其他元素±误差控制在10%以内，该化合物组配可将该水质用于黄瓜生产专用配方使用。

在具体生产的应用上，除非所用的原水为反渗透纯水，否则都需对原水的水质进行水质分析，重点测定钙镁离子及pH值，其他元素对配方及作物生产影响不大，但对一些有污染的原水还必须进行其他指标的测定，以防重金属超标。

第十三章 常见与特色植物栽培各论

第一节 草莓气雾栽培及关键技术

草莓设施栽培从20世纪90年代开始，就已采用温室大棚加地膜覆盖的方式进行种植，已有几十年的设施种植经验与技术基础。近几年，全国各地又掀起无土基质培热潮，有平面基质，也有立体A架的基质槽种植，采用人工基质结合营养液滴灌的方式栽培，这种基质型无土栽培培育的草莓产量高品质好，比土壤栽培具更大的优势。还有些高新园区进行管道化水培草莓的尝试，综合各种栽培模式，都是为了实现高产优质，方便采摘，更好的空间利用，以及解决连作障碍问题。但纵观世界草莓栽培领域的发展趋势，走无土化培育及精品化高糖度的道路已非常明确。设施栽培为草莓生长创造更为适宜的温、光、气、热、肥、水环境，在环境调控及设施建造上成本较高，如何在相同的设施环境下，提高空间利用率，是降低成本最直接有效的方法，所以设施草莓的立体化耕作也将是发展的重要方向。一种新型的栽培模式近年于国内悄然兴起，那就是气雾栽培，它比以往各种模式更具生产优势、产业优势及高产优质优势。其生产上的优势，利用气雾栽培可以轻松低成本构建空间化立体化耕作系统，让设施单位面积的种植数量数倍提高，而且是清洁化的工厂式环境，更利于病虫管理及生长调控。其产业优势体现在田间管理上，采用气雾栽培后，形成标准化、规范化、流程化的工厂式作业体系，有利于产业的复制与推广普及，传统栽培大多凭经验管理实现高产优质，与管理者素质及土壤气候相关度大，无法成为大众化易掌握的项目。其高产优质的优势，体系在栽培系统能最大化发挥草莓生长的潜力，而且可以在营养液配方的管理及环境调控上做到精准化与数字化，为生产的可控化提供技术支撑。

一、梯架式雾培的设施建设

气雾栽培的模式众多，据目前生产上普遍应用于瓜果蔬菜栽培的有立柱雾培、塔架雾培、槽式雾培、平床式雾培、桶式雾培、管道化雾培等。但从草莓的株型生长特性、设施利用率、管理及采摘的便利性来说，梯架式雾培更适合于草莓的种植，以下就梯架式雾培系统的构建作简要说明。

气雾栽培系统由栽培设施、营养液供应系统、计算机控制3部分组成，其中栽培设施的作用就是起到支撑固定植株及为根系创造相对稳定而避光黑暗的生长环境，由栽培架及定植板组成。其营养液供应系统由营养液池、水泵、过滤器、强磁处理器、营养液杀菌器、主管、侧管、电磁阀、支管、毛管、弥雾喷头、回流口、回流管、苗床等组成。计算机控制部分由传感器、智能决策模块、执行强电3部分组成。通过栽培架实现空间利用率的提高，构建营养液循环供应系统，为草莓根系的生长创造最佳的肥水气条件，计算机控制实现温室环境、根域环境、营养液弥雾等管理的精准化与数字化，达到更为科学的管理目的。

以下就以图示的方式剖解系统的各组成部分。

（一）栽培架设施及供液管道安装

栽培架采用20#热镀锌管制作，架的尺寸为底宽1m，斜面1.5m，上梯面0.4m，架间距离为1.2m，定植板采用厚度2～2.5cm的挤塑板，并按照0.1m×0.15m株行距开孔，孔径为2.5cm，上梯面用于瓜果套种，开孔间距为0.6m，孔径为5cm。梯架内的根雾环境安装弥雾管道，弥雾管由每侧两排支管均匀布局，支管上按照间距0.6m开孔并接出胶管（毛管），并于胶管上安装弥雾喷头，4道支管并联统一接入50#的侧管，苗床底处铺设防水布，用于营养液回落回流（图13-1）。

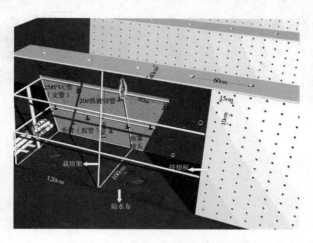

图13-1　营养液供液系统安装

（二）栽培架排列及供液管布局

栽培架之间留出宽0.8m的操作管理过道，栽培架的长度因场地而定；供液管道由主管、侧管、支管、毛管组成，于侧管上安装自动启闭的电磁阀（图13-2）。

图13-2　栽培架及管道布局

（三）营养液调控枢纽及计算机控制系统

营养液控制枢纽由营养液池、水泵、过滤器、强磁处理器、杀菌器组成；控制系统由传感器、分控器及主机组成；其中强磁处理器强度为8 000GS以上的磁通量，主要功能用于防营养液结垢与结晶所致的喷头堵塞；杀菌器为短波紫外线，其波长为253nm；传感器由光照传感器、智能叶片、EC值传感器、液温及水位传感器组成；分控器功能按照基地分区情况实现分区灌溉管理与相关温室环境因子参数的采集与处理（图13-3）。

图13-3　传感器及控制系统

二、定植及病害管理技术

草莓采用气雾栽培后，地上部分的环境与管理跟常规栽培类似，唯一不同的是根系的根域环境发生了较大改变，根系所处的肥、水、气环境及摄取方式与土壤栽培完全不同，而且根系的根构形态及组织也发生了较大的生态适应性变化，必须形成适合气雾环境的技术流程与管理规范。对于草莓来说，关键技术环节在于种苗定植前必须对植株进行催根处理及定植后的营养液管理。

（一）种苗催根处理

原生长于土壤中的草莓苗，其根系特性为陆生根系，而气雾栽培的根系为气生根，由陆生根转化为气生根，必须有一个中间过渡阶段，也叫催根处理；就是先对原来于土壤中发育的根系进行重度短截修剪，即去除2/3～3/4的根系，再把植株埋设于细河沙或者珍珠岩基质苗床，通过一周的左右的喷水管理（每天早上与傍晚用喷雾器连叶片全株喷湿浇透），即可长出洁白的新根（图13-4），这种初生的根系具水生根特性，它具发达的薄壁组织，具有对气雾环境有较强的生态适应性，移栽至气雾环境中很快会陆续长出气生根根系，如果直接土栽苗定植，也会长出气生根，但根系数量少而且原来的陆生根会出现不适应的烂根现象，通过催根环境一是可以使植株发育出更多的不定根须根，二是新生的根系能很快适应高湿环境并继续发育形成气生根根系（图13-5）。

图13-4 催根处理

图13-5 气生根发育

（二）定植技术

定植就是把催好根的草莓苗塞入定植孔并用海绵块或者喷胶棉固定，一般定植孔的标准开孔间距都是0.1m×0.15m，孔径为2.5cm，定植草莓一般间隔一孔定植即为0.2m×0.15m，没有定植的孔同样塞上海绵块，以防营养液外漏滋生绿藻，污染定植板（图13-6）。草莓定植时需注意，千万不宜定植过深或者海绵塞得过紧，草莓的根茎部位对氧气的需求量大而且不耐水渍，定植时宜浅塞固定。总之根茎部位不能深植至弥雾环境，恰好处于定植板孔洞处或稍外露于定植孔外，保持根茎良好的通风透气状态，以减少因根茎水渍而出现的根腐、茎腐及烂根死苗现象。气雾栽培定植技术是关键，是确保高成活率与正常生长的操作技巧，缓苗成活后植株的管理与常规设施栽培相同（图13-7）。

图13-6 海绵块定植

图13-7 草莓雾培

（三）病害管理

在土壤栽培中由于环境的不可控及清洁问题，往往存在较多的病害，病害是草莓防控的关键，在工厂化设施栽培中，由于避开了土壤及空间（通风及出入口处全部加覆防虫网）传播的途径，大大减少了病虫害入侵传播媒介，以实现少农药与免农药栽培；对于草莓较易感染滋生的各类病害，可以采用电功能水进行预防，形成规范化防控措施，每间隔一周喷洒一次电功能酸水与碱水，达到有效的防控作用。电功能水是一种新型的无化学残留的防控措施，是利用电功能水设备生产出pH值低于3及pH值高于11的酸碱水，其中酸水可以作为杀菌剂使用，碱水可以作为叶面肥或者中和酸水使用。电功能水的制备必须现制现用，在自来水中加入0.1%~0.3%的氯化钾或者氯化钙，通过设备处理后，流出两股水，其中一股水为酸水，另一股为碱水。使用时，先选择少部分植株进行喷洒试验，如果会发生叶片烧焦状的药害，必须酌情减少所添加氯化钾或氯化钙的用量，或者再往酸水中对水，直至无药害产生方可大面积喷洒。使用电功能水必须选择晴天使用，阴雨的高湿度天气忌用。为了确保药害发生，可以于喷洒酸水后，相隔30~60min再喷碱水以达到中和效果，或者先喷碱水再喷酸水。电功能水是利用带电的水所具的高电位来破坏病菌细胞的正常电位，以及水中的强酸物质次氯酸所起的作用达到综合防治效应，是一种零残留与污染的新型病害防控方式，而且其中的碱水还可以起到根外追肥之功效，是草莓免农药化学残留的新型病害防控手段，该技术在日本已有近10年的生产应用历史，是蔬果免农药生产的重要技术手段。

（四）授粉技术

草莓花期必须放蜂授粉，授粉不充分的果实，常出现畸形果，影响商品性，一般放蜂量每1 000m²的草莓梯架雾培工厂配置蜜蜂3箱，以达到充分而全面的授粉效果。近年也有于温室内放熊蜂授粉，熊蜂个体大于蜜蜂，其授粉效率大大高于蜜蜂，而且在气温较低的天气也能出巢授粉，蜜蜂需气温15℃才会出巢，而熊蜂在气温8℃以上即会出巢，特别适合冬季的设施温室草莓授粉。一般1 000m²草莓雾培工厂配置熊蜂360只，可以达到充分的授粉要求。

三、营养液配方及调控技术

草莓与其他叶菜瓜果相比，它的根系耐盐性较差，所以在营养液浓度管理上其EC值要比常规的蔬果低，通常EC值在0.8~1.8；过高浓度会加快根系早衰或者出现烂根，所以草莓的栽培最好用低EC值的专用配方。

（一）日本山崎草莓配方

1. 大量元素的理论组配（mg/L）

$NH_4^+-N-NO_3^--N-P-K-Ca-Mg-S=7.0-98.1-15.5-117.3-40.1-12.2-16$。

2. 换算成生产应用的化合物组配（表13-1）

表13-1　生产应用的化合物组配

序号	化合物种类	用量（g/t）
1	四水硝酸钙	307.7
2	硝酸钾	319.4
3	七水硫酸镁	123.7
4	磷酸二氢铵	57.6
5	螯合铁	19.231
6	一水硫酸锰	1.538
7	硼酸	2.86
8	五水硫酸铜	0.079
9	二水钼酸钠	0.025
10	二水硫酸锌	0.151

按照上述配方以1剂量配制，其理论EC值为0.7，通常移栽缓苗后至开花前采用1剂量配制，开花后逐渐提高至1.6～1.7剂量，理论浓度则为EC值1.1～1.2。

（二）丽水市农业科学研究院草莓配方

1. 大量元素与微量元素的理论组配（mg/L）

$N-P-K-Mg-Ca-S-Fe-Zn-B-Mn-Cu-Mo=103-27.5-144.5-19-77.5-25.5-6.8-0.25-0.7-1.97-0.07-0.05$。

2. 换算成生产应用的化合物组配（表13-2）

表13-2　生产应用的化合物组配

序号	化合物种类	用量（g/t）
1	四水硝酸钙	449.2
2	硝酸钾	372
3	七水硫酸镁	192.7

（续表）

序号	化合物种类	用量（g/t）
4	磷酸二氢铵	102.1
5	螯合铁	19.231
6	一水硫酸锰	6.061
7	硼酸	4.004
8	五水硫酸铜	0.275
9	二水钼酸钠	0.126
10	二水硫酸锌	0.755

按照上述配方以1剂量配制，理论EC值为0.9，通常移栽后缓苗后至开花前采用1剂量配制，开花后逐渐提高至1.3～1.5剂量，理论浓度则为1.2～1.4。

草莓催根苗移栽上架后一周内，以上述营养液配方的0.5剂量进行喷雾，更利于气生根的形成与发育，即EC值控制在0.4左右。

在草莓气雾栽培的整个栽培过程中，pH值保持在5.5～7.0，偏高或者偏低都得进行调酸或者调碱处理。pH值高于7，容易出现缺铁症；pH值低于5.5，则容易出现钙、镁、钾的综合缺素症。

四、草莓气雾栽培的发展前景

草莓的气雾栽培首先解决连作障碍问题，其次是提高温室设施的利用率，达到间接降低成本的效果，另外，方便进行工厂式的集约化管理及实现省力化栽培。通过营养液的科学管理，有利于产量提高及品质提升，特别是维生素C的含量大大高于传统土壤栽培，在病害的管控上，工厂化清洁化模式可以实现少农药或免农药生产，是获取安全绿色健康农产品的技术保障。通过立体化模式实现数倍于传统栽培的产量，同时也方便客人的采摘，无需躬身弯背操作。

总之，草莓作为高附加值的经济作物，采用气雾栽培实现工厂化生产，是设施草莓产业转型升级的重要方向与趋势，更是提高生产者效益与生产效率的有效途径与技术手段，极具推广价值与市场发展前景。

第二节　瓜果的拱式气雾栽培及关键技术

瓜果是大众喜欢的时令蔬果，包括西瓜、甜瓜、黄瓜、南瓜、番茄、辣椒、茄子等，但这些需肥量大的蔬果往往都存在连作上的障碍。连作障碍的形成是因为根系代谢物及病菌在土壤中的积累和不良耕作所致的土壤盐碱化或板结及重金属超标等原因造成。目前世界各地的蔬果产区都存在该问题，虽然也有各种解决方案，但都无法达到永久性的克服；如浙江的西瓜产业，迁移式的全国各地租地种瓜，就是为了避开连作障碍，采用水旱轮作及嫁接育苗同样都是为了解决该问题。我国最大的蔬菜基地山东寿光，也因连作障碍、土壤退化而出现产业衰退及产品安全隐患。近些年，各蔬菜基地大力引进基质型无土栽培或者水培生产技术，很大程度上都是为了解决与规避上述问题而采取的有效措施；但基质栽培也必须定期更换基质料，或者也存在基质老化影响根系环境的问题；而水培生产大多适合叶用蔬菜，在瓜果上虽可应用，但会增加技术应用的局限性，如液温超过25～28℃则会出现烂根问题，而且水培环境通过水流的循环传播，加快病害蔓延的速度，也是当前瓜果类大多以基质型无土栽培为主的原因所在。而气雾栽培是一种根系独立悬空弥雾，能为根域创造最佳肥水气条件的新型栽培模式，它几乎适合所有植物的气雾栽培耕作，而且普遍生长速率都优于任何一种栽植方式。在瓜果类经济作物的应用上表现强大的适用性与技术优势，将是瓜果产业转型升级与解决连作障碍、降低管理用工与生产成本的重要替代技术，更是一种可以永久生产的可持续栽培模式，将在生产中得以广泛的应用与推广。

一、拱式气雾栽培基地的建设

（一）苗床建设

拱式气雾栽培苗床宽为1m，深为0.2m，长度因温室大棚具体长度而定。苗床采用红砖砌建，建成床框后内铺防水布而成。以普通温室跨距为8m计，可布设四畦苗床，床间留出宽0.8m管理过道（图13-8）。

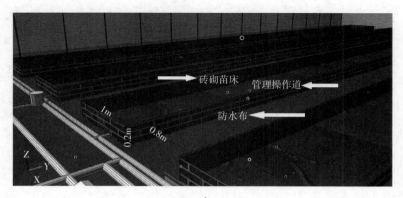

图13-8　苗床建设

（二）拱形架制作

采用PVC电工套管作为拱杆材料，每一拱杆的长度以弯成后顶高为0.8m为宜，每拱杆长度约为2.25m，拱杆间距作0.6～0.8m弯弓式排列，再用两道纵向套管用扎带把所有拱杆扎连成完整的拱架，形成拱式的整体张力。扎连成拱架后，再于拱形架上覆黑白膜与开设定植孔，盖拱膜时黑色朝下，白色朝上，达到拱内避光与拱表面白色反光的效果（图13-9）。

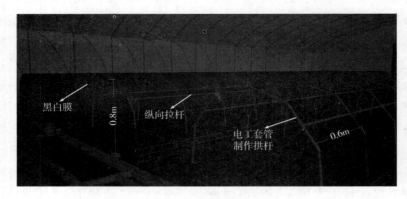

图13-9　拱形架制作

（三）营养液循环系统

气雾栽培是一种营养液闭锁式循环弥雾的供液系统，由水泵、过滤器、强磁处理器、营养液杀菌器、电磁阀、主管、一级侧管、二级侧管、支管、毛管、喷头、回液口、回流管、营养液池组成（图13-10、图13-11）。

图13-10　营养液循环系统安装

水泵配置的功率大小因系统每耕作区的喷头数量而定，以"十"字形弥雾喷头为例，每套喷头起雾的压为1.3～1.5kg，通常每耕作小区以400～500套喷头为宜，则需配置4 000～6 000W动力的水泵。水泵可以是自吸泵也可用潜水泵，营养液栽培通常以自吸泵为宜，潜水泵必须采用抗化学腐蚀的水泵，当前市场也有磁动力泵，磁动力泵噪音相对较小，适合都市环境的生产应用。

过滤器采用叠式过滤器，滤网为120～130目的网孔，主要用于滤除营养液中的固态杂质。

强磁处理器所起的作用就是起到防水垢与化合物结晶，同时也可以起到对营养液的磁化作用，磁化水具促进根系对水分与矿质元素吸收的作用。强磁处理器的强度以8 000～10 000GS为宜，套装于供液主管上即可。

营养液杀菌器选择253nm的短波紫外线，在水溶液中具较强的穿透性。

电磁阀为供液控制的执行器，通电时电磁线圈产生电磁力提起阀门，断电时磁力消失，弹簧把关闭件压在阀座上，实现阀门关闭，以此来控制营养液的启闭循环。

供液的管道系统为多级构建方式，一般选择75#PVC供水管作为主管、一级侧管为63#、二级侧管为50#、支管为25#，毛管则为连接喷头的胶管。

每套弥雾喷头由4个小喷头"十"字形组成，而且每套喷头都配有稳压阀与止滴阀，实现每套喷头不管离水泵的远近，其压力保持一致，另外水泵停止运行后每喷头水滴即止，不会有滴漏现象。

回液口的管为50#排水管，回流主管为75#排水管。

营养液池为地下式养液池，一般每亩配10～20m³容量的养液池，池宽一般为2～3m，长为4～6m，深为1.2～1.5m。用水泥砖或红砖砌池体，池壁水泥粉刷后再用防水涂料喷涂防渗漏。地下式养液池一是方便回流，二是有利于液温的稳定。

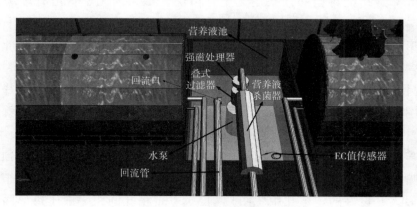

图13-11　供液首部枢纽安装

（四）计算机控制系统

计算机控制硬件由传感器、主机、分控器3部分组成。其中传感器的功能主要负责相关环境参数的采集，如光照强度、叶片水膜、空气湿度、空气温度、营养液水位、营养液EC值传感器（图13-12）。主机则为智能决策部分，由专家系统的智能模块、运算模块、通讯模块等组成；分控器的功能主要实行分区灌溉管理及每耕作区的数据采集与变送处理；计算机作出执行指令后由强电部分执行，强电部分的配电箱连接相应的水泵、电磁阀、排风扇、加温、制冷等用电设备。

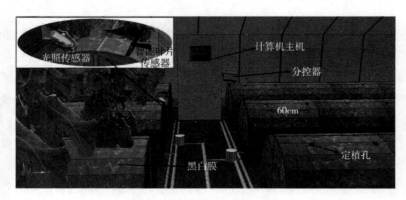

图13-12　控制系统安装

一般一个分控器可以管理6亩拱式气雾栽培大棚，每台主机可以管控64个分控器，即每台主机系统可以管理384亩拱式气雾栽培大棚。通过计算机控制实现管理与监控过程的数字化、精准化与自动化，大大降低管理成本，达到省力化精细化管理的效果。

二、瓜果育苗、定植及落蔓管理

用于气雾栽培的种苗必须采用无土育苗法，瓜果的无土育苗有珍珠岩泥炭基质的穴盘育苗，也有海绵块育苗，当前采用海绵块育苗的较多。把种子播种于具"十"字形缝或者孔穴的海绵块中，通过浇水管理促进萌芽，当长出子叶时开始每天浇施营养液，或者采用气雾育苗法，即把海绵块嵌入挤塑板的条槽中，再把定植板扣置于另建的气雾栽培苗床上，进行根雾式育苗管理，待苗长至3～5片真叶时即可移栽（图13-13）。采用气雾式育苗移栽植株无缓苗期，在育苗阶段就形成大量的气生根，更有利于瓜果的生长（图13-14）。

拱式雾培瓜果的定植方式有两种，一种直接把种苗定植于拱顶两侧预先开设的孔洞中用喷胶棉或海绵塞紧固定，另一种是先把海绵块苗定植固定于定植篮中，再把定植篮嵌入开设好的定植孔中（图13-15）。定植孔间距一般于拱形两侧作间距0.6m开设，孔的直径为5cm，0.6m的间距适合大多数瓜果种植，也可以每间隔一孔定植，因为气雾栽培瓜果植株长势旺盛，可以进行双蔓或多蔓整枝方式利用空间，适合大株型稀植。

蔓类瓜果定植后生长势旺盛，植株高大，为了方便管理，随着挂果位置的不断上移，及时进行基培衰老叶片的剪除。可以采用落蔓技术，降低挂果部位，传统栽培如番茄、黄瓜的落蔓都是采用盘绕于植株基部的方式落蔓，而气雾栽培可以把光秃的植株基部不断的落至拱内的根雾环境中，大多数瓜果的茎节遇水都会催生气生根（图13-16），新生的气生根对于植株的生长促进及延缓衰老具助益作用，因新生根扩大了植株根系的吸收表面积，起到促进植株生长势及根系的更新功效。

图13-13　海绵块气雾栽培育苗

图13-14　瓜果气生根发育

图13-15　定植篮定植法

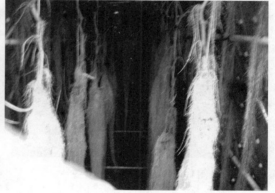

图13-16　落蔓生根效果

三、病害的管理

瓜果类包括瓜果与茄果，其管理的重点在于病害的防治，为了达到免化学残留的效果，病害的防治通常采用电功能水技术；电功能水是利用电功能水设备对含氯化钾或氯化钙的溶液进行电解，经过电解后产生两种水，其中一种水为强酸性水，其pH值在3以下，另一种水为强碱性水，其pH值在11以上（图13-17）；其中强酸水为带电位的次氯酸溶液，用于喷洒植株具良好的杀菌防病作用，强碱水可以作为中和酸水的用途，同时也具叶面追肥的功效。生产电功能水一般于自来水中加入0.1%～0.4%的氯化钾或氯化钙，生产电功能水时用于盛酸碱水的容器应采用塑料桶类，不宜用金属容器，因生产出的水带较高的电位，高电位也是其发挥杀菌作用的重要原因之一，最好现制作现用，让水保持高电位状态，高电位的水喷洒后突然改变病菌细胞的生理电位，从而起到杀灭作用（图13-18）。在使用电功能水前先对少量植株进行喷洒试验，而且在晴天使用，高湿度的阴天易导致药害，通过试验确定不会有药害反应时，再进行大面积喷洒使用。如果会产生药害需降低添加的氯化钾或氯化钙用量，或者往酸水中对水稀释。电功能水酸水喷洒后很快会氧化还原成普通的水对环境无任何残留，是瓜果免化学农药栽培的重要技术手段。电功能水适用于大多数瓜果蔬菜的病害防控，对真菌及细菌性病有较好的防控作用，生产上一般每隔7~10天喷洒一次，但在使用时要把握好浓度否则较易产生叶片灼伤的药害。为了安全起见，现在生产上大多采用以下几种喷施方式，可有效规避药害问题。一是喷酸水后的30~60min进行喷碱水中和，二是先喷碱水再喷酸水，三是晴天用，让叶片酸水快速蒸发以减少在叶片积留的时间。电功能水病害防治具广谱性，其杀菌机理为次氯酸及高电位的复合作用，不会对病菌产生抗药性，可以作为瓜果病害防控的重要手段，是生产免农药安全蔬果的技术保障。

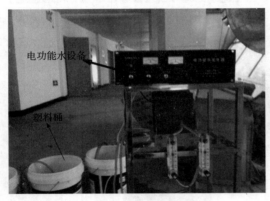

图13-17　电功能水设备

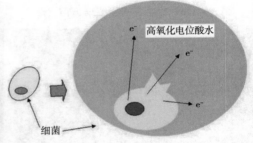

细菌的细胞膜一接触到具有高氧化电位的酸水后，能从细胞上迅速夺取电子，从而能在短时间内瞬息破坏细胞膜，从而使细菌杀死

图13-18　电功能水酸水的杀菌机理

四、营养液管理与调控

气雾栽培在硬件设施完备的条件下，关键在于营养液配方及调控的管理，其他的植株管理如绑蔓、整枝、保花保果等与常规设施栽培相同。营养液管理包括配方的拟定及栽培过程中pH值及EC值的调控。以下就具代表性的瓜果如西瓜、甜瓜、黄瓜、番茄4种常见作物的营养液配方作介绍供生产参考。

（一）西瓜、甜瓜营养液配方及调控技术

西瓜与甜瓜以高糖管理为主要目标，两者配方具较大的相通性，以下配方由丽水市农业科学研究院自主研发并多年生产验证使用，能满足西瓜与甜瓜生长发育需求并达到高产优质的生产效果。

1. 大量元素与微量元素的理论组配（表13-3）

表13-3　西瓜甜瓜配方的元素理论组成

元素种类	N	P	K	Mg	Ca	S	Fe	Zn	B	Mn	Cu	Mo
浓度（mg/L）	215	86	343	85	175	113	6.8	0.25	0.7	1.97	0.07	0.05

2. 换算成生产上应用的化合物比配（表13-4）

表13-4　生产配方的化合物比配

序号	化合物种类	用量（g/t）
1	四水硝酸钙	954.3
2	硝酸钾	869.7
3	七水硫酸镁	862.1
4	磷酸二氢铵	319.4
5	螯合铁	52.308
6	一水硫酸锰	6.061
7	硼酸	4.004
8	五水硫酸铜	0.275
9	二水钼酸钠	0.126
10	二水硫酸锌	0.755

按照上述比配其1剂量的理论EC值为2.4mS/cm。

3. EC值及pH值管理

西瓜的管理主要是协调营养生长和生殖生长之间的关系，前期主要是以营养生长为主，培养植株足够大光合叶面积，为后期生殖生长也就是结瓜阶段打好基础；西瓜营养液的EC值在苗期一般控制在1.8～2.0mS/cm，随着植株的生长，营养液的EC值不断加大，至结果期EC值控制在2.5～2.8mS/cm。营养液的pH值在整个生长期应控制在6.0～6.5，栽培过程中每2～3天测定一次营养液的EC值和pH值。甜瓜营养液管理与西瓜类似，不再作介绍。

（二）黄瓜营养液配方及调控技术

黄瓜气雾栽培生长快速产量高而且香味浓郁，不管是菜用还是水果黄瓜，气雾栽培环境都表现出强大的生长潜力，移栽后40天即可采收，可以实现周年栽培，其产量是普通土壤栽培的2~3倍。以下为丽水市农业科学研究院自主研发的并具10年气雾栽培应用验证的黄瓜配方。

1. 大量元素与微量元素的理论组配（表13-5）

表13-5　丽水市农业科学研究院黄瓜配方元素理论组配

元素种类	N	P	K	Mg	Ca	S	Fe	Zn	B	Mn	Cu	Mo
浓度（mg/L）	140	50	350	50	200	150	3	0.1	0.3	0.8	0.07	0.03

2. 换算成生产上应用的化合物比配（表13-6）

表13-6　黄瓜配方的化合物比配

序号	化合物种类	用量（g/t）
1	四水硝酸钙	1 179.2
2	硫酸钾	780
3	七水硫酸镁	507.1
4	磷酸二氢铵	185.7
5	螯合铁	23.077
6	一水硫酸锰	2.461
7	硼酸	1.716
8	五水硫酸铜	0.275
9	二水钼酸钠	0.076
10	二水硫酸锌	0.302

按照上述比配其1剂量的理论EC值为2.2mS/cm。

3. EC值及pH值管理

苗期至开花前EC值调控在1.2~1.4mS/cm，开花后提高至1.8~2.0mS/cm，至第二条瓜开始膨大时，营养液浓度提高至2.2~2.6mS/cm，直至最后收获完毕。

黄瓜适应的pH值范围较广，在4.5~7.5，如营养液配方无误，配制方法得当，营养液的pH值一般无需进行调节。

（三）番茄营养液配方及调控技术

番茄是当前瓜果中栽培面积最大的品种，是菜果两用型作物；对其无土栽培的研究也是历史最为悠久的品种，对其营养液的需求可以精细到每个阶段，有苗期、花期、果期及高糖栽培等都有相对应的优化配方。这里介绍一种美国番茄（Howard Resh）配方，可用于整个生长发育阶段，供生产参考。

1. 大量元素与微量元素的理论组配（表13-7）

表13-7　美国番茄（Howard Resh）配方元素理论组配

元素种类	N	P	K	Mg	Ca	S	Fe	Zn	B	Mn	Cu	Mo
浓度（mg/L）	140	50	352	50	180	168	5	0.1	0.3	0.8	0.07	0.03

2. 换算成生产上应用的化合物比配（表13-8）

表13-8　番茄配方的化合物比配

序号	化合物种类	用量（g/t）
1	四水硝酸钙	1 000
2	硫酸钾	784.4
3	七水硫酸镁	507.1
4	磷酸二氢铵	185.7
5	螯合铁	38.462
6	一水硫酸锰	2.461
7	硼酸	1.716
8	五水硫酸铜	0.275
9	二水钼酸钠	0.076
10	二水硫酸锌	0.302

按照上述比配其1剂量的理论EC值为2.2mS/cm。

3. EC值及pH值管理

番茄苗期即移栽后两周内EC值以0.8～1.2mS/cm为宜，开花至挂果其以EC值1.6～1.8mS/cm为宜，挂果至成熟期则以2.2～2.6mS/cm为宜，如果要让水果番茄糖度更高，则采用高盐胁迫让EC值达2.7～3.0mS/cm。在整个栽培过程中，pH值调控在5.5～6.5为最佳。

（四）不同原水水质的营养液配方调整

在实际生产中，除非采用经反渗透水处理的纯水栽培，可以按照上述理论配方，但大多数基地都是以地下水作为气雾栽培的原水，所以在实际生产应用时，必须先对所用的原水进行水质分析，测出原水中所含的钙镁离子浓度及pH值；再按照所栽培作物的理论配方进行调整，扣除原水中所含有的离子量，以此为基础再进行化合物组配的计算调整，经计算调整后的生产配方才可以用于该基地生产。以下以栽茄果类辣椒为例，选择丽水市农业科学研究院自主研发的硬水通用配方进行组配的调整计算。

1. 基地原水水质分析

如柳州市某地区的原水水质，其钙离子浓度为59.1mg/L，镁离子浓度为35mg/L，pH值为7.14。

2. 丽水市农业科学研究院硬水配方元素组配（表13-9）

表13-9　丽水市农业科学研究院硬水配方元素理论组配

元素种类	NH_4^+-N	NO_3^--N	P	K	Ca	Mg	S
浓度（mg/L）	52	208	31	235	200	48	64

3. 结合上述理论配方调整适合该水质的元素组配（表13-10）

表13-10　结合原水水质进行调整后的元素组配

元素种类	NH_4^+-N	NO_3^--N	P	K	Ca	Mg	S
浓度（mg/L）	52	208	31	235	140.9	13	64

上述列表中Ca元素扣除59.1mg/L，则为140.9mg/L；同样Mg元素扣除35mg/L，则为13mg/L。

4. 按照表13-10的元素比配计算适合该水质的生产配方（表13-11）

表13-11　丽水市农业科学研究院硬水配方化合物比配

序号	化合物种类	用量（g/t）
1	四水硝酸钙	894.8
2	硫酸铵	179.1
3	硝酸钾	622.2
4	七水硫酸镁	131.8
5	磷酸二氢铵	115.1
6	螯合铁	19.231
7	一水硫酸锰	1.538
8	硼酸	2.86

（续表）

序号	化合物种类	用量（g/t）
9	五水硫酸铜	0.079
10	二水钼酸钠	0.025
11	二水硫酸锌	0.151

按照上述比配其1剂量的理论EC值为1.7mS/cm。

5. 计算的误差分析（表13-12）

表13-12　配方换算误差

序号	元素种类	实际浓度	理论浓度	误差（±%）
1	NO_3^--N	192.3	208	-7.5
2	K	240.6	235	2.4
3	P	31	31	0
4	Mg	13	13	0
5	Ca	151.8	140.9	7.8
6	S	60.9	64	-4.8
7	Fe	2.5	2.5	0
8	Zn	0.05	0.05	0
9	B	0.5	0.5	0
10	Cu	0.02	0.02	0
11	Mo	0.01	0.01	0
12	Mn	0.5	0.5	0
13	NH_4^+-N	52	52	0

上述计算以硫（S）为自由度，其他元素误差皆在±10%以内，对作物的生长无影响，可作为该基地的生产配方应用。

（五）液温的调控及营养液管理

营养液的管理除了上述EC值与pH值的调控管理外，还可以结合营养液的液温管理，以实现最佳的生长调控效果，因为瓜果植物对温度的生理响应，根温比叶温更为重要，也就是根温干预1℃，相当于空气温度升高或降低3~5℃的生长效应。笔者曾在35℃以上夏季高温季节，采用营养液制冷成功栽培番茄。在生产上早春可以进行营养液加温以促进生长，夏日高温把营养液液温制冷至17～23℃，以实现反季栽培。除了采用耗电能的人工制冷与加温外，还可以利用地下热资源进行根温的调节。如盛夏季节，在营养液供液管主管上安装可切换的三通开关，白天根雾切换成喷地下水清水，夜晚切换成营养液供肥；因为一定深度的地下水其水温大多稳定在17～18℃，以达到降低根区温度的效果，实现反季栽培。在北方冬季或者南方的早春天气，可以通过三通开关切换，实现白天供营养液，晚上根雾清水，起到对节能化的地热加温与降温效果。

气雾栽培的营养液管理较水培更为粗放，一般营养液EC值在0.8～3mS/cm对作物正常生长的影响波动不大，当EC值低于0.8mS/cm时，重新配入新的营养液，当EC值高于2.6～3mS/cm时，向池中对入清水即可。另外，每半年对营养液池及苗床进行彻底清洗一次，每次清洗所排放的残液也少于水培，对环境基本无污染。pH值的管理采用调酸与调碱法调控，大多数瓜果的pH值适应范围在4.5～7.5，最佳范围在5.5～6.5，与水培相比，也相对粗放，笔者曾用水培的废液正常种植气雾栽培蚕豆。总之，气雾栽培养液的EC值及pH值管理都比水培具更大的变幅空间，是其技术简易性与可操作实用性的关键。

五、拱式气雾栽培瓜果的应用价值与发展前景

拱式气雾栽培硬件设施投入省且操作管理简单，是当前解决瓜果连作障碍及简化栽培技术，实现省力化管理的重要技术创新与生产手段。特别在瓜果上的应用，还可以减少农药使用，减少肥水对土壤与环境的污染，生产出少农药或免农药的瓜果产品。在品质的调控栽培上，可以通过营养液配方的精细化管理，培育出产量高、品质优的高糖度产品。也可以通过液温调控技术达到设施栽培的节能化效果，以及实现周年生产与淡季应市。通过设施技术及营养液调控技术，实现任何非耕地环境与都市环境都可以生产瓜果的产业目标，解决了当前一些地区西瓜与甜瓜栽培的迁移换地问题，是一项可持续永久耕作的替代技术。通过气雾栽培实现瓜果生产的标准化、工厂化及可复制化，可以吸引更多非农人口投身蔬果栽培产业，为乡村振兴的归农创业提供技术支撑，也为瓜果产业的健康绿色安全可持续发展开辟全新的发展思路，极具商业价值与市场发展前景。

第三节 大樱桃气雾栽培及关键技术

大樱桃是国内与国际市场上一直价格居高的产业，经济效益与其他水果相比，更具竞争力；但也有樱桃好吃树难栽的说法，说明要培育好大樱桃或中国樱桃，需

要相应的配套技术措施。目前大樱桃的种植大多是土壤栽培，近年温室种植大樱桃已达到促成栽培效果，实现提前上市提高产品价格，特别是辽宁大连地区已渐成产业，是果农致富的好项目。但靠自然入冬的需冷量刺激，温室促成栽培最多也只能提前2个月左右成熟，要实现春节上市还难以实现，必须采取特殊的技术处理与配套的栽培模式才可实现春节前夕上市。在中国是春节经济，是消费的高峰季，春节前或期间上市价格是平常的数倍甚至数十倍，探索超早熟的促成栽培技术对果农效益提升来说意义重大。另外，常规土壤栽培的设施大樱桃，因温室特殊的环境会逐年增加病虫害，加重农药的使用，影响产品安全，开发一种新型模式实现减农药或免农药栽培同样是生产上迫切之需。大樱桃与中国樱桃相比，因其较高的冷量需求，所以在亚热带与热带地区难以种植，这些地区无法满足大樱桃打破休眠所需的冷量，采用新型栽培技术，结合人工制冷打破休眠，同样具革命性意义。通过气雾栽培加上人工制冷模式，可以实现非适宜区的成功栽培，对大樱桃这种不耐贮运的水果来说更为重要。通过近10年的果树气雾栽培研究，以及在大樱桃栽培上的应用尝试，将会给该产业的转型发展与效益提升带来巨大的助推作用。下面就大樱桃气雾栽培模式及促成调控技术作详细的介绍，供果农及企业借鉴与参考。

一、硬件设施建设

气雾栽培是一种先进的无土栽培技术，在我国蔬果上的应用已有10多年历史，果树上的栽培尝试也有丰富的经验积累，但与蔬果相比，应用推广面积相对较少。在蔬果的应用上表现出超常的技术优势，实现立体化、高效化与清洁化免农药生产，是实现蔬果产业工厂化的重要技术手段。果树上应用，笔者从最初的油桃、葡萄、枣树、百香果等栽培研究，发展到现在的柑橘、火龙果、猕猴桃等，与土壤相比，果树气雾栽培类似蔬菜，表现出强大的适应性、适栽性、丰产性、优质性。特别在速生早产上，气雾栽培的优势更为明显。笔者曾用一根桃枝进行自根苗培育后，从桃枝至挂果仅用18个月，可以说是目前为止最快速与高效的速培模式，也说明气雾栽培具有早期强大的速生优势，这源于根域环境肥水气条件的改善及气生根形态的适应性重塑，发达的气生根大大扩大了根系总吸收表面积。根系悬空栽培模式，让根系处于肥、水、气最为充分与充足的环境，这是土壤栽培难以比拟的。大樱桃的气雾栽培与桃等其他果树类似，不同之处在于对栽培微气候及营养液配方的差异，以下就大樱桃的气雾栽培模式构建作详细的介绍。

果树气雾栽培与蔬果不同，适合果树气雾栽培的方式目前有桶式雾培

图13-19 果树桶式雾培

（图13-19）、沟槽式雾培（图13-20）、管道化雾培（图13-21）；其中桶式雾培适合稀植的种植方式，管道式适合露天与屋顶果园的建设，沟槽式则适合高密度的温室型反季促成栽培。因为沟槽式方便树体的搬移，所以大樱桃促成栽培一般都采用沟槽式，沟槽式分为沟式与槽式，沟式为地下开沟或半地下开沟，槽式为地面以上筑槽种植，两者皆可应用。气雾栽培系统的构建由以下3部分组成。

图13-20　沟槽式雾培　　　　　　　　　图13-21　管道化雾培

（一）种植槽或沟的建设

用于果树雾培的种植槽通常采用砖砌法，以适合果树较大的承重，槽的尺寸一般宽为0.8m，深为0.6m，长因场地条件而定，槽间留出宽1～1.2m的操作管道；砌好种植槽后于槽内铺设防水布或者土工布复合膜起到营养液回流与防渗漏作用。

（二）弥雾系统安装

根系环境创造均匀的细雾是气雾栽培技术的关键，让根系受雾无死角，管道布局合理，喷头水压适宜无堵塞是营养液供应系统的基本要求。建设相应大小的养液供应池，按照系统要求分别完成水泵、过滤器、强磁处理器、营养液杀菌器、电磁阀、喷头、回流口开设及管道系统安装（含主管、侧管、支管、毛管、回流管等），为沟槽内的根域环境创造良好的弥雾效果，是促进大樱桃正常和快速生长的重要硬件保障。

（三）控制系统的安装

计算机控制系统由智能决策主机、传感器、执行强电组成，弥雾水泵的启闭因环境因子（温度、光照、湿度、水分等）变化而智能决策弥雾的间歇与喷雾时间，确保根系环境雾气充足，达到适宜的水气供给。如果温室条件具备，可以把各种调控设备都接入计算机控制系统，实现智能化管理，让环境管理数字化与精准化，更利于大樱桃的生长，而且可以按照不同生长发育阶段的环境需求进行科学调控。

栽培系统的构建是否科学合理，直接影响栽培效果，是成功栽培大樱桃的基础要求。

二、移栽与定植

采用气雾栽培与传统的土壤栽培不同，在气雾环境下植物发育的根系为气生根，而且是须状的不定根是气雾栽培特有的根构型，也是其生长快速的生理基础。陆生根直接移植至气雾栽培环境，虽然也能促生出气生根，但新生的白嫩根系与原来较老的陆生根系之间会存在维管束连通的不畅，对后期根系的再生发育及树体生长会造成影响，也有些会出现陆生根系的腐烂。大樱桃以及其他果树进行气雾栽培移栽，按照移栽苗的苗龄及陆生根发育情况进行不同方式的预处理，目的就是让植株移栽后有利于气生根根构的形成（图13-22），并不会出现后期维管束的连通不畅问题。如果是一至二年生的苗，在春季苗木没有萌芽前移栽，可以对种苗的主侧根根系进行1/2～2/3重度短截处理，再把种苗用定植管或海绵填充物包裹固定移入气雾栽培系统栽培即可；如果处理三年生以上而且冠形大、根系发达粗壮的植株，必须对根系进行重度修剪，即留基处理（就是剪除所有根系，只留根系发端的基部），然后把植株埋植至珍珠岩为基质的苗床中进行喷雾催根，令植株重新于基部发出不定根根系（图13-23），待发达的不定根根系形成后再移植至气雾栽培环境，这样有利于移栽后根系的快速发育及后期的正常生长，也就是在移栽前必须先进行催根处理。另外，如果在带叶的生长季节移栽，也都可先进行苗床催根处理后才可确保移栽的成活率，催根的过程必须间歇性的进行苗床的弥雾管理，创造高湿度的环境，有利于新根的发端，带叶植株催根要确保不失水、不掉叶，是促进新根形成的关键。

图13-22　果树气生根根构

图13-23　移栽前的催根

小苗定植为了让植株稳固的植入栽培板的定植孔，也可以如上述所说的先套一段定植管（PVC管）再结合海绵填充的方法进行（图13-24）；也可以对定植的植株进行如瓜果的吊蔓式固定以防植株倒斜，待发达的根系形成，水平发育铺设于槽底时，就不会出现植株倒斜问题。刚移栽一周内，无需对植株供给营养液，只对根雾喷清水处理即可，一周后慢慢调配好营养液开始进行肥水管理。定植后树体的管理与常规大樱桃的设施栽培相同，这里不作细述。

图13-24　PVC定植管定植

三、营养液配方调控

通过近年的生产实践应用，笔者按照大樱桃的生长发育特性及需肥特点，再结合多年的中试观察，形成了较适合大樱桃的矿质元素组配与化合物组配配方，以供生产参考借鉴。

适合大樱桃生长的矿质元素理论比配如表13-13所示。

表13-13　大樱桃专用配方的矿质元素理论比配

元素种类	N	P	K	Mg	Ca	S	Fe	Zn	B	Mn	Cu	Mo
浓度（mg/L）	207	55	289	38	155	51	6.8	0.25	0.7	1.97	0.07	0.05

按照上述理论配方换算成化合物组配，以方便生产调配应用（表13-14）。

表13-14　大樱桃专用配方的化合物组配

元素种类	硝酸钾	四水硝酸钙	七水硫酸镁	磷酸二氢铵	螯合铁	硼酸	一水硫酸锰	五水硫酸铜	二水钼酸钠	二水硫酸锌
用量（g/t）	744.6	900.9	385.4	204.3	52.308	4.004	6.061	0.275	0.126	0.755

按照上述配方，其1个剂量的理论EC值为1.8mS/cm，该配方适合大樱桃的整个生长周期，从萌芽至开花挂果至成熟。但定植之初适合清水弥雾，第二周开始采用半剂量上述配方，第三周开始采用一剂量浓度。

为了实现高糖度栽培，于大樱桃成熟前10～15天，可以采用高盐高钾配方胁迫（表13-15），以促进糖度的提高，改善品质，具体如下。

表13-15　大樱桃熟期配方的矿质元素理论比配

元素种类	N	P	K	Mg	Ca	S	Fe	Zn	B	Mn	Cu	Mo
浓度（mg/L）	180	65	400	45	400	144	3	0.1	0.3	0.8	0.07	0.03

按照上述理论配方换算成化合物组配，以方便生产上调配应用（表13-16）。

表13-16　大樱桃熟期的化合物组配

元素种类	硫酸钾	四水硝酸钙	七水硫酸镁	磷酸二氢铵	螯合铁	硼酸	一水硫酸锰	五水硫酸铜	二水钼酸钠	二水硫酸锌
用量（g/t）	891.4	2 081.7	456.4	241.4	23.077	1.716	2.461	0.275	0.076	0.302

该配方以硫为自由度，1剂量EC值达3mS/cm，通过高钾与高盐的胁迫方式来提高果实的糖度。

在整个栽培过程中，保持营养液的pH值在5.6～7，整个生长发育阶段稳定在EC值1.2～1.8，到了临近成熟时为了提高糖度进行高浓度高钾配方的胁迫管理，以达到高品质的效果。

四、人工制冷技术

大樱桃南方栽培或者北方的超早熟促成栽培，都必须考虑品种的需冷量，计算出人工制冷休眠的天数，按品种发育进程与预上市时间来确定入库与出库的时间，达到熟期可控的效果。满足需冷量最佳的温度通常为5℃。目前用于设施栽培的大樱桃品种一般以早熟为多，其通常需冷量为1 000～1 200h（晚熟品种更高甚至达1 700h），在较为稳定的5℃冷库环境中，需确保约40天的需冷阈值。

如果要求2月（春节前后）成熟，往前倒推2～2.5个月，则需11月上中旬出库进入气雾栽培种植系统，再加上至少40～60天的人工制冷破眠期，一般9月中旬至9月底10月初就必须开始入库。北方地区的一些早熟品种还可以适当提早至8月中旬，因为大樱桃具有花芽分化早的特点，一般果实采收后1～2个月基本完成花芽分化，这为大樱桃的超早熟调控栽培创造生理条件。采用气雾栽培再结合人工制冷技术，一些需冷量大的晚熟品种也可作为促成栽培品种进行设施栽培，以提高品质。

为了让冷库空间得以高效利用，大樱桃树体的培育一般采用主干形，而且采用超高密度种植，入库后可以成堆成柴垛式冷藏（图13-25），并且保持冷库湿度95%以上，确保根系不失水，可以阶段性往地面洒水或者于冷藏室内安装弥雾系统来确保湿度。从田间到冷库采用过渡式降温方式，在一周内渐渐从15～20℃下降至5℃，瞬间大温差降温会导致轻微寒害发生，同样出库时也一样，给一周的缓冲升温过程。

图13-25　人工制冷打破休眠

五、栽培环境管理

环境管理主要是温、光、气、热参数，大樱桃搬出冷库进入温室，用一个星期左右的时间，渐渐提高温度，作为适应大棚环境的缓冲期，大樱桃一般萌动期的温度为7～8℃，最适温为10℃，开花期最适温度为15℃，不宜超过25℃（如达30℃，就会严重影响花粉活力），果实膨大发育及成熟期适温为20℃，最佳为白天22～24℃，夜晚为10～12℃；其间空气湿度管理除了芽体萌动期宜稍高的湿度80%外，其他阶段一般都得控制在40%～60%，高湿度影响着色及导致裂果。根区温度不能低于8℃，否则会严重抑制根系生长，导致地上与地下生长不平衡，根温可以采用营养液加温方式实现，最佳控制在15～20℃，也可以于定植的沟槽上再行覆膜也有利于根温的提高（图13-26）。大樱桃为喜光果树，如遇较长时期的阴雨多云天气，必须进行温室的适当补光。

图13-26　沟槽覆膜提高根温

六、树体发育调控管理及花期

树体生长发育的调控主要在于营养生长与生殖生长的平衡调控，为了适合高密度种植，环割环剥促花及营养液中添加PP_{333}（多效唑）是促进枝条营养积累及花芽分化的有效方法，可以因树势情况灵活施用，另外，就是连续的摘心管理，有利于树体的充分化发育。花期要加强通风或者内置风扇，促进空气流通实现授粉，另外也可以放蜂及鸡毛掸拂授粉，也可以喷30～40mg/L的赤霉素促进坐果。

大樱桃气雾栽培与人工制冷破眠技术的结合，可以实现任何气候及环境条件下大樱桃的成功种植，是北果南种及实现大樱桃工厂化可控化的重要技术创新。通过气雾栽培模式，不仅仅大樱桃，同样适合其他温带果树的热带种植，并能充分发挥热带地区的光照与热量优势，有望实现大樱桃的一年两熟种植。另外，采用人工制冷与温室环境调控技术结合，再加上提前入库或延后出库措施，可以灵活调整果实熟期，对于一些不耐贮运的果品，可以实现就地生产灵活应市，其带来的社会与经济效益无可估量，是未来果业生产方式转变与产业转型升级的重要方向与趋势。

第四节　西瓜的树式气雾栽培管理技术

西瓜的树式栽培近年在一些科技观光园不断涌现，最多单株挂果可达100多个瓜，实现了西瓜生长潜能的最大化发挥。西瓜树式栽培只需选择无限生长型的西瓜品种，再结合营养液滴灌的基质培或者深液流水培及水平放任式栽培，都可以实现树式发育，但采用气雾式栽培不管桶式或箱式气雾，具有设施简易构建便捷、管理简单的优点，所以目前较多园区的西瓜树栽培都采用气雾式种植。以下就西瓜树气雾栽培作系统介绍。

一、品种选择

西瓜的品种按生长期的长短为早熟、中熟和晚熟品种；以其果形的大小可分为大果型和小果型品种；以果皮的颜色分为黑皮、绿皮网纹和条纹、黄皮；以果实的形状分为圆球形、高圆形、短椭圆形等品种；以瓜瓤的色泽分为红瓤、黄瓤等品种。无土栽培西瓜树主要是种植单瓜重量为2～3kg的中小型品种。一般可选用早熟的品种，如黄皮红瓤的台湾"宝冠"、绿皮（花皮）黄肉的"新金兰"以及墨绿色皮红瓤的"黑美人"等。

二、播种育苗

西瓜树种植一般采用嫁接苗进行。以葫芦作砧木，采用插接法和劈接法时，则以第一片真叶开展期为宜。砧木在嫁接前12～14天播种，接穗在嫁接前6～7天播种；采用靠插接法时可先播接穗，即接穗在嫁接前12～15天播种，砧木在嫁接前8～10天播种。南瓜作砧木，采用插接法和劈接法以显真叶为宜，砧木在嫁接前7～10天播种，接穗在嫁接前6～7天播种，也可同期播种；采用靠接法则以子叶期为宜，接穗在嫁接前12～15天播种，砧木在嫁接前6～8天播种。

做好嫁接西瓜苗的管理是确保嫁接苗成活的关键。为了促进嫁接苗口的早日愈合，嫁接后应立即在棚（室）内扣一个2m宽的小拱棚，在嫁接后1～3天内白天保持小拱棚温度25～30℃，夜间18～20℃。相对湿度90%以上。并用报纸盖在小拱棚顶部遮光。每天中午前用清水喷雾2～3次。嫁接后4～6天白天保持22～28℃，夜间15～18℃，湿度85%～90%，并在中午喷雾1～2次。中午遮光，早晚去掉遮阴物，中午遮光。嫁接苗长出真叶后，可逐渐揭开小拱棚进行通风，白天保持22～28℃，夜间15～16℃，中午不再遮光。以后逐渐去掉小拱棚进入正常管道，温度白天保持25℃，夜间12～15℃。由于嫁接时造成的伤口处于高温高湿条件下，病菌极易侵入，因此，在嫁接后的第2天和第9天，应喷75％百菌清500倍液进行防病，同时喷洒叶面肥以利于接口的愈合。对砧木萌发的侧芽应及时摘除，采用靠接法嫁接的苗在嫁接后12～15天进行断根。方法是：在接口以下1cm处用小刀切断西瓜下胚轴，然后再在刀口下方切一刀，使接穗胚轴之间留有空隙，避免断口处自然愈合。断根后及时淘汰死苗、小苗、病弱苗。以后随着秧苗的生长，应及时行倒坨，加大秧苗的营养积累，防止拥挤造成徒长。秧苗长到三叶一心时，选择发育正常的嫁接苗，换到30cm×30cm的营养钵培养，植株长到1.5m时去掉主顶尖，保留发出的所有长势较强侧枝，吊起培养。

三、栽培方式

采用箱房式雾培、桶式雾培、钢构树雾培、水平放任式水气培皆可，具体可灵活选择应用。桶式气雾则利用铁丝网围成直径1.2～1.5m，高1m的围桶，再进行桶内防水布铺设，围外包覆反光膜，桶内安装喷头即可；也可以把根雾室建成宽1.2～1.5m，深1m的挤塑板材质扣合的雾培箱，确保桶内或箱体内雾化均匀即可。用于西瓜树藤蔓布设的空间设计，可以采用圆盘式钢架，也可以采用铁丝拉成的平棚架。具体如图13-27所示。

图13-27　西瓜树圆盘式棚架

四、营养管理

西瓜树管理主要是协调营养生长和生殖生长之间的关系。前期主要是以营养生长为主，培养植株足够大光合叶面积，为后期生殖生长也就是结瓜阶段打好基础。

西瓜树式无土栽培营养液的EC、pH值是营养液管理的核心。西瓜树营养液的EC值在苗期一般控制在1.8～2.0mS/cm。随着植株的生长，营养液的EC值不断加大，西瓜蔓长到1～2m²时，EC值控制在2.0～2.3mS/cm，当植株长到10m²以上时，EC值应控制在2.3～2.5mS/cm。西瓜树结果期EC值控制在2.5～2.8mS/cm。营养液的pH值在整个生长期应控制在6.0～6.5。栽培过程中每2～3天测定一次营养液的EC值和pH值。

五、植株调整与授粉

西瓜树枝条整理较随便，常采用自然整枝法和强制整枝法。

自然整枝法就是在去除所有雄花、雌花的基础上任随植株生长，保留所有侧枝，并用细绳均匀吊起，当植株主枝在网架上长到2～3m时去除顶尖，让其侧枝充分生长，其他侧枝当长到网架以上2～3m时，在枝条分布均匀的情况下，采用同样处理方式，西瓜树西瓜都是以侧枝结瓜为主。

强制整枝法就是在植株长到5片真叶时去掉顶尖，让植株强制分杈，一般保留4～5个侧枝，垂直吊起，网架以下40～50cm，每个侧枝可再保留2～3个侧枝，其他管理同自然整枝法。西瓜树一般采用人工授粉，根据植株长势和叶面积合理确定留瓜数。

六、环境控制

（一）温度

西瓜种子发芽的最低温度在15℃，适宜温度为25～30℃，适宜生长的月平均温度为25℃。生长温度为15～32℃，在这一温度范围内，随着温度的升高，生长加速，花数增多，雌花比率增加。当气温降至15℃以下时，植株生长缓慢，10℃生长停顿，5℃即遭冷害。西瓜营养生长期的低限温度为10℃，坐瓜和果实发育的低限温度为18℃。在低温条件下，坐瓜困难，坐果后子房发育缓慢，易形成畸形瓜，果皮变厚，多空心、多纤维，糖分降低。适宜根系生长的温度为28～32℃，低限温度为10℃。西瓜根系的生长适温为18～23℃，如果营养液温度长期高于28℃，或低于13℃，均对根系生长不利。可以于营养液池中安装加温与制冷设备，以稳定液温于21～24℃。

（二）光照

西瓜属喜光作物。在整个生育期中，光照充足，植株生长健壮、茎蔓粗壮、叶片肥大、组织结构紧密、节间短、花芽分化早、坐瓜率高；光照不足，将削弱植株长势，并影响植株发育进程，开花结实期推迟，产量下降，品质变劣，冬季栽培必须考虑安装补光灯。

西瓜为短日照作物。在光照8h内和适温27℃下雌花数增多。若在长日照16h、高温32℃下，则抑制雌花的发生。它对光强的最低要求为40 00 lx。

（三）湿度

在西瓜开花期间，空气相对湿度为50%～60%时，有利于授粉受精。在其他生育期间，湿度过大，易诱发多种病害，因此，西瓜育苗和棚膜覆盖栽培，应注意通风散湿。

（四）二氧化碳

二氧化碳是西瓜进行光合作用，制造营养物质的重要原料，也是决定产量及品质的重要因素。温室内进行无土栽培，如不施有机肥，二氧化碳含量低，会成为西瓜生产的重要限制因子。据试验，温室补充二氧化碳，对促进西瓜坐瓜和果实膨大有明显作用。

七、采收

西瓜树属于一次性种植的蔬菜树，所以授粉的西瓜一般时间间隔不超过7天，当授粉的西瓜成熟以后，植株也进入衰败期，所以西瓜树采收采用一次性采收。

八、病虫害

对于西瓜树式栽培，主要病害有枯萎病、炭疽病、白粉病等，主要虫害有蚜虫、红蜘蛛、种蝇、守瓜等，应当有针对性地做好上述病虫害的防治工作。

九、西瓜营养液专用配方

西瓜的适应性广，可以用日本园试或美国的霍格兰配方，但为了让西瓜产量品质更佳，也可以用西瓜的专用配方，目前有丽水市农业科学研究院开发的瓜类配方，该配方适合西瓜与甜瓜，还有山东农业大学开发的西瓜配方，与华南农业大学开发的西瓜配方，具体比配如下。

西瓜营养液配方1（山东农业大学）

大量元素比配（mg/L）为：

N-P-K-Ca-Mg-S=160.28-56.9-241.69-169.7-24.65-54.6。

该配方1剂量的理论EC值为1.5mS/cm，氮、磷、钾比例为：1：0.81：1.82，该配方的微量元素采用通用比配。

西瓜营养液配方2（华南农业大学）

大量元素与微量元素比配（mg/L）为：

N-P-K-Ca-Mg-S-Fe-B-Mn-Zn-Cu-Mo=126-31-195-100-24-32-

2.8-0.5-0.5-0.05-0.02-0.01。

该配方1剂量的理论EC值为1.1mS/cm，氮、磷、钾比例为：1∶0.56∶1.87。

西瓜营养液配方3（丽水市农业科学研究院）

大量元素与微量元素比配（mg/L）为：

N-P-K-Ca-Mg-S-Fe-B-Mn-Zn-Cu-Mo=215-86-343-175-85-113-6.8-0.7-1.97-0.25-0.07-0.05。

该配方1剂量的理论EC值为2.4mS/cm，氮、磷、钾比例为：1∶0.72∶1.49。

第五节　番茄树气雾栽培及水平放任式栽培

番茄树的培育是当前农业观光园提升科普观光品位，吸引人气，普及生物潜能知识，激发人们热爱科技与自然的重要建设项目，世界上第一棵番茄树追溯到1979年在海洋博览会上由日本科学家栽培的水培番茄树，单株达16 000果，轰动世界，代表当时最高的耕作技术水平，往营养液中充入纯氧以实现其潜能的最大化发育。随着无土栽培技术的发展，营养液及设施管理技术水平的提高，当前只需采用简易的气雾栽培或水平放任式栽培技术，就是普通的农民也可以轻松地实现番茄的巨木式种植。

番茄树栽培关键技术在于以下几个方面，首先选择无限生长型的品种，其次为番茄生长创造较为适宜的温、光、气、热、肥、水条件，冬季无寒害与冻害可以跨年度栽培，夏季无高温确保植株不衰退，从理论来说，只要条件适宜无限生长型的番茄品种可以无限制的生长，把原本一年生的变成多年长如巨木式生长。

用于番茄树栽培的设施必须具夏季的降温系统及冬季的保温与加温保障，另外有条件的可以进行夏季的营养液制冷及冬季的营养液加温，确保根系具强大的生长活力，如夏季制冷至18～23℃，冬季加温至20～23℃。同时确保充足的氧气（水培），作为气培栽培根系悬空只需确保根温于一定范围即可，不会出现缺氧问题，这是气雾栽培简易化栽培番茄树最大的优势。

为了实现番茄的巨木式多年生栽培，番茄的抗病性至关重要，特别是对一些病毒病、青枯病、枯萎病会导致整株死亡的病害，必须有较强的抗性，这也是番茄跨年栽培的重要保障。

一、品种选择

番茄树可以生长一年到两年甚至更长，生育期要贯穿四季，所以在选择和确定番茄品种时，首先应选择无限生长型的番茄。同时还要考虑以下几个方面。

（1）品种的抗病性。应具有抗烟草花叶病毒、叶霉病、青枯病等病害的能力。

（2）品种的耐贮性。为了使果实能够较长地挂果，应选用果皮较厚、耐贮存的品种。

（3）品种的水培适应性。番茄的根系应具有承受一定高液温（27～29℃）的能力。

（4）品种的高观赏性。为了具有较高的观赏价值，应选用着色鲜艳、同一果穗上果径大小均匀一致的品种。

目前，我国番茄树的栽培大都以国外的品种为主，其优点主要表现在种子质量好、抗病性强、耐低温弱光、果实鲜艳、耐贮存、观赏期、采摘期长。

品种推荐：京丹6号，佳红4号，法国红太子1801、1802，日本微微，彩虹101等，以下重点推荐京丹6号、佳红4号品种。

京丹6号（番茄树品种）：北京农林科学院蔬菜研究中心培育的硬肉型大樱桃番茄一代杂交种（图13-28）。高抗病毒病和叶霉病。无限生长型，中早熟。主茎7～8片叶着生第一花序，总状和复总状花序，每序花7～20个。果实圆形稍微显尖，未成熟果有绿色果肩，成熟果深红光亮，平均单果重25g，果味酸甜浓郁。口感佳，果肉硬，抗裂果，可成串采收。连续生长能力强，适宜保护地长季节栽培。

图13-28 京丹6号番茄树

佳红4号（番茄树品种）：无限生长，抗番茄花叶病毒、叶霉病和枯萎病。中熟偏早，果形以圆形为主，单果重130～180g，未成熟果无绿果肩，成熟果光亮、红色，商品性好（图13-29）。果肉硬，耐贮运，适宜保护地兼露地栽培。冬春茬口栽培时，注意苗期最低温度不要低于10℃；化学蘸花处理时以选用15～18mg/L，凉爽时蘸花为好。

图13-29　佳红4号番茄树

二、播种育苗

由于番茄树式栽培采取了非常规的栽培与管理措施，番茄须经3～4个月才开始开花坐果，并且在植株正常生长的条件下，坐果期可以超过半年，所以对育苗的时间一般没有特殊要求。但为了使番茄开花坐果时温室内有较大的昼夜温差，可以选择春、秋两个育苗时间：11月底、12月初进行春季播种育苗；6月底至7月初进行秋季播种育苗。番茄定植时的苗龄与定植后的长势有密切关系。一般情况下，越是小苗定植，定植后的长势越强，当番茄长出5～6片真叶、株高10cm左右时，即可定植。

种子经过消毒、浸种以后，置于26～29℃的温度下催芽，发芽以后，即可进行播种。适于气雾栽培与水平放任栽培的种苗通常采用海绵块育苗，也可采用蛭石基质育苗，把种子播于海绵块孔洞或十字缝后，每天浇清水以催苗，待长出子叶后开始把海绵块苗盘移至底部流水的水培床上，苗盘底处用小泵循环供液，让薄层营养液缓缓从床底流过，营养液以0.5个剂量配制，也可把子叶苗的苗盘直接移至气雾栽培床架上培育；待长至3～5张真叶时即可移栽至栽培系统进行树体培育。通过多年经验，早移栽比晚移栽生长速度快。因为大苗移栽都会对根系有所损伤，都存在缓苗期。如果是基质苗移至气雾栽培环境，还得对根系的基质进行漂洗，以防喷头堵塞。

三、栽培设施建设

简易的桶式或箱式气雾栽培系统构建前面章节已有介绍，这里不作赘述，重点介绍水平放任式栽培设施的构建。

（一）水平放任栽培的设施图解

该模式由一宽1.2m，长2.4m的高位床式平台构建，附加平台上方的枝蔓攀附网架，构建起一个一端进液一端回流的平床式循环水培方式（图13-30、图13-31）。

平台的一端架设多孔或多头注入养液的管道，平台尾端设一装有液位可调伸缩管的回流孔即可。循环的频率可以经由定时器或计时开关控制，夏日频繁间歇短，冬季间歇循环长的方式控制液流。水位控制早期宜深后期宜浅，早期因植株根量少，单位根系的水量大，不会出现缺氧，后期因根量发达变大，水位宜调浅，让水平延伸发育的根系部分露出水面，处于潮湿的空气中，也利于促发形成大量呼吸根（图13-32），解决后期根量大的摄氧问题，如果出现排根（图13-33），说明根系缺氧，或者增加循环频率或者进行养液制冷及降低栽培床的液位。

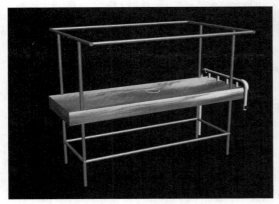

图13-30　栽培床模型

图13-31　水平放任栽培的番茄树

图13-32　水平延伸根系可获充足氧

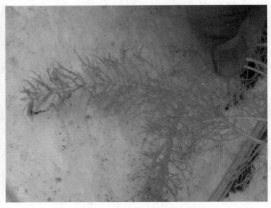

图13-33　缺氧所致的排根根系

（二）水平放任栽培的设施原理

根系是所有植物生长的根本，根系环境的优化核心在于肥、水、气的调节，以及根系适宜温度的确保。水平放任式水培属于大冠稀植，在树冠有充足的伸展空间与光照保障的前提下，优化根系就成为生长潜力能否发挥及发挥程度的关键。水平放任栽培的植株有充足的根系自由延伸空间，可以于平台内如织布式延伸生长，在土壤环境因根系受土壤物理阻碍，抑制了很多根原基的正常发育，根系的发达程度不足，难以培育大树冠。水平放任栽培漂于水床内的根系，水与肥得到最充足的保障，无需土壤环境的化学梯度式的传递式吸收，可以直接高效获取。对于气的解决，水培是采用循环与曝气法，而水平放任式栽培除了循环法外，还结合了浮根形成大量的呼吸根从空气中直接摄氧，这种呼吸根对于后期庞大的根系来说显得极为重要。早期因根量少再结合循环，基本可满足摄氧量需求，根量不断扩大伸展后，就靠循环式已无法满足根代谢摄氧需求。此时重点在于根表层形成大量的呼吸根与露于空气中的潮湿浮根来解决。呼吸根的形成也是根系自组织适应性调整的行为，就如红树林，为了解决根系缺氧问题，会不断地在原根系基础上形成大量的呼吸根，而且会随着海床淤泥的堆积不断的往上层叠式的发育呼吸根，以解决根系的摄氧问题，水平放任式栽培也有同样的呼吸根诱发机制，同样表现为生态适应性的调节行为。呼吸根的具负地生长特性，是对氧气胁迫需求的应激与特化发育。这种呼吸根在沼泽型的热带雨林种群中到处可见，是一种典型的适应性发育现象。

四、树体管理

番茄树的树体管理主要是指整枝，树体管理主要有两个目的，一是获得最大有效光合面积，生长出最大量的果实；二是使其具有树的形状。所以在日常管理时应遵循着两个目标进行。整枝管理的要点是结果前剪掉所有的花，不让其结果，最大限度地保证其有足够的营养生长，为后期结果打好基础。通过多年的实践，笔者总结出了以下几种整枝方式。

（一）三枝六杈十二分枝法

番茄长到1m时保留离根部30cm以上的3个分枝（下部的分枝全部去除），然后在每个分枝上再保留一个分枝，这样就变成6个分枝，再在每一个分枝上保留一个分枝，总体上就形成12个分枝。保持这12个分枝长到番茄树的支架，然后任其生长，原则上不打侧枝，但必须人工对其进行整理，做到分枝错落有致，激发植物的最大潜能。此种整枝方式优点是树形美观，观赏性强，枝组分布均匀，易于管理；缺点是坐果期稍晚，生长前期冠幅增长较慢。

（二）自然整枝法

番茄长到1m时保留离根部30cm以上的所有分枝（以下的分枝全部去除），并用线绳对分枝进行吊挂，让分枝分布均匀，一般是吊挂成圆锥形，直至上架，其后的管理与"三枝六杈十二分枝"法一样。此种整枝方式的优点是管理随意性强，结果早，易于成型；缺点是上部枝组后期管理麻烦，主枝不易分清。

五、营养液管理

营养液管理包括配方的制定、营养液循环的频率、营养液温度的监测及pH值与EC值的调控；但总的原则pH值最佳为5.5～6.5，营养液EC值控制在0.8～2.8，循环的频率，高温天气间隔时间短循环时间长，低温与常温天气间隔时间长循环时间短，如条件具备最好结合溶氧传感器进行自动调控，以水溶氧控制在6mg/L以上，但水平放任式栽培实际类似水气培效果，无需深液流水培对溶氧的严格需求；如果采用定时器控制循环，一般每间隔10～15min循环1～3min为宜。pH值管理是动态过程，随着树体的生长发育会出现营养液pH值的波动，如果pH值超出范围则用酸或碱调控即可，一般用磷酸及氢氧化钾溶液调控。EC值的管理与天气及生长发育阶段相关，一般苗期调控在0.8～1.8mS/cm，旺长期（即树体快速发育期）调控在1.8～2.4mS/cm，挂果与成熟期调至2.4～2.8mS/cm；高温盛夏季节，液温最好控制在18～12℃，有利于确保根系的活力。

为了达到最佳的生长挂果效果，最好对营养液配方进行阶段性的调整，以适应每阶段对肥水的最适需求，以下为番茄各阶段的营养液配方（表13-17）。

表13-17　番茄各阶段的营养液配方

发育阶段 \ 浓度(mg/L) \ 元素种类	N	P	K	Mg	Ca	S	Fe	Zn	B	Mn	Cu	Mo
番茄苗期	100	40	200	20	100	53	3	0.1	0.3	0.8	0.07	0.03
树体育成期	130	55	300	33	150	109	3	0.1	0.3	0.8	0.07	0.03
果实成熟期	180	65	400	45	400	144	3	0.1	0.3	0.8	0.07	0.03

在番茄树生长后期，由于树体庞大，树冠末端的枝叶蒸腾拉力小再加上根系活力的老化，常会出现缺钙的脐腐病，必须每周0.3%～0.5%的硝酸钙或者氯化钙进行叶面追肥。

六、营养生长与生殖生长的调控

作物的光合产物总量是由生育期内每天的净物质生产量积累起来的。光照、温度、营养液根际环境、作物生长态势等要素都会对每天的光合作用、产物分配输送与呼吸消耗产生综合影响。作物生长发育过程是作物进行物质再生产的一个综合过程，为了获取作物整个生育期的最大有效生产量，除对作物整个生育期的综合环境进行有效的调节控制外，还要对作物各个生育期的生长态势、营养生长与生殖生长进行有效的调节控制。在生长前期主要通过强行抑制生殖生长，加强营养生长促进光合形态的建立，扩大物质再生产来实现。通过这种调整，可在定植后3个月后形成强大的根系与植株冠层（冠幅直径达4m左右），为中后期迅速地生殖生长、扩大开花结果创造有利的条件。在生长调控上通常采用摘心法与类似果树的扭梢法结合，比如某部位抽发的枝条没有充足的生长空间或者过密枝蔓，如剪除会造成生物量浪费，可以于晴朗天气于枝蔓的中下部位进行扭梢转向处理，通过扭梢起到抑制生长促进光合积累的作用，另外也可以让枝蔓的角度与生长空间得以科学布局；也可以进行反复的摘心处理，以增进碳水化合物营养的积累，也有利于坐果。

七、环境控制

番茄的正常生长发育是与其适宜的环境因素分不开的，而树式栽培生长期达1～2年甚至更长，历经夏季酷暑和冬季严寒。因此，整个番茄生长发育期间，温室环境要素的控制是一件非常重要的工作。温室主要环境因素包括：光照、温度、湿度和二氧化碳。

（一）光照

番茄对光照强度的要求较高。正常生长发育对光照强度的要求是30 000～35 000 lx。在秋冬时，光照较弱，应当尽量保持温室屋面清洁干净，以最大限度地利用自然光照；遇到连阴天或雨雪天气光照不足时，应采取补光灯进行补光。

（二）温度

番茄生长期间的温度控制，白天室内以21～24℃为宜。超过27℃即需开通风窗通风或降温，夜间以16℃为宜，根温可以通过营养液制冷与加温实现，营养液温度控制在21℃左右，以保持根部温度的稳定。

番茄的光合产物在傍晚之前大部分（约占2/3）已经从叶子里转运出去，而夜间所运输的主要是午后的光合产物，大约占1/3。温度直接影响光合产物的运输速率，温度上升，物质运输速率加快，33℃到达顶点，超过33℃，开始下降。因此，通过控制温度，可调节植物体内的物质运输。夜间温度过低，于8℃，光合产物仍留在叶子中，这对第二天光合作用将产生不利影响；温度过高，植株的呼吸作用增加，物质消耗增多。因此，应权衡夜间物质运输、贮存和呼吸消耗的关系，夜间温度管理可从日落后5h维持相对较高温度，以促进光合作用物质运输，而后半夜应保持较低的温度，以抑制呼吸作用。

（三）湿度

夏天可维持空气湿度60%～80%，冬季可以控制在50%～60%。一般采用地表面喷水、湿帘风机等简易方法增湿；采用地面铺地膜或通过适时的通风换气来降低湿度。也可以于空间布设电场，采用电场除湿，电场又具促进光合作用刺激生长的功效。

八、病虫害管理

番茄树生长周期长，在设施环境内易受叶霉病、青枯病、白粉虱、螨等病虫害的为害，应有针对性地做好病虫预防与防治工作；特别是病害的防治，当前较为先进的采用电功能水防治，可以达到免残留效果，同时又具促进品质提高的作用，在前面章节中已作介绍，这里不作赘述。

第六节　甘薯树气雾克隆栽培与空中挂薯

一、甘薯起源的进化说

甘薯是我国重要的粮食作物，已有400年栽培历史，是我国继水稻、小麦、玉米之后的第四大作物，我国用占全世界50%的耕地，生产出占全球80%的甘薯，产量近亿吨；甘薯为旋花科短日照作物，原产于南美洲安第斯山脉一带，该地区是全球农作物的重要起源中心，如番茄、马铃薯、雪莲果、木薯、花生、玉米、辣椒等，这是该地区的气候与生态的多样性所致，如安第斯山脉，从高6 000m海拔到平原，形成了多样性的自然生态（热带雨林、雾林以及高山稀疏草地），再加上气候的多变性，甚至一天当中都经历春夏秋冬，两者的叠加效果，更增加了气候与生态的多样性与复杂性。这里植物种类达40 000多种，其占全球面积仅为1%，可植物种类则达全球15%之多，而且其多样性大多数处于安第斯山脉侧面湿地森林的中低海拔地带，这种多变与多样化的生态及气候是物种变异与进化的主要推动力。

甘薯的祖先种约起源于100万年前，祖先种进化为栽培种约发生于50万年前，是由二倍体祖先与四倍体祖先之间发生天然种间杂交，从而孕育出6倍体的栽培种，原来二倍体祖先及目前发现的四倍体与六倍体野生种甘薯只有细根没有膨大的贮藏根。近年科学家通过对现代栽培甘薯的基因测序，又有新进展，发现栽培的六倍体甘薯带有农杆菌的T-DNA；而农杆菌正是目前植物转基因的最常用工具之一，人们在T-DNA的中间放上自己想转入植物的基因，让T-DNA帮忙带进去。科学家推测甘薯根系贮藏淀粉的功能很有可能跟T-DNA的转入有关。也就是说甘薯是天然的转基因植物，不过通过人类近1万年的食用，安全已没问题。

但从进化及生态适应性的角度来说，该地区进化出栽培甘薯与气候的多变性息息相关，安第斯山脉的气候一天可以经历春夏秋冬四季，日温差大，进化出来的植物大多具贮藏营养与防晒（紫外线强烈）防寒等功能；甘薯原生于该环境同样受自然选择力量的主导，如甘薯的匍匐性、攀爬性、茎节的气生性都与雾林的生态相关，茎节易生不定根特性类似于克隆植物的生态适应性，可以充分发挥植物适应多变环境及形成种群优势的能力，克隆植物的生理整合性、觅食性、形态可塑性在甘薯上得以淋漓尽致的表现。当甘薯生长于空旷地则采用匍匐生长的方式占领地面资源，当处于丛林环境可以发挥攀援性以觅取高层的光照资源，当处于雾林环境则可诱发大量的气根，从空气中获取水与养料；当根系遇到优势资源肥水充分时，细根充分发挥吸收功能，促进子株的克隆生长，当遇到干旱贫瘠环境时则发育成梗根，遇到干爽透气肥力中等环境时有利于贮藏根发育形成块茎，这种根系的生态适应性形成，也是甘薯成为广泛适应性与耐贫瘠耐旱性的关键所在，在农业生产上都作为拓荒作物被利用。其特有的膨大根茎发育，与起源地的特定多变气候相关，通过贮藏根的形成以提高基株的保存能力与抵抗自然恶劣环境的适度性。如果原生地气候稳定就难以进化出可膨大的甘薯，目前分布于其他地区的野生种都不具膨大性，所以说现代栽培薯的起源与安第斯山脉的多样化多变化气候相关，是构建物种基因多样性与生态多样性的表现。

二、甘薯的生理学基础

甘薯有两种类型根系，包括主根和不定根。当用种子繁殖时，实生苗先形成一条主根，是胚根发育形成的种子根，其上再生出侧根，属主根系。一般由主根和一部分侧根发育成块根。当用营养器官繁殖时，从块根、薯苗、茎、叶柄以至叶片发生的根均属不定根。甘薯不定根生长早期，其形态和内部结构与一般双子叶植物相比较均无明显的差异，但栽后20天左右，其内部结构即发生明显变化，在外界条件的作用下，形成不同类型的薯根。由于内部分化状况有所不同，根据不定根的发育情况可分为细根、梗根和块根3种类型：①细根。又称纤维根，形状细长，上有很多分枝和根毛，具有吸收水分和养分的功能。主要分布在30cm的土层内。②梗根。又叫柴根、牛蒡根、鞭根。根粗1cm左右，长约33cm，粗细比较均匀。根内的形成层活动能力强，分生的薄壁细胞较多。但中柱细胞在不良的外界条件下（干旱、高温等）中途迅速木质化，不能产生次生形成层，根体早期停止膨大，细长如"鞭"。消耗养分，无食用价值。③块根。是一种短缩而肥大的变态根，是贮存养料的器官，具有根出芽的特性，是进行无性繁殖的主要器官。这种根的形成层活动旺盛，中柱细胞木质化程度低，能产生大量的次生形成层。由于次生形成层的旺盛活动，分生出大量的薄壁细胞，使根体不断膨大。块根内部贮存大量的淀粉等光合产物。

甘薯3种类型根形态转变的内在条件决定于次生形成层活动的强弱、发根初期中柱细胞本质化程度。在发根初期，初生形成层活动强烈，同时中柱细胞木质化程度小的幼根才能发育成为块根，如果此时形成层活动程度虽大，但中柱细胞迅速木质化，也不能继续加粗，成为柴根；如果初生形成层活动很弱，不论中柱细胞木质化程度大小，由于不能产生次生形成层，成为细根。影响幼根分化的因素很多，如品种特性、薯苗壮弱、气候及土质等根际环境条件。在水耕栽培状态下，营养液中的甘薯根系因压力不足和缺少足够氧气，不能膨大成块根，只能形成强大的吸收根群（细根），但在气雾栽培环境下，由于氧气充足，部分同样可以膨大成为块根，笔者曾采用桶式气雾栽培，在气雾环境下形成近75kg的块根，但由于无压力塑形，块根发育如山药般呈长条形。

甘薯茎上有节，节上能生芽、长枝、发根；甘薯茎蔓的每个茎节上都有不定根原基，利用茎蔓栽插，极易扎根成活。作为大田栽培植物，甘薯一般采用营养繁殖。薯苗或薯蔓节的根原基长出不定根的幼根，块根便是由这些幼根形成的。因为块根是由不定根形成，所以甘薯每株可形成多个块根，这个特点对产量的提高是有利的，也是树式栽培的生物学基础所在。

三、利用甘薯的克隆性构建新型栽培模式

甘薯为农作物中较为典型的克隆植物，而且是匍匐型、压条型、根茎型复合的具多样化生态适应性的克隆植物，而且番薯为无限生长型克隆植物，它的基株与子株在适合条件下，可以形成庞大的无性系种群，可以无限的生长，所以理论来说它的寿命也是无限的，但由于现实条件的限制，常会出现基株根茎的衰退或者腐烂而导致寿命的有限性，这是实现甘薯树式栽培与无限生长发育生理生态基础。克隆植物的生理整合性，指克隆的子株之间及与源株之间建立起光合产物、矿质元素、水分及信号的相连相通，这是甘薯强大适应性抗逆性的基础。甘薯与其他克隆植物类似，也具觅食行为，在匍匐生长时，遇到肥水充足的地块时会与节处天然形成不定根，以获取资源，供给资源贫瘠处藤蔓或子株的生长。在人工栽培时，可以人工创造摄食点，实现整体及克隆子株的充分生长。通过人工摄食的多点布设减轻基株的肥水吸收及运输负担，减缓基株干茎的衰老，有利于甘薯寿命的无限延长。在人工布设摄食点或人工克隆子株条件下，植株整体发育均匀可快速形成茎节相连的无性系种群，是巨大化与无限化栽培的基础。

实现甘薯的巨大化或无限化生长，可以充分发挥人工摄食点的布设技术优势，人为控制子株间隔子间距离，让摄食位点均匀布设，所谓摄食位点即通过人为创造适合气生根形成的环境，气生根具有比水根及陆生根更强的水分营养摄取能力，按照拟设定的间距进行气生根的人工克隆，构建均匀布设的气生根摄食点；每摄点都可为周边的茎蔓叶片及膨大的块根提供光合产物及肥水营养，也就是为植株创造充足的肥水与光合资源，充分保障块根库的发育。通过气根克隆，充分发育克隆植物的生理整合优势，一些生长势衰退与老化的光秃老茎干可以得到快速修复，解决常规栽培近源株部位的光秃问题，同时也使矿质元素与水分的吸收距离缩短，减轻基株的肥水吸收负担，再通过生理整合大量的子株发挥源的功能，回流大量的营养滋

养基株根兜，解决基株根兜的衰老与后期溃烂死株问题。

四、气雾式巨大化甘薯树与无限化克隆栽培系统构建

甘薯树的栽培当前国内外重点采用水培与基质培营养液滴灌两种方式，这里不再作介绍，重点介绍气雾栽培与气雾克隆栽培，这两种栽培方式前者实现巨大化超常规生长，一般冠面积36~50m²，后者栽培模式在理论上可以达到无限生长，在温室条件适宜前提下，可以达到数倍于常规甘薯树的树冠覆绿面积，甚至可达亩栽一株的超巨大化效果，以下就两种模式的设施构建作简要介绍。

（一）甘薯钢构树气雾栽培

以往甘薯树的栽培系统构建都由两部分组成，一是根域环境构建，二是藤蔓生长的棚架搭建，这里介绍的新模式把两者复合，采用钢构树雾培方式，在前面章节已作介绍，与前述不同之处在于，伞形网式钢架除了为甘薯创造藤蔓生长覆绿支撑外，网架还可以作为强大的诱根挂盆承重，比普通平棚架承重大数十倍，以下以图示的方式剖析其构组与功能（图13-34）。

图13-34　甘薯树的钢构树气雾栽培系统示意图

钢构树实现了雾培与棚架一体化构造，当然也可以采用简易的桶式雾培再另设平棚架的方式构建甘薯树栽培系统，如图13-35所示。

采用气雾栽培构建法，技术简单，比水培法根域环境及养液技术要求低，随着树冠不断扩大，根基距离枝叶的输送距离越来越远，最后达到平稳极限，树体即开始衰老，要达到树体无限化生长必须采用以下介绍的气雾克隆栽培。

平棚架

挂盆诱导块根

气雾栽培桶

图13-35　甘薯的桶式平棚架气雾栽培系统示意图

（二）甘薯的气雾克隆栽培

甘薯气雾克隆栽培就是通过人工技术，在上述雾培基础上增加摄食点，通过高压气雾压蔓催生气生根的方式实现。摄食点呈均匀环状布设，采用环状管道架设方式，或者采用挂桶的方式构建（图13-36），每摄食点进行管内或者桶内弥雾的安装，并把供液管道并入主体的养液供液管系统。采用气雾克隆法栽培，钢构树直径可达数十米，根雾室也相应增大，作为观光园的应用，甚至根雾室可以建成方便人员出入参观的房间式根雾室，人员可以进入根系环境观光与管理。具体见图13-37。

钢构树

供液管

摄食点挂桶

摄食点回流管

克隆植物基株

根雾室

图13-36　摄食点布局

图13-37　占地800m²甘薯树克隆雾培系统构建示意图

采用上述方式，摄食点随着树冠的扩大不断的增加挂桶或者环状布局，可以实现甘薯的无限生长，有效克服解决了常规甘薯树栽培的后期衰老问题，让源库的距离变近，光合分配矿质元素及水分的运输更为高效；而且甘薯又具遇水即生根的特性，可以灵活挂桶助益树体的生长，大大减轻基株的肥水吸收与光合回流的负担。另外也可以对基株的根系进行修剪更新，利用无限的无限生长性，永保基株根系的活力。采用气雾克隆栽培模式，理论上只要温室的温光气热资源适合，甘薯的生长就如克隆植物毛竹一样，一座山竹林则为一基株的克隆效果，采用该模式一亩地一棵薯的构想就可以实现。

五、甘薯树气雾栽培与克隆栽培的技术要点

了解气雾栽培与克隆栽培的原理及构建科学合理的栽培模式与硬件设施后，栽培管理是关键，设施农业的栽培管理就是根据作物的生长与生理特性，尽量实现最大可能的适宜化环境营造，通过环控技术创造出最佳的温、光、气、热、肥、水条件，并结合生长生理特性配套相应的管理措施，以达到栽培目的或者生产要求，构建起设施有保障、管理有依据、操作有标准的技术体系与生产工艺。

（一）品种选择

甘薯的克隆性与自然界的克隆植物类似，其克隆生长的对策不同因进化环境的不同，而形成直立型、匍匐型与攀援型品种，蔓性攀援型的甘薯品种其克隆整合性及形态发育的可塑性强，可以通过搭架的方式充分利用空间与人为提高叶面积系数，有利高产目标实现。蔓性甘薯为单轴强分枝类型，通过摘心可以刺激强大的分枝能力，而且藤蔓节间长，实现子株克隆方便构建长间隔子的子株，有利于资源的充分利用，大大扩大克隆植物的觅食范围，有利于子株占据更充足的生长环境条件与更充分的资源。通过实践，目前用于甘薯树栽培较为适合的品种有苏薯8号、心香、徐薯18、徐薯22、金山57、广薯155、广薯87等。传统选择甘薯品种大多还需

考虑水培的适水性，但采用气雾栽培后，适水性问题不作为筛选品种的障碍，只需考虑叶型、品质、蔓性、产量等因素，让适合甘薯树栽培的品种更为广泛，单株产量达386kg。

（二）营养液配方的拟定与管理

甘薯对氮、磷、钾需求比例为1：0.69：2.32，属于喜钾作物，特别是块茎的形成膨大期对钾的需求明显增大，但同时也是喜氮作物。在高氮前提下，提高钾的含量所起增产效果明显，所以在配方制定时，最好按照生长阶段进行营养液配方的调控。据日本泽畑秀研究，在三大元素中，氮对于块根的膨大是最重要因素，只有氮素充足前提下，提高钾元素才具明显的促进效果；也就是甘薯具高氮、高钾的矿质生理需求，在栽培后的60天内作为苗期管理，挂盆进行诱根后作为块茎膨大期管理。把营养液的配方管理分为两个阶段，通过笔者多年实践，拟制订以下两组配方，作为甘薯树的专用配方在生产上应用。

1. 苗期大量元素组配（mg/L）

N-P-K-Ca-Mg-S=158-42-145-178-49-65，微量元素选用通用配方。

2. 块根诱导与膨大期配方（mg/L）

以上述提及的甘薯需肥特性（N：P：K=1：0.69：2.32），调配成甘薯培育块茎的专用配方，其比配如表13-18所示。

表13-18　甘薯块根诱导与膨大期元素理论组配

元素种类	N	P	K	Mg	Ca	S	Fe	Zn	B	Mn	Cu	Mo
浓度（mg/L）	130	90	302	48	150	109	3	0.1	0.3	0.8	0.07	0.03

按照上述理论组成换算成生产上可应用的化合物组成，见表13-19。

表13-19　块茎诱导与膨大期化合物组配

序号	化合物种类	用量（g/t）
1	四水硝酸钙	883.9
2	硝酸铵	479.4
3	硫酸钾	419.7
4	七水硫酸镁	486.8
5	磷酸二氢钾	394.1
6	螯合铁	23.077
7	一水硫酸锰	2.461

（续表）

序号	化合物种类	用量（g/t）
8	硼酸	1.716
9	五水硫酸铜	0.275
10	二水钼酸钠	0.076
11	二水硫酸锌	0.302

该配方1剂量的营养液EC值为1.9mS/cm，按上述化合物比配其换算误差如表13-20所示。

表13-20　计算误差

序号	元素种类	实际浓度	理论浓度	误差（±%）
1	NO_3^--N	130	130	0
2	K	302	302	0
3	P	90	90	0
4	Mg	48	48	0
5	Ca	150	150	0
6	S	141.1	109	+29.5
7	Fe	3	3	0
8	Zn	0.1	0.1	0
9	B	0.3	0.3	0
10	Cu	0.07	0.07	0
11	Mo	0.03	0.03	0
12	Mn	0.8	0.8	0

上述换算以硫（S）为自由度，符合理论组成的要求，可作为生产配方应用。

科学的配方再加上相应的营养液管理方可达到理想栽培效果，营养液管理包括pH值的调控及营养液EC值的调整，高温季节或低温季节，还得进行液温的调控与管理。pH值的范围一般控制在5.5～7.0，该范围为甘薯栽培的最佳酸碱度，超过该阈值就必须及时进行调酸或调碱处理。EC值的管理分为以下几个阶段，移栽后1个月，重点是促进苗的生长与根系的发育，稍低的营养液浓度有利于气生根发育，所以移栽后30天内，以EC值以1.2～1.8为宜，30～60天提高至EC值1.8～2.2，60天后稳定在EC值2.2～2.8。遇到高温季节大棚温度（气温超过35℃）或者寒冬季节大棚温度（气温低于15℃），则采用营养液加温或者制冷，保持液温于18~21℃，对于生长促进起到很好的助益作用。

（三）环境条件的管控与操作

实现甘薯长周期或跨年度栽培，减少环境气候对生长发育的影响，必须针对甘薯的生物学特性进行温室环境的调控管理。甘薯生长适宜的空气温度为15~35℃，生长最快的最佳温度为25~28℃，如低于上述阈值温度必须对温室进行加温或者降温措施；如夏日采用湿帘风机或高空细雾微喷降温，寒季采用热风炉加温。光照的要求，甘薯为短日照作物，日照少于8h则会进入开花阶段，作为营养生长为主的甘薯树栽培必须进行光照调节以抑制开花，实行每天补光4h，甘薯适宜的光照强度为8 000~30 000 lx，遇到连续阴雨天气，也可以进行人工补光，以促进生长。二氧化碳的管理与常规蔬菜与棚类似，主要是寒冬季节，通风量小，容易出现二氧化碳缺乏，优化管理的温室可以结合二氧化碳发生器，进行二氧化碳气肥的追施，有利于光合促进与生长。

（四）树体培育及块根诱导技术

树体培育的目的是为了实现营养生长速生化及枝蔓的合理科学布局，最大化达到短时间的空间覆绿及提高单位面积的叶面积系数，为高产奠定光合产物充分积累的基础。甘薯树整形修剪以钢构树网架或平棚架作为支撑，采用枝蔓引缚与绑蔓的方式进行树体管理。树体管理包括根蔸处主干的管理，定植处的主干一般采用定植管套护的方式，对根蔸主干进行保护。分枝管理，一般气雾生根或者基质扦插育苗后的种苗移至气雾栽培系统，当植株长高至1~1.2m时进行摘心促进分枝，保留6个健壮的侧蔓均匀角度引蔓上架，上架后侧蔓长至1.2~1.5m时又进行二次摘心促进分枝，至此阶段即完成了主侧蔓骨架的培养，其后的管理就是把生发的枝蔓均匀绑缚于平棚架或者钢构树曲面网架即可，对于过密枝作适当修剪即可。当甘薯树长至15~20m²时开始挂盆诱根，盆采用环形均匀布局，挂盆诱根的容器一般以容量20~30L的塑料盆或者断根容器，盆内填充珍珠岩、泥炭、蛭石混合轻型基质，其比例为1∶1∶1。盆内水分管理最好结合营养液滴灌，每盆插一滴灌管，滴灌管道安装时从栽培系统的供液管处接一三通开关即可，需灌溉时打开球阀即可，早期一个月内一般每5~7天滴灌一次，保持基质湿度约60%~80%，其后渐渐减少灌溉，直至采收。压蔓诱根时，选择健壮的藤蔓，去除待压蔓部位2~3节的叶片，压入基质5cm深左右，诱根部位的前段留五叶一心作为提水枝，一般压蔓后3~4天即长出不定根根系。环状布局的诱根盆作环状布局，间距一般为1~1.2m均匀布设。随着枝蔓的生长树冠扩大，当冠径在原基础上再扩大2.4~3m时，再于1.2m处设一环摄食点，摄食点也作均匀布设，可以与诱根点对应布局，摄食点选择PVC管或者塑料桶，安装弥管内或桶内弥雾，管底或桶底设回流口即可，摄食点的弥雾供液系统一并并入根雾管理系统，实施相同模式的养液循环供液（图13-38）。摄食点的压蔓与块根诱导压蔓类似，只需把部分茎节压至弥雾的桶或管内，一般3～4天即形成气生根，随着生长一般15～20天即形成具吸收肥水功能的发达气根，开始充分发挥摄食功能，安装摄食点的部位可以发挥就近整合功能，为周边区域的枝叶生长及块根膨大提供肥水需求，解决了传统甘薯树远距离传送肥水能耗大，受蒸腾拉力及大气压影响的问题。大大缓冲与减轻基株肥水吸收的压力，同时又制造出更多的光合产物回流基株根系，起到了防止根菀早衰或老化溃烂问题。另外对于主根菀的根系可以进行阶段性修剪，以刺激新根根系形成，起到根系活力激发的效果，也是防止多年树体老化的有效方法，修剪后形成的新根肥水吸收效率更高，长期保持洁白的活力根状态。

图13-38　摄食点与诱根盆的布局

随着树体的不断扩大，不断围绕同心圆，按照间隔1.2～1.5m，逐渐增加摄食点与诱根挂盆，采用相间布设方法，让枝蔓各处生长更为均匀，长期保持树体充分而高效的光合作用状态。采用气雾克隆栽培，理论上可以实现无限化的生长，是构建超大型甘薯树的创新模式。挂盆压薯诱导出不定根后，一般历经3个月的生长即可采摘收获块茎，收获块茎后又可以换点压挂盆压蔓，也可以原位继续培育块根。

六、甘薯树气雾栽培与克隆栽培的生产与科研价值

甘薯树的创新栽培模式，实现吸收根与块根的分离培育，达到了无需挖掘整株破坏浪费生物量的传统采收方法，并且实现周年与跨年无限栽培，让作物的生长潜能得以最大发挥，不管是在生产上与科研上都具实用价值与现实意义。首先甘薯打破了传统的季节限制，作为块茎的营养体器官，可以不受季节局限周年压蔓挂薯采收，实现甘薯的周年供应，让原本浪费的生物量都转化成可供食用的块根生物量，实现可食生物量的最大化，是高产丰产的基础。在科普观光上，硕大的红薯树展示，可以激发中小学生对自然与生物科学的兴趣，可以启发想象力与创造力，并且

让更多的人群对农业高科技了解与热爱，对于促进生态文明及乡村振兴具有很好的助推作用。

在科研上，甘薯的克隆栽培，是研究克隆植物整合生理、生态生理、生态适应、表观可塑等学科的重要手段。以甘薯为研究作物，具有生长快速、管理简单的优点，可以快速建立研究平台。同时，也对非克隆植物的克隆化栽培提供理论与实践基础或科研启示，对于耕作技术与制度的创新革命都起到积极的推动作用。

第十四章　今后的研究方向与未来畅想

当今时代是一个加速度发展的时代，某一点位的变革创新，其所产生的震荡分叉都将如蝴蝶效应般让人扑朔迷离，对今后或未来的估计或预测都难以捕捉。下面就从现在的科学技术基础为起点，结合垂直农场与垂直农业的发展规律，作简要的阐述。

首先未来摩天大楼式的垂直农场成为人类耕作主要模式，可能性很大，因为现在3D打印技术以及装配式建筑都已用于楼房施工，为未来快速低成本打造摩天大楼式的垂直农场奠定基础；再加上未来碳纳米材料的应用，为建筑的空间化甚至太空化创造出无限想象空间，一毫米的碳纳米绳可承重60t重量，甚至有人计划未来用该技术打造通往月球的天梯，这些材料应用于空间化与垂直化农场建设，将创造出无限可利用的耕作空间。

能源技术是支撑垂直农场的关键，从爱因斯坦的质能转化理论，地球上物质所带的能源是无限的，比如平常使用燃煤加温，一吨燃煤其释放的能量只相当于全部由质量转化而来的0.028mg物质释放的能量；而物质能量的完全释放只有在正反物质发生碰撞湮灭时才得以完全释放，人类只要在未来打开能量利用之匙，方可获得能量的解放，这时所有作物耕作于楼层内其生产的能源成本也将等于零，此时垂直农场或者通天农场将成为现实。在实现能源完全自由的中间阶段，一些基于现代科技的能源，如绿藻生物能利用、到处存在的微风发电能源利用、城市与高速路的路压发电利用、潮汐能利用、地热能开发等将是一个过渡阶段。目前我国正在研究的人造太阳，也是核聚变能的一种利用方式，这些能源技术的突破与应用是垂直农场走向产业化的关键。

生物科技的突破又将会为未来垂直农场的发展带来变数，也有可能出现农业产业的消失，如人工克隆肉的产业化应用，畜牧及水产养殖将被消亡，到时垂直农场就变成垂直工厂，用于肉的克隆化流程化工业化生产。基因改良微藻的应用，其光能固化率是普能粮食作物的数倍甚至数十倍，是未来粮食的取代品，于此未来的建筑表面都将成为培养微藻的场所，一座建筑物的表面利用就可以解决建筑物内居民的粮食问题，这些粮食产业将成为历史。人们对蔬菜、瓜果等矿质与维生素C需求的植物源，将也会有大的突破，其中除了垂直化耕作的高效生产外，激发植物潜能与创造类恐龙时期的环境与资源条件，培养出参天大树般的蔬果作物将成为可能，从而实现食用型作物的参天大树式栽培，实现单株植物的空间化高效化利用，也是另一种垂直农场与垂直农业的体现方式。

未来的农场可以建于轨道大空，在太空环境真正实现清洁化免污染生产，在轨道上建设无数个如UFO的悬浮农场，人们只需在地面操控一切耕作程序，生产的食物通过返回舱似的航天器送回地球。未来农场当然也可以建到水上或地下，充分利用水与地热资源及环境的隔断性来生产免农药蔬果。

当然在最近几十年内，农场管理的无人化、信息化、智慧化将是不久即可实现的应用科技，是基于信息时代的产物。继信息时代之后有可能就是生物时代的来临，真正的生物时代，一切人类生产生活活动都将生物化与生态化，例如楼房建筑无需采用钢筋混凝土，只需利用改良后的植物，进行克隆式快速生长而成，是活的生物化的大楼。未来所有的居室家具也是模具化的生物生长产品，未来的电脑也将由生物芯片替代现在的硅片，其波的传导将沿着蛋白质分子链传播，传播时引起蛋白质分子链中单键、双键结构顺序的变化，其运算速度要比当今最新一代计算机快10万倍，而且具有很强的抗电磁干扰能力，并能彻底消除电路间的干扰。生物电脑其能量消耗仅相当于普通计算机的十亿分之一，且具有巨大的存储能力。生产生活的生物化与生态化是生物时代的主要特征，将是继信息化时代之后人类所迎来的崭新时代。

对未来的畅想可以说是无限的，因为人类的长河是无限的，在无限的时空中，一切想象都将成为可能，都将成为必然与必由。